冶金工业出版社

普通高等教育"十四五"规划教材

弹性力学与有限单元法基础

主　编　于庆磊
副主编　魏晨慧　李连崇　张鹏海

扫码查看
数字资源

U0341770

北　京
冶金工业出版社
2024

内 容 提 要

本教材系统介绍了弹性力学的基本理论、基本方法及其工程应用，主要内容包括弹性力学的基本概念、基本方程、边值问题及一些基本定理，弹性力学平面问题，一些特殊的弹性力学空间问题，能量原理与变分方法，有限单元法的基本内容等。

本教材可作为矿业、冶金、材料等专业本科生或研究生教学用书，也可供有关专业的师生和工程技术人员参考。

图书在版编目（CIP）数据

弹性力学与有限单元法基础/于庆磊主编 . —北京：冶金工业出版社，2024.1

普通高等教育"十四五"规划教材

ISBN 978-7-5024-9728-6

Ⅰ.①弹… Ⅱ.①于… Ⅲ.①弹性力学—高等学校—教材 ②有限元法—高等学校—教材 Ⅳ.①O343 ②O241.82

中国国家版本馆 CIP 数据核字（2024）第 020838 号

弹性力学与有限单元法基础

出版发行 冶金工业出版社		**电　话**	（010）64027926
地　址 北京市东城区嵩祝院北巷 39 号		**邮　编**	100009
网　址 www.mip1953.com		**电子信箱**	service@ mip1953.com

责任编辑　高　娜　美术编辑　吕欣童　版式设计　郑小利
责任校对　葛新霞　责任印制　禹　蕊
北京建宏印刷有限公司印刷
2024 年 1 月第 1 版，2024 年 1 月第 1 次印刷
787mm×1092mm　1/16；11.25 印张；274 千字；172 页
定价 39.00 元

投稿电话　（010）64027932　投稿信箱　tougao@cnmip.com.cn
营销中心电话　（010）64044283
冶金工业出版社天猫旗舰店　yjgycbs.tmall.com
（本书如有印装质量问题，本社营销中心负责退换）

前　言

当我萌生编写弹性力学教材的想法时，诚惶诚恐，因为弹性力学经典教材很多，如钱伟长、王敏中、徐芝纶、杨桂通、程昌钧、陆明万、朱滨、杜庆华、徐秉业等主编的弹性力学教材，都是经典教材。虽然弹性力学的教材很多，但不同的教材在呈现弹性力学理论时，编写初衷和内容脉络并不完全一样。有的弹性力学教材，从平面问题的基本理论切入，逐步过渡到空间问题的基本理论。有的弹性力学教材则从更一般情况切入，先讲授三维空间的弹性体内应力分析和应变分析，然后将空间问题的基本理论退化到平面问题的相关理论。从平面问题入手，有关公式的形式相对简单，易于接受，但实际问题都是三维问题，讲授理论时不利于介绍一点的应力状态、应变状态的张量描述及其坐标无关性，学生也难以建立感性的认识，不易深刻理解弹性力学中应力、应变描述的特点；从空间理论入手，易于从物理过程中，让学生理解弹性力学相关概念，但现有教材对数学基础要求高，理论表述多用张量理论和矢量代数。根据作者多年的教学实践，在大类招生背景下，传统地矿类专业的学生数学基础相对较弱，教学效果并不是很好。而且现有弹性力学教材中的理论应用多是柱体扭转、弯曲、板壳等通用专题，与地下工程实践结合相对较少，在培养传统行业工程师的整个教学过程中，学生理解上可能会出现理论与实践脱节的问题。另外，一般传统工科专业所能给弹性力学课程安排的学时是有限的，所以内容的选取及讲解方法放在什么层次上，要跟专业、行业相结合。考虑到诸多因素，特编写了本教材。

在本教材中，所有弹性力学内容均采用学生熟悉的直角坐标系表述，避开数学难点，张量符号表述只是作为拓展和补充，紧密结合采矿等地下工程实际，注重弹性力学理论和采矿、土木等地下工程应用场景的融合。本教材共分9章，前8章是弹性力学的基本理论，在第6、7章设计了几个地下工程相关的弹性力学专门问题。虽然复变函数方法是求解弹性力学平面问题最完美的一种方法，但由于复变函数理论的难度，以及地下工程天然地质体的非均质性，这部分内容本教材没有涉及。但作为弹性力学问题求解的延续，从原理介绍的角度增加了第9章有限单元法的基本内容，也为研究生阶段利用数值计算方法，研究解决地下工程有关的岩石力学工程问题打下基础。同时，侧重介绍了我国力学家在弹性力学理论建立和发展中做出的贡献。

本教材主要由本人撰写和统稿，魏晨慧负责组织编写每章课后习题，李连崇和张鹏海负责校对并提出了宝贵意见。在编写过程中参考了一些其他的弹性力学教材，我们从中吸取了丰富的养分，受到了很大启迪。在本教材完成过程中，我的学生进行了试读和习题试做，对教材中一些示意图进行了重新制作，并得到了徐曾和教授的大力支持。感谢他们提出的宝贵意见和给予的帮助。

本教材被列入东北大学"十四五"规划教材立项项目，感谢东北大学教务处对弹性力学教材和课程的关注和支持。

由于作者水平所限，不妥之处，敬请读者批评指正。

于庆磊

2023 年 5 月于沈阳

目　　录

1 绪　　论

1.1　弹性力学概述

弹性力学是研究固体在外力、温度变化和边界约束变动等作用下的弹性变形与应力状态的科学，是固体力学的一个分支学科。所谓弹性，是指物体的应力与应变之间存在一一对应的关系，而且卸载以后，物体完全恢复初始形状和大小。如果应力与应变之间的关系是线性的，则称物体为线性弹性体，若应力与应变之间的关系是非线性的，则称物体为非线性弹性体。本书仅讨论理想弹性体，即应力与应变之间的关系为线性函数。

一般来说，物体在外界因素作用下所发生的变形过程是比较复杂的，物体的弹性性质也只是一种相对的性质，即只在一定的条件下物体才具有这种弹性性质，超过这种条件时，物体会呈现其他的性质，例如塑性性质。弹性体是理想化的固体，自然界中并不存在，但大部分工程材料，在屈服以前的一定载荷范围内，都可以看作弹性体。

弹性力学与材料力学、结构力学的差别在于，在更一般的假设下，研究任意形状弹性体在载荷作用下的变形。弹性力学可不使用某些未加证明的假定，便可以得到比材料力学更加精确的解答。例如，在材料力学里研究直梁在横向荷载作用下的弯曲，引用了平截面假设，得出结果是横截面上的正应力按直线分布。在弹性力学研究这一问题，就无须引用平截面的假定。相反地，还可以用弹性力学里的分析结果来校核这个假定是否正确。

根据弹性力学的研究方法，通常将弹性力学分为数学弹性力学和应用弹性力学。数学弹性力学是用严格的数学分析方法，从必要的前提假设出发，首先建立起弹性力学的合理的数学模型，即弹性力学的初边值问题，然后研究解的存在性、唯一性、稳定性等，同时寻求适当的数学方法求出其解，供工程部门参考。对于应用弹性力学，如板壳理论、弹性稳定性理论，虽然也可以采取数学分析的方法寻找具体问题的解，但为了提供实际需要的结果，不得不作出进一步的假定，如板壳理论中的直线法假定。本书讲述内容沿袭数学弹性理论的框架，建立弹性力学的基本概念、基本原理和给出某些求解弹性力学问题的方法，以及例证性问题的解。

弹性力学还是固体力学其他分支的基础，例如塑性力学、断裂力学、损伤力学、流变理论等，都要直接用到弹性力学的一些基本方程和求解方法；有些介质的变形是由弹性变形发展到塑性变形，对处于弹性变形阶段的应力和变形，必须按弹性力学的理论求解。

弹性力学的用途是十分广泛的。弹性力学也是采矿工程专业的一门重要技术基础课。许多重要专业课的理论基础都包含弹性力学，它不仅是多门后续课程的基础，而且对解决采矿生产中的实际问题、对开展采矿科学的研究也具有重要意义。在采矿施工过程中出现的许多力学现象，如冒顶、片帮、底鼓、冲击地压、岩层移动、滑坡等，往往都要用到弹性力学的理论来分析这些现象形成的机理、发展规律和影响因素等问题。当然，采矿工程中的力学问题是十分复杂的，表现为岩石介质的多样性、地质条件的多变性、影响因素的不稳定性，单靠弹性力学一门课程并不能完全解决问题，必须多学科配合、相互补充，才能收到良好的效果。

1.2　弹性力学的基本假设和基本规律

弹性力学理论是在一定假设条件下建立的。在线弹性力学中，基本假设一般包括五个方面，即物体是连续、均匀、各向同性、完全弹性的，以及物体产生的变形是微小变形。

（1）连续性，即物体内部整个体积被组成物体的介质填满，不留任何空隙。这样，物体内的一些物理量，如应力、应变、位移等可以看作空间位置的连续函数，可以应用连续数学的相关理论。

（2）均匀性，即整个物体是由同一种材料组成的，整个物体的所有部分具有相同的物理性质，物体的弹性常数（弹性模量和泊松比）不随位置而改变。

（3）各向同性，即材料的力学性质与方向无关，物体内每一点各个方向的物理性质和力学性质都是相同的。

（4）完全弹性，即当使物体产生变形的外力被除去以后，物体能够完全恢复原形，而不留任何残余变形。当温度不变时，物体在任一瞬时的形状完全决定于它在这一瞬时所受的外力，与它过去的受力情况无关。

（5）物体的变形是微小的，即当物体受力以后，整个物体任一点的位移都远小于物体的原有尺寸，因而应变和转角都远远小于1。这样，在考虑物体变形以后的平衡状态时，可以用变形前的尺寸来代替变形后的尺寸，而不致有显著的误差；在考虑物体的变形时，应变和转角的平方或乘积等高次项都可以略去不计，这样弹性力学中的几何方程都可以看成线性方程。

以上五个假设中条件（1）和条件（4）是最基本的，其他可以不严格要求，进而得到不同的弹性力学。另外，无初应力假设也是线弹性力学中常用的假设。在上述假设下，弹性力学问题可转化为线性问题，从而可以应用叠加原理。

在这些假设和限制条件下，弹性力学服从如下三个方面的基本规律。

（1）牛顿三大运动规律：在任何时刻和任何变形过程中，物体或物体的任何一部分都必须受牛顿运动定律的制约，服从牛顿三大定律。

（2）几何连续性规律：物体变形后必须仍是一个连续体，并在已知位移的表面上取给定的位移值。

（3）物性规律：物体的任何一部分都必须具有同一弹性体的弹性性质，即满足同一弹性体的应力应变关系。

弹性力学是基于以上三条基本规律而建立起来的，是建立弹性力学边值问题的基础，是贯彻本书的三条主线，同时亦是连续介质力学的三条主线。

1.3　弹性力学的发展简述

弹性力学的发展过程和其他一般学科的发展过程是相似的。通过实际经验的积累和科学的实验，得到一些基础原理，然后将这些原理作为应用的根据，在生产实践的过程中加以推广，在应用过程中又得到更深入的经验，再结合科学实验，得到更广泛的原则。数学是弹性力学的重要支柱，没有数学就没有弹性力学。另一方面，弹性力学也促进和推动了数学的发展。弹性力学不仅是一门应用性很强的学科，也是一门基础性学科。

弹性力学的发展大体上可分为四个时期：

（1）发展初期。一般地，人们认为有系统地、定量地研究弹性力学大约是从 17 世纪 70 年代开始的。其标志是 1678 年英国科学家胡克（R. Hooke）在大量实验的基础上，发明了单向应力状态下的胡克定律，但在早于胡克 1500 年前，东汉郑玄在《考工记·弓人》就提到"每加物一石，则张一尺"的概念。英国物理学家托马斯·杨（Thomes Yong）通过实验确定了一些材料的弹性模量，即现在广泛采用的杨氏模量。1680 年，法国人马略特（Mariotte）在实验的基础上确定出了梁截面上的应力分布及中性轴的位置。因为没有成熟的理论，这个时期的工作主要是实验，以及用建立的理论处理一些简单构件的力学问题，如 J. 伯努利提出了梁的弯曲理论（1705 年）和平板振动理论，D. 伯努利（1744 年）提出了弹性细杆问题，欧拉（1757 年）提出柱体稳定性和棒的振动问题，库仑（1776 年）提出了现在材料力学中应用梁的弯曲理论。从弹性力学的观点来看，这些理论都基于很粗略的假定，有些理论已归入材料力学的内容。

（2）基础理论的建立期。19 世纪 20 年代至 50 年代之间，弹性力学作为一门学科，才真正形成了弹性力学基本理论的一个完整体系。法国科学家纳维（Navier）、柯西（Cauchy）明确地提出了应力、应变等基本概念，并建立了几何方程、平衡（运动）方程及应力、应变本构关系的弹性力学基本方程，从而完成了弹性力学的基本理论体系。纳维从分子运动论出发，推出各向同性的均匀弹性体只有一个弹性常数。柯西从宏观角度出发，推出均匀各向同性的弹性体有两个独立的弹性常数。格林用能量守恒定律，指出最普遍的弹性体，有 21 个独立的弹性常数。在这个时期，弹性力学获得了稳固的基础，弹性力学已经成为在给定的初始和边界条件下，求解基本方程的数学问题。

（3）线弹性力学的发展时期。在该时期，弹性力学大量地应用到工程问题中。1855 年，法国科学家圣维南（Saint-Venant）发表了用半逆解法求解柱体扭转和弯曲的文章，并提出了著名的圣维南原理；1862 年，艾瑞（Airy）提出了用应力函数法来求解平面应力问题；1882 年，德国科学家赫兹（R. Hertz）解决了弹性体的接触问题；1898 年，德国人基尔施（G. Krisch）发现了应力集中现象，给出了受拉薄板上小圆孔附近的应力分布规律。后来为了从数学上简化问题，人们发展了弹性力学问题的势函数解法和调和函数、重调和函数解法；20 世纪 30 年代，苏联学者穆斯海里什维利（Мусхелищвили）等发展了求解弹性力学问题的复变函数法，为分析有孔口、夹杂或裂纹的弹性体的应力集中问题提供了强有力的工具。在建立弹性力学的一般原理方面也取得了许多重要成果，如建立了弹性力学的虚功原理、最小势能定理、最小余能定理以及功的互等定理等。

（4）非线性弹性力学的发展时期。冯·卡门（1907 年）提出了薄板大挠度问题（大位移问题）；比奥和摩纳（1937~1939 年）提出了大应变问题；冯·卡门和钱学森（1939 年）提出了薄壳的非线性稳定问题；冯·卡门和钱伟长（1946 年）发展了薄壁杆件理论；胡勃（1926 年）、胡海昌（1953 年）等发展了各向异性弹性力学。热弹性力学、电磁弹性力学、气动弹性力学、水动弹性力学、非线性板壳理论，也在这个时期得到发展。我国著名科学家钱伟长、胡海昌建立了弹性力学的各种广义变分原理并推广到了塑性力学等领域中。在这个时期，由于工程计算的需要，发展了许多近似计算方法，如里兹（W. Ritz）法、伽辽金（B. G. Galerkin）法、有限差分法，特别是有限单元法。1960 年，克劳夫（Clough）首次使用有限元这一名称，同一时期，中国的数学家冯康也独立发展了有限单元法的理论体系，为工程领域提供了基本的计算工具。

弹性力学的发展显示了定理越来越少、应用面越来越广、需要计算的越来越多的特点。今天弹性力学的基本原理已非常简单。

1.4 弹性力学的研究方法

弹性力学的研究方法一般分为数学方法、实验方法，以及数值分析方法。

数学方法就是以数学分析为工具来研究弹性力学问题，包括弹性力学边值问题的建立、给出问题的解析解等，从而得出物体的应力场和位移场。这种方法要解含未知量的偏微分方程，对很多问题的精确求解难度很大，因此常采用近似解法。例如，基于能量原理的变分方法的里兹（W. Ritz）法和伽辽金（B. G. Galerkin）法等。此外，还有所谓的逆解法和半逆解法。

实验方法则有电测方法、光测方法及声学方法等，用来测定结构部件在外力作用下应力和应变的分布规律，如光弹性法、云纹法等。

某些弹性力学问题，特别是物体的几何性质、受力和约束都比较复杂时，很难用数学分析的方法得到解析解，这时可求助于数值分析的方法或实验与数学相结合的方法来获得问题的解答。特别是计算机科学与技术的广泛应用，数值分析方法对大量的弹性力学问题十分有效。常见数值分析方法包括有限元方法、边界元方法和有限差分方法等。

1.5 弹性力学常用的指标记法

在弹性力学相关方程中经常使用指标记法。表达基本变量的指标分为自由指标和重复指标（即哑指标）。

自由指标是表达式每一项中只出现一次的下标，如 σ_{ij}，其中 i、j 为自由指标，可以自由变化。三维问题中，i、j 的变化范围为 1、2、3，分别和直角坐标系三个坐标轴 x、y、z 对应，因此 σ_{ij} 由 9 个分量组成。

重复指标（哑指标）是表达式的每一项中重复出现的下标，如 $a_{ij}x_j = b_i$，j 为哑指标。哑指标则表示对该指标在变动范围内求和，称为 Einstein 求和约定。求和约定在微分几何、张量分析、连续介质力学等学科中，对于表达式和推导的简化，有着十分重要的作用。

例如，矢量是既有大小又有方向性的物理量，如位移、速度、加速度、力等。矢量 $\boldsymbol{u}$ 在笛卡尔坐标系中分解为：

$$\boldsymbol{u} = u_1\boldsymbol{e}_1 + u_2\boldsymbol{e}_2 + u_3\boldsymbol{e}_3 = \sum_{i=1}^{3} u_i\boldsymbol{e}_i \tag{1-1}$$

式中，u_1、u_2、u_3 为 u 的三个分量；$\boldsymbol{e}_1$、$\boldsymbol{e}_2$、$\boldsymbol{e}_3$ 为单位基矢量。若利用指标记法，可写为 $u_i\boldsymbol{e}_i$。

弹性力学中一点的应力状态、应变状态都是张量，由九个分量组成。张量可以简单理解为能够用指标表示的物理量，并且该物理量能够满足一定的坐标变换关系。指标的个数可认为是张量的阶。例如，零阶张量是无自由指标的量，如标量；一阶张量是有一个自由指标的量，如矢量；二阶张量是有两个自由指标的量，如应力和应变；n 阶张量是有 n 个自由指标的量，如四阶弹性系数张量等。

通过哑指标可把许多项缩写成一项，通过自由指标又把许多方程缩写成一个方程，应用时应该遵循如下原则：

（1）同时取值的指标必须同名，独立取值的指标应当防止重名。

（2）自由指标的影响是整体性的。在一个用指标符号表示的方程或表达式中可以包含若干项，各项间用加号、减号或等号分开。它将同时出现在同一方程或表达式的所有各项中，所以自由指标必须整体换名，即把方程或表达式中出现的同名自由指标全部改成同一个新字母，否则未换名的项就无法与已换名的各项同时求同一方向上的分量。

（3）哑指标的影响是局部性的，它可以只出现在方程或表达式的某一项中，所以哑指标只需成对的局部换名。表达式中不同项内的同名哑指标并没有必然的联系，可以换成不同的名字，因为根据求和约定，哑指标的有效范围仅限于本项。

例如，线性方程组：

$$\begin{cases} a_{11}x_1 + a_{12}x_2 + a_{13}x_3 = b_1 \\ a_{21}x_1 + a_{22}x_2 + a_{23}x_3 = b_2 \\ a_{31}x_1 + a_{32}x_2 + a_{33}x_3 = b_3 \end{cases} \tag{1-2}$$

采用指标记法，可以很简洁地记为：

$$a_{ij}x_j = b_i \tag{1-3}$$

式中，$i, j = 1, 2, 3$；j 为哑指标，表示求和；i 为自由指标，将三个方程缩写成一个。

2　应 力 分 析

当弹性体受外力作用时，弹性体内部产生变形，从而产生抵抗外力作用的附加内力。应力是对这种附加内力场的精确的、定量的描述。研究在外力作用下弹性体的应力状态，是弹性力学的核心问题。弹性体内一点的应力状态是由应力张量描述的。本章介绍应力张量概念的产生、定义和性质。

2.1　外力和内力

物体发生变形的原因很多，例如物体受热，或受到电磁场作用等都会产生相应的变形和响应。在本章中，我们只考虑作用于物体上的机械力，它们可以看成是由于物体之间的相互作用而产生的。外力是其他物体对弹性体的作用力，而内力是弹性体内部质点间的相互作用力。

2.1.1　外力

作用于弹性体上的外力可分为两类，即面力和体力。

（1）面力：作用在弹性体边界面上的接触力，如水对固体的压力，或与弹性体接触的其他物体给予弹性体的压力等。作用于弹性体表面上某点的面力，通常用该点处的面力集度表示。弹性体外表面上的一（质）点 P，ΔS 是包含 P 点的微小面元，ΔF_S 是作用于 ΔS 上面力的合力，则面力可表示为：

$$F = \lim_{\Delta S \to 0} \frac{\Delta F_S}{\Delta S} \tag{2-1}$$

称 F 是 P 点的面力集度，F 的方向为 ΔF_S 的极限方向。上面定义考虑了面力在外表面上分布的不均匀性，是定义在质点 P 上的，不同质点上的面力可能各不相同，因此面力是固定矢量。F 一般是坐标的函数，同时还与作用面的外法线方向有关，在直角坐标系 $Oxyz$ 中，F 有三个分量 F_x、F_y、F_z，因此：

$$F = F_x i + F_y j + F_z k \tag{2-2}$$

式中，i、j、k 为坐标轴的单位矢量。三个分量以沿坐标轴的正向为正，反向为负。表面力 F 的量纲为 $[力]/[长度]^2$，其单位为 N/m² 或者 N/cm²，国际单位为 Pa 或 MPa。

（2）体力：作用于弹性体内部的每一个质点的外力，如重力、库仑力、惯性力。体力通常用作用在单位体积上的力——体力密度来表示。取一个质点 P 和包含该质点的一个微小体元 ΔV，ΔF_V 是作用在 ΔV 上的体力的合力，则体力可表示为：

$$f = \lim_{\Delta V \to 0} \frac{\Delta F_V}{\Delta V} \tag{2-3}$$

称 f 是 P 点的体力密度，f 的方向为 ΔF_V 的极限方向。上面定义的体力是单位体积上的力，考虑了体力分布的不均匀性，定义在质点上，因此体力也是固定矢量。f 一般也是点的坐标的函数，在直角坐标系 $Oxyz$ 中，f 有三个分量 f_x、f_y、f_z，因此：

$$f = f_x \boldsymbol{i} + f_y \boldsymbol{j} + f_z \boldsymbol{k} \tag{2-4}$$

体积力的三个分量以沿坐标轴的正向为正，反向为负。体积力 f 的量纲为［力］/［长度］^{3}，其单位为 N/m^3 或者 N/cm^3。

2.1.2　内力

弹性体受外力作用时，由于质点间位置的改变，必将引起质点间相互作用力的改变，因此在弹性体内形成附加内力场。相应的变形是质点位置改变的宏观表现。由于假定在不受外力时弹性体内无初应力，这个附加内力场就是我们将研究的应力。因变形而产生的内力也可以看作是一种面力。

为了对内力作出更明确的定义，假想用平面 C 将弹性体剖为 A、B 两个部分。这时 A、B 间的相互作用力就是弹性体的内力。现在研究 B 对 A 的作用，在平面 C 上作一微小面元 ΔS，令其包含质点 P。n 是 ΔS 的单位（外）法矢量，作用在 ΔS 上的面力的合力为 ΔG，这样可以用式（2-1）定义作用在质点 P 的面力 F，不过这里的质点 P 不在物体的外表面，而是在物体内部。F 被称为点 P 在以 n 为外法线的截面上的应力矢量。将 F 向面元的法线方向和切线方向分解，可以得到 P 点的法向分量 σ 和切向分量 τ。

$$\sigma = \lim_{\Delta S \to 0} \frac{\Delta G_n}{\Delta S} \qquad \tau = \lim_{\Delta S \to 0} \frac{\Delta G_t}{\Delta S} \tag{2-5}$$

式中，ΔG_n、ΔG_t 为 ΔG 在 ΔS 上的法向和切向分量。如果给定了坐标系，并令 n 与其中一个坐标轴方向相同，则 τ 可以进一步向其他两个坐标轴方向分解，如图 2-1 所示。

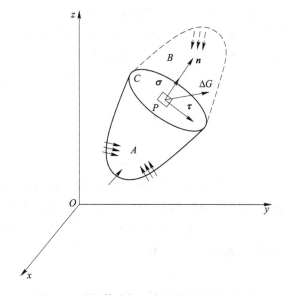

图 2-1　弹性体内部一点的应力矢量示意图

以上通过假想地移去 B，保留 A，并考虑 B 对 A 的影响，定义了应力矢量 F 和它的法向和切向分量。如果移去 A，保留 B，讨论 A 对 B 的作用同样可以定义应力矢量 F，它们之间的关系由牛顿第三定律确定，因而只有一个是独立的，如图 2-2 所示。

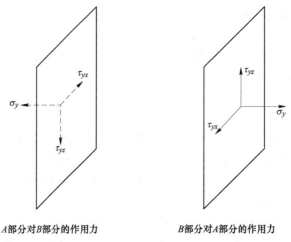

A部分对B部分的作用力   B部分对A部分的作用力

图 2-2 假想的两部分之间的相互作用

2.2 物体内一点的应力状态

过物体内一点可作无数个平面，每一平面上皆存在弹性体被该平面分成的两部分之间的相互作用（即该点的应力矢量），通过一点的各个平面上应力矢量的集合称之为一点的应力状态。理论上，要表示一点的应力状态，可以通过求解每一平面的应力矢量来表示，但实际过程中，这种表示方法是不可行的。那么，如何表示一点的应力状态呢？

假想过 P 点作相互正交的三个平面剖分弹性体，并以三个平面的法向量为基准，建立正交坐标系 $Oxyz$，如图 2-3 所示。根据应力矢量的定义，则 P 点在三个坐标平面上都存在一个应力矢量，这个应力矢量都可以沿三个坐标轴分解为三个分量，即 x 面上分量为 σ_{xx}、τ_{xy}、τ_{xz}，y 面上分量为 σ_{yy}、τ_{yx}、τ_{yz}，z 面上分量为 σ_{zz}、τ_{zx}、τ_{zy}。P 点的应力状态可用九个分量有序表示，即

$$\begin{pmatrix} \sigma_{xx} & \tau_{xy} & \tau_{xz} \\ \tau_{yx} & \sigma_{yy} & \tau_{yz} \\ \tau_{zx} & \tau_{zy} & \sigma_{zz} \end{pmatrix} \tag{2-6}$$

式中所示应力分量具有二重方向性，第一个脚标表示所在面的方向，第二个脚标表示该面上应力分量的方向；面的方向由其外法线方向确定，外法线指向坐标轴正向为正面，反之为负面；同时应力分量正负规定正面上指向坐标正向为正，负面上指向坐标负向为正。当两个脚标相同时可用一个脚标表示，式（2-6）还可以记为：

$$\begin{pmatrix} \sigma_{x} & \tau_{xy} & \tau_{xz} \\ \tau_{yx} & \sigma_{y} & \tau_{yz} \\ \tau_{zx} & \tau_{zy} & \sigma_{z} \end{pmatrix} \tag{2-6'}$$

若用指标记法，应力张量可表示为：

$$\sigma_{ij} \quad (i, j = x, y, z)$$

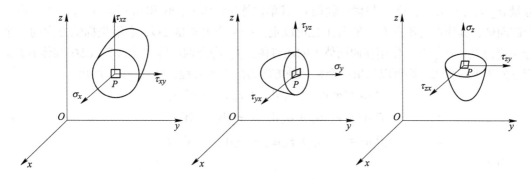

图 2-3　弹性体内部一点在不同坐标平面的应力矢量分解示意图

　　理论上，过 P 点可以做无数个两两正交的剖面，按上述方法，可以建立无数个正交坐标系，因此 P 点也可以有无数个类似式（2-6）所表示的应力状态。根据唯物主义史观中客观存在性，对于特定弹性体在给定外力的作用下，其内部的变形和应力状态是确定性的，不可能因建立坐标系的不同而引起应力状态的变化。因此，不同坐标系下描述的一点的应力状态本质上应该是一样的。Cauchy 应力定理回答了这个问题。

2.3　柯西应力定理和应力张量的坐标变换

2.3.1　柯西应力定理

　　如图 2-4 所示，过质点 P 做三个两两垂直的面元 $\mathrm{d}s_x$、$\mathrm{d}s_y$、$\mathrm{d}s_z$，它们的外法线的指向与给定坐标系的坐标轴负向相同。在每个剖面上都可以定义一个应力矢量 $\boldsymbol{T}_i$ 和它的应力

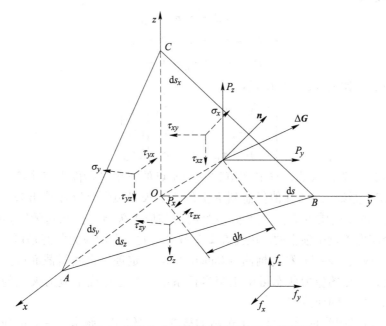

图 2-4　弹性体内任意微小四面体受力示意图

分量 $\sigma_{ij}(i, j = x, y, z)$。另做一斜面 ds 其单位外法线为 $\boldsymbol{n}$。ds 和 $ds_i(i = x, y, z)$ 围成一个四面体，其顶点为质点 P。在 ds 上也可以定义一个应力矢量 $\Delta\boldsymbol{G}$，它沿坐标轴方向的三个分量记为 P_x、P_y、P_z。作用在四面体上的还有体力 $\boldsymbol{f}$，考虑四面体在面力 $\boldsymbol{T}_i$、$\Delta\boldsymbol{G}$ 和体力 $\boldsymbol{f}$ 作用下处于平衡状态，则可以列出三个坐标轴方向力的平衡方程，如式（a）所示。

$$P_x ds = \sigma_x ds_x + \tau_{yx} ds_y + \tau_{zx} ds_z - dV \cdot f_x$$
$$P_y ds = \tau_{xy} ds_x + \sigma_y ds_y + \tau_{zy} ds_z - dV \cdot f_y \qquad\text{(a)}$$
$$P_z ds = \tau_{xz} ds_x + \tau_{yz} ds_y + \sigma_z ds_z - dV \cdot f_z$$

由于

$$ds_x = ds\cos(\boldsymbol{n} \cdot x) = ds \cdot l$$
$$ds_y = ds\cos(\boldsymbol{n} \cdot y) = ds \cdot m$$
$$ds_z = ds\cos(\boldsymbol{n} \cdot z) = ds \cdot n \qquad\text{(b)}$$
$$dV = \frac{1}{3}ds \times h$$

将式（b）代入式（a），可得：

$$P_x = \sigma_x l + \tau_{yx} m + \tau_{zx} n - \frac{1}{3}hf_x$$
$$P_y = \tau_{xy} l + \sigma_y m + \tau_{zy} n - \frac{1}{3}hf_y \qquad\text{(c)}$$
$$P_z = \tau_{xz} l + \tau_{yz} m + \sigma_z n - \frac{1}{3}hf_z$$

当斜面 ds 向 P 点无限逼近时，四面体的高 h 趋近于 0，因此式（c）右端最后一项可以忽略，式（c）变为：

$$P_x = \sigma_x l + \tau_{yx} m + \tau_{zx} n$$
$$P_y = \tau_{xy} l + \sigma_y m + \tau_{zy} n \qquad\text{(2-7)}$$
$$P_z = \tau_{xz} l + \tau_{yz} m + \sigma_z n$$

写成矩阵的形式，如式（2-7'）所示：

$$\begin{pmatrix} P_x \\ P_y \\ P_z \end{pmatrix} = \begin{pmatrix} \sigma_x & \tau_{yx} & \tau_{zx} \\ \tau_{xy} & \sigma_y & \tau_{zy} \\ \tau_{xz} & \tau_{yz} & \sigma_z \end{pmatrix} \begin{pmatrix} l \\ m \\ n \end{pmatrix} \qquad\text{(2-7')}$$

式（2-7）或式（2-7'）表明，只要知道过一个质点的三个坐标面上三个应力矢量 $\boldsymbol{T}_i(i = x, y, z)$，则通过该质点的其他任意斜面上的应力矢量 $\Delta\boldsymbol{G}$ 可以计算出来。因此，根据 2.2 节的方法，虽然过质点 P 产生无穷多个剖面和应力矢量，但在这无穷多个应力矢量中，只有三个应力矢量是独立的。因此在 2.2 节定义的一点的应力状态是可行的、有意义的。式（2-7）或式（2-7'）称为柯西（Cauchy）应力定理，也叫斜截面应力定理。柯西应力定理表明，一点的应力状态可由正交坐标系中三个坐标面上应力矢量的有序组合定义，不因坐标系的不同而改变。

式（2-6）定义的物理量 $\boldsymbol{\sigma}$ 是一个全新的概念，称作应力张量。一点的应力张量是三个应力矢量的组合，一个应力矢量是三个应力分量（标量）的组合，因此应力张量还可以看作九个应力分量（标量）的有序组合。确定了三个应力矢量的九个分量，就知道了过一质点的所有剖面上的应力矢量。

从以上讨论可以看出，应力张量的物理意义是弹性体中的任一质点所受到的周围其他部分从所有方向上施加于该质点的力（矢量）的综合作用，因此应力张量是对内力场的精确描述。应力张量可以用图 2-5 直观地表示，图中微六面体的每个边长都趋于零且无限地收缩于质点 P。当质点位于弹性体表面时，可以用 Cauchy 应力定理表达应力边界条件，即求出已知的边界面力与表面质点应力张量的关系。

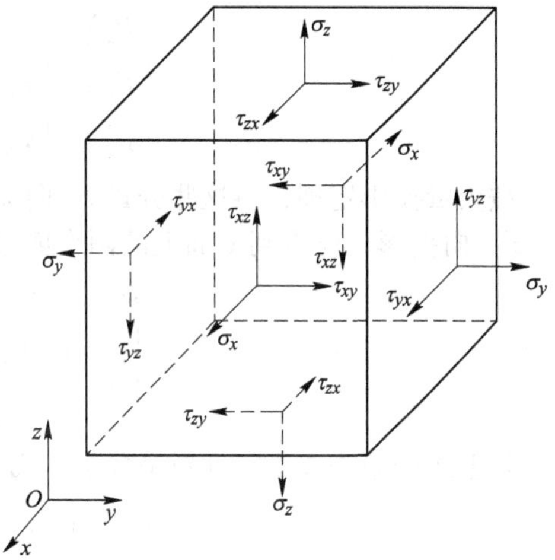

对于应力张量还要注意到如下特点：

（1）应力张量是定义在弹性体所有质点上的，不是定义在单位面积上的，因此不是面力的强度，而且应力张量是对称的，九个应力分量只有六个是独立的，在后面给予证明；

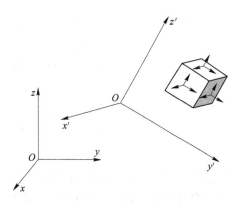

图 2-5 微六面体直观表示的任一点的应力张量

（2）应力矢量虽然是面力，但它并不仅仅作用在弹性体可见的外表面，而且还作用在弹性体内部的假想的表面上，而且遍布弹性体内的每一质点；

（3）应力张量虽然遍布弹性体内的每一质点，但并不像体力与质量或体积相关，因而是不可加和的。

2.3.2 应力张量的坐标变换

Cauchy 应力定理表明，只需要知道过 P 点的三个相互正交面元上的应力矢量（或者应力分量），就完全确定了该点的应力张量 $\boldsymbol{\sigma}$。但三个相互正交的面元有无限多组，由不同的面元组确定的应力张量之间的关系，就是应力张量的坐标变换。

考虑以质点 O 为原点的两个坐标系 $Oxyz$ 和 $Ox'y'z'$，以及以坐标面切割的两个微元体，如图 2-6 所示，两个坐标系之间的变换关系如表 2-1 所示。

图 2-6 坐标变换示意图

表 2-1 新旧坐标变换表

坐 标	$\boldsymbol{e}_1$, x	$\boldsymbol{e}_2$, y	$\boldsymbol{e}_3$, z
$\boldsymbol{e}_1'$, x'	$\cos(\boldsymbol{e}_1', \boldsymbol{e}_1) = l_{11}$	$\cos(\boldsymbol{e}_1', \boldsymbol{e}_2) = l_{12}$	$\cos(\boldsymbol{e}_1', \boldsymbol{e}_3) = l_{13}$
$\boldsymbol{e}_2'$, y'	$\cos(\boldsymbol{e}_2', \boldsymbol{e}_1) = l_{21}$	$\cos(\boldsymbol{e}_2', \boldsymbol{e}_2) = l_{22}$	$\cos(\boldsymbol{e}_2', \boldsymbol{e}_3) = l_{23}$
$\boldsymbol{e}_3'$, z'	$\cos(\boldsymbol{e}_3', \boldsymbol{e}_1) = l_{31}$	$\cos(\boldsymbol{e}_3', \boldsymbol{e}_2) = l_{32}$	$\cos(\boldsymbol{e}_3', \boldsymbol{e}_3) = l_{33}$

注：$\boldsymbol{e}_i'$ 为新坐标系中 x_i' 方向的单位矢量；$\boldsymbol{e}_j$ 为旧坐标系中 x_j 方向的单位矢量。

如果以新坐标系中的 x' 面，作为旧坐标系中的斜面，并将 x' 面上的应力矢量 $\boldsymbol{P}^1$ 向旧坐标系的 x、y、z 轴分解，由 Cauchy 应力定理得到它的分量 P_x^1、P_y^1、P_z^1 为：

$$\begin{pmatrix} P_x^1 \\ P_y^1 \\ P_z^1 \end{pmatrix} = \begin{pmatrix} \sigma_x & \tau_{yx} & \tau_{zx} \\ \tau_{xy} & \sigma_y & \tau_{zy} \\ \tau_{xz} & \tau_{yz} & \sigma_z \end{pmatrix} \begin{pmatrix} l_{11} \\ l_{12} \\ l_{13} \end{pmatrix} \tag{d}$$

按矢量投影定理，将这些分量 P_i^1 向 x' 方向投影就得到 x' 面上的正应力 $\sigma_{x'}$，将它们向 y'、z' 方向投影，就得到 x' 面上的两个剪应力分量 $\tau_{x'y'}$ 和 $\tau_{x'z'}$。

$$\begin{cases} \sigma_{x'} = P_x^1 l_{11} + P_y^1 l_{12} + P_z^1 l_{13} \\ \tau_{x'y'} = P_x^1 l_{21} + P_y^1 l_{22} + P_z^1 l_{23} \\ \tau_{x'z'} = P_x^1 l_{31} + P_y^1 l_{32} + P_z^1 l_{33} \end{cases} \tag{e}$$

将上式用矩阵表示得到新坐标系 x' 面上的应力矢量：

$$\begin{pmatrix} \sigma_{x'} \\ \tau_{x'y'} \\ \tau_{x'z'} \end{pmatrix} = \begin{pmatrix} l_{11} & l_{12} & l_{13} \\ l_{21} & l_{22} & l_{23} \\ l_{31} & l_{32} & l_{33} \end{pmatrix} \begin{pmatrix} P_x^1 \\ P_y^1 \\ P_z^1 \end{pmatrix} \tag{f}$$

上式右端的矩阵与坐标变换表中的元素相同，因此也可以认为坐标变换表给出了新、旧坐标系方向的坐标变换阵。还可以用矩阵表示不同坐标系中应力张量的变换关系，将式（d）代入式（f），得：

$$\begin{pmatrix} \sigma_{x'} \\ \tau_{x'y'} \\ \tau_{x'z'} \end{pmatrix} = \begin{pmatrix} l_{11} & l_{12} & l_{13} \\ l_{21} & l_{22} & l_{23} \\ l_{31} & l_{32} & l_{33} \end{pmatrix} \begin{pmatrix} \sigma_x & \tau_{yx} & \tau_{zx} \\ \tau_{xy} & \sigma_y & \tau_{zy} \\ \tau_{xz} & \tau_{yz} & \sigma_z \end{pmatrix} \begin{pmatrix} l_{11} \\ l_{12} \\ l_{13} \end{pmatrix} \tag{2-8a}$$

如果以 y' 和 z' 作斜面，进行类似的讨论可以得到：

$$\begin{pmatrix} \tau_{x'y'} \\ \sigma_{y'} \\ \tau_{y'z'} \end{pmatrix} = \begin{pmatrix} l_{11} & l_{12} & l_{13} \\ l_{21} & l_{22} & l_{23} \\ l_{31} & l_{32} & l_{33} \end{pmatrix} \begin{pmatrix} \sigma_x & \tau_{yx} & \tau_{zx} \\ \tau_{xy} & \sigma_y & \tau_{zy} \\ \tau_{xz} & \tau_{yz} & \sigma_z \end{pmatrix} \begin{pmatrix} l_{21} \\ l_{22} \\ l_{23} \end{pmatrix} \tag{2-8b}$$

$$\begin{pmatrix} \tau_{x'z'} \\ \tau_{y'z'} \\ \sigma_{z'} \end{pmatrix} = \begin{pmatrix} l_{11} & l_{12} & l_{13} \\ l_{21} & l_{22} & l_{23} \\ l_{31} & l_{32} & l_{33} \end{pmatrix} \begin{pmatrix} \sigma_x & \tau_{yx} & \tau_{zx} \\ \tau_{xy} & \sigma_y & \tau_{zy} \\ \tau_{xz} & \tau_{yz} & \sigma_z \end{pmatrix} \begin{pmatrix} l_{31} \\ l_{32} \\ l_{33} \end{pmatrix} \tag{2-8c}$$

如果令式（2-8a）的左端为矩阵的第一列，式（2-8b）的左端为矩阵的第二列，式（2-8c）为矩阵的第三列，则式（2-8a）~式（2-8c）三式可以合并为一个公式，即

$$\begin{pmatrix} \sigma_{x'} & \tau_{y'x'} & \tau_{z'x'} \\ \tau_{x'y'} & \sigma_{y'} & \tau_{z'y'} \\ \tau_{x'z'} & \tau_{y'z'} & \sigma_{z'} \end{pmatrix} = \begin{pmatrix} l_{11} & l_{12} & l_{13} \\ l_{21} & l_{22} & l_{23} \\ l_{31} & l_{32} & l_{33} \end{pmatrix} \begin{pmatrix} \sigma_x & \tau_{yx} & \tau_{zx} \\ \tau_{xy} & \sigma_y & \tau_{zy} \\ \tau_{xz} & \tau_{yz} & \sigma_z \end{pmatrix} \begin{pmatrix} l_{11} & l_{21} & l_{31} \\ l_{12} & l_{22} & l_{32} \\ l_{13} & l_{23} & l_{33} \end{pmatrix} \tag{2-8}$$

如果令

$$L = \begin{pmatrix} l_{11} & l_{12} & l_{13} \\ l_{21} & l_{22} & l_{23} \\ l_{31} & l_{32} & l_{33} \end{pmatrix}$$

为坐标变换阵，则式（2-18）即为应力张量的坐标变换公式，可以简写为：

$$\boldsymbol{\sigma}' = \boldsymbol{L}\boldsymbol{\sigma}\boldsymbol{L}^{\mathrm{T}}$$

采用指标记法，新坐标系中某一坐标分量可以用矩阵表示为：

$$\sigma'_{mn} = \begin{pmatrix} l_{m1} & l_{m2} & l_{m3} \end{pmatrix} \begin{pmatrix} \sigma_{11} & \sigma_{21} & \sigma_{31} \\ \sigma_{12} & \sigma_{22} & \sigma_{32} \\ \sigma_{13} & \sigma_{23} & \sigma_{33} \end{pmatrix} \begin{pmatrix} l_{n1} \\ l_{n2} \\ l_{n3} \end{pmatrix} \quad (m,n = 1,2,3) \qquad (2\text{-}8')$$

2.4 主应力、应力主方向与应力张量的不变量

一般情况下，应力矢量并不垂直于它的作用面，因此在该平面的法线方向和平面内都有投影分量。如果恰当的分割使得剖面上的应力矢量垂直于该平面，则它在该平面内的分量，即剪应力分量 $\sigma_{ij} = 0 (i \neq j)$，则称这样的剖面为主平面，主平面上的应力矢量为主应力，主平面的外法线方向为主方向。

若斜面 ds 是主平面，其上的应力矢量 $\boldsymbol{P}$ 是主应力，将其向坐标方向投影，按主应力定义，则：

$$P_x = \sigma l, \quad P_y = \sigma m, \quad P_z = \sigma n \qquad (2\text{-}9)$$

式中，$\sigma = |\boldsymbol{P}|$，$l = \cos(\boldsymbol{n}, \boldsymbol{e}_1)$，$m = \cos(\boldsymbol{n}, \boldsymbol{e}_2)$，$n = \cos(\boldsymbol{n}, \boldsymbol{e}_3)$。

如图 2-7 所示，按 Cauchy 应力定理可以得到：

$$\begin{cases} P_x = \sigma_x l + \tau_{xy} m + \tau_{xy} n = \sigma l \\ P_y = \tau_{yx} l + \sigma_y m + \tau_{yz} n = \sigma m \\ P_z = \tau_{zx} l + \tau_{zy} m + \sigma_z n = \sigma n \end{cases} \qquad (2\text{-}10)$$

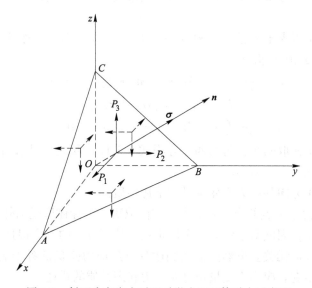

图 2-7 斜面为主应力平面时微小四面体受力示意图

对第二个等号两端移项得到：

$$\begin{cases} (\sigma_x - \sigma)l + \tau_{xy}m + \tau_{xy}n = 0 \\ \tau_{yx}l + (\sigma_y - \sigma)m + \tau_{yz}n = 0 \\ \tau_{zx}l + \tau_{zy}m + (\sigma_z - \sigma)n = 0 \end{cases} \qquad (2\text{-}10')$$

l、m、n 满足

$$l^2 + m^2 + n^2 = 1 \qquad (2\text{-}11)$$

式（2-10'）和式（2-11）是四个方程，包含四个未知数 l、m、n 和 σ，因此是完备的。假定 σ 已知，并且由式（2-11）可知，l、m、n 不全为零，则仅当系数行列式

$$\begin{vmatrix} \sigma_x - \sigma & \tau_{xy} & \tau_{xz} \\ \tau_{yx} & \sigma_y - \sigma & \tau_{yz} \\ \tau_{zx} & \tau_{zy} & \sigma_z - \sigma \end{vmatrix} = 0$$

时，l、m、n 才有非平凡解，展开上式，可以得到关于主应力 σ 的三次方程。

$$\sigma^3 - I_1\sigma^2 - I_2\sigma - I_3 = 0 \qquad (2\text{-}12)$$

式中，I_1、I_2、I_3 为第一、第二、第三应力不变量。

$$I_1 = \sigma_x + \sigma_y + \sigma_z$$

$$I_2 = -\begin{vmatrix} \sigma_x & \tau_{xy} \\ \tau_{yx} & \sigma_y \end{vmatrix} - \begin{vmatrix} \sigma_y & \tau_{yz} \\ \tau_{zy} & \sigma_z \end{vmatrix} - \begin{vmatrix} \sigma_x & \tau_{xz} \\ \tau_{zx} & \sigma_z \end{vmatrix} \qquad (2\text{-}13)$$

$$I_3 = \begin{pmatrix} \sigma_x & \tau_{xy} & \tau_{xz} \\ \tau_{yx} & \sigma_y & \tau_{yz} \\ \tau_{zx} & \tau_{zy} & \sigma_z \end{pmatrix}$$

I_i 是由应力分量确定的，在不同的坐标系中应力分量是不同的。I_i 是不变量的含义：尽管不同坐标系中应力分量各不相同，但由它们按式（2-12）的规律计算出来的 I_i 的大小不变。

由式（2-12）可以求出 P 的三个根 $\sigma_i(i = 1, 2, 3)$，对应三个主应力。将其中一个主应力 σ_i 代入式（2-10'）得到：

$$\begin{cases} (\sigma_x - \sigma_i)l_i + \tau_{xy}m_i + \tau_{xz}n_i = 0 \\ \tau_{yx}l_i + (\sigma_y - \sigma_i)m_i + \tau_{yz}n_i = 0 \\ \tau_{zx}l_i + \tau_{zy}m_i + (\sigma_z - \sigma_i)n_i = 0 \end{cases}$$

在前三个方程中任取两个，与第四个方程式（2-11）联立，可求出 l、m、n。这样就求得了三个主应力和三个主方向。

主应力、应力主方向和应力不变量具有下述性质：

（1）不变性。由于一点的应力和应力主方向取决于弹性体所受的外力和约束条件，而与坐标系的选取无关，因此对于任意一个确定点，特征方程的三个根是确定的，I_1、I_2、I_3 的值均与坐标轴的选取无关。虽然坐标系的改变导致应力张量的各个应力分量发生变化，但该点的应力状态不变。应力不变量正是对应力状态性质的描述。

（2）实数性。特征方程的三个根是一点的三个主应力，根据三次方程根的性质，容易证明三个根均为实根，所以一点的三个主应力均为实数。

（3）正交性。任一点的应力主方向，即三个应力主轴是正交的。下面证明主应力的正

交性。

设主应力 σ_1 对的主方向为 l_1、m_1、n_1，将其代入式（2-10）得：

$$\begin{pmatrix} \sigma_x & \tau_{xy} & \tau_{xz} \\ \tau_{yx} & \sigma_y & \tau_{yz} \\ \tau_{zx} & \tau_{zy} & \sigma_z \end{pmatrix} \begin{pmatrix} l_1 \\ m_1 \\ n_1 \end{pmatrix} = \sigma_1 \begin{pmatrix} l_1 \\ m_1 \\ n_1 \end{pmatrix} \tag{a}$$

设主应力 σ_2 对的主方向为 l_2、m_2、n_2，将其代入式（2-10）得：

$$\begin{pmatrix} \sigma_x & \tau_{xy} & \tau_{xz} \\ \tau_{yx} & \sigma_y & \tau_{yz} \\ \tau_{zx} & \tau_{zy} & \sigma_z \end{pmatrix} \begin{pmatrix} l_2 \\ m_2 \\ n_2 \end{pmatrix} = \sigma_2 \begin{pmatrix} l_2 \\ m_2 \\ n_2 \end{pmatrix} \tag{b}$$

分别以 l_2、m_2、n_2 和 l_1、m_1、n_1 左点乘上两式得：

$$(l_2 \quad m_2 \quad n_2) \begin{pmatrix} \sigma_x & \tau_{xy} & \tau_{xz} \\ \tau_{yx} & \sigma_y & \tau_{yz} \\ \tau_{zx} & \tau_{zy} & \sigma_z \end{pmatrix} \begin{pmatrix} l_1 \\ m_1 \\ n_1 \end{pmatrix} = (l_2 \quad m_2 \quad n_2) \sigma_1 \begin{pmatrix} l_1 \\ m_1 \\ n_1 \end{pmatrix} \tag{c}$$

$$(l_1 \quad m_1 \quad n_1) \begin{pmatrix} \sigma_x & \tau_{xy} & \tau_{xz} \\ \tau_{yx} & \sigma_y & \tau_{yz} \\ \tau_{zx} & \tau_{zy} & \sigma_z \end{pmatrix} \begin{pmatrix} l_2 \\ m_2 \\ n_2 \end{pmatrix} = (l_1 \quad m_1 \quad n_1) \sigma_2 \begin{pmatrix} l_2 \\ m_2 \\ n_2 \end{pmatrix} \tag{d}$$

由于应力张量是对称矩阵，故式（c）和式（d）两式左边相等。将两式相减，得：

$$(\sigma_1 - \sigma_2)(l_1 l_2 + m_1 m_2 + n_1 n_2) = 0 \tag{e}$$

1）若 $\sigma_1 \neq \sigma_2 \neq \sigma_3$，则特征方程无重根，因此应力主轴必然相互垂直；

2）若 $\sigma_1 = \sigma_2 \neq \sigma_3$，则特征方程有两重根，$\sigma_1$ 和 σ_2 的方向必然垂直于 σ_3 的方向，而 σ_1 和 σ_2 的方向可以是垂直的，也可以不垂直；

3）若 $\sigma_1 = \sigma_2 = \sigma_3$，则特征方程有三重根，三个应力主轴可以垂直，也可以不垂直，这就是说，任何方向都是应力主轴，如静水压力状态。

利用主应力的正交性，可以建立以三个主应力方向为坐标轴的坐标系，这样的坐标系称为主应力空间，主应力方向称为主方向。

2.5 最大剪应力与正应力的极值

最大剪应力在固体力学中有较重要的地位。在主应力空间中，如图 2-8 所示，任意斜面 ds 的外法线为 $\boldsymbol{n} = (l, m, n)$，按 Cauchy 应力定理，斜面 ds 上应力矢量 $\boldsymbol{P}$ 的分量为：

$$\begin{pmatrix} P_x \\ P_y \\ P_z \end{pmatrix} = \begin{pmatrix} \sigma_1 & 0 & 0 \\ 0 & \sigma_2 & 0 \\ 0 & 0 & \sigma_3 \end{pmatrix} \begin{pmatrix} l \\ m \\ n \end{pmatrix} \tag{2-14}$$

即 $P_x = \sigma_1 l$，$P_y = \sigma_2 m$，$P_z = \sigma_3 n$。

此斜面上的正应力大小记为 σ_n，则：

$$\sigma_n = P_x l + P_y m + P_z n = \sigma_1 l^2 + \sigma_2 m^2 + \sigma_3 n^2 \tag{2-15}$$

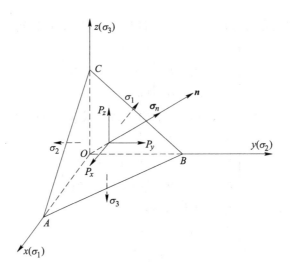

图 2-8   主应力空间的微小四面体受力示意图

此斜面上的剪应力大小记为 τ_n，则：

$$\tau_n^2 = |\boldsymbol{P}|^2 - \sigma_n^2 = (\sigma_1 l)^2 + (\sigma_2 m)^2 + (\sigma_3 n)^2 - (\sigma_1 l^2 + \sigma_2 m^2 + \sigma_3 n^2)^2 \quad (2\text{-}16)$$

由于

$$l^2 + m^2 + n^2 = 1$$

消去 n，得：

$$\tau_n^2 = (\sigma_1^2 - \sigma_3^2)l^2 + (\sigma_2^2 - \sigma_3^2)m^2 + \sigma_3^2 - [(\sigma_1 - \sigma_3)l^2 + (\sigma_2 - \sigma_3)m^2 + \sigma_3]^2 \quad (a)$$

剪应力取极值，则有：

$$\frac{\partial \tau_n}{\partial l} = 0, \qquad \frac{\partial \tau_n}{\partial m} = 0$$

由 $\dfrac{\partial \tau_n}{\partial l} = 0$ 可以得到：

$$\frac{\partial \tau_n}{\partial l} = \frac{l(\sigma_1^2 - \sigma_3^2) - 2[(\sigma_1 - \sigma_3)l^2 + (\sigma_2 - \sigma_3)m^2 + \sigma_3]l(\sigma_1 - \sigma_3)}{\tau_n} = 0 \quad (b)$$

当 $\sigma_1 \neq \sigma_2 \neq \sigma_3$ 时，

$$\tau_n^2 = (\sigma_1^2 - \sigma_3^2)l^2 + (\sigma_2^2 - \sigma_3^2)m^2 + \sigma_3^2 - [(\sigma_1 - \sigma_3)l^2 + (\sigma_2 - \sigma_3)m^2 + \sigma_3]^2 \neq 0$$

则有：

$$l(\sigma_1^2 - \sigma_3^2) - 2[(\sigma_1 - \sigma_3)l^2 + (\sigma_2 - \sigma_3)m^2 + \sigma_3]l(\sigma_1 - \sigma_3) = 0 \quad (c)$$

即

$$l(\sigma_1 - \sigma_3)[(\sigma_1 + \sigma_3) - 2(\sigma_1 - \sigma_3)l^2 - 2(\sigma_2 - \sigma_3)m^2 - 2\sigma_3] = 0$$

同理，由 $\dfrac{\partial \tau_n}{\partial m} = 0$ 可得：

$$m(\sigma_2 - \sigma_3)[(\sigma_2 + \sigma_3) - 2(\sigma_1 - \sigma_3)l^2 - 2(\sigma_2 - \sigma_3)m^2 - 2\sigma_3] = 0 \quad (d)$$

整理上两式可以得到：

$$\begin{cases} l(\sigma_1 - \sigma_3)\left[(\sigma_1 - \sigma_3)l^2 + (\sigma_2 - \sigma_3)m^2 - \dfrac{1}{2}(\sigma_1 - \sigma_3)\right] = 0 \\ m(\sigma_2 - \sigma_3)\left[(\sigma_1 - \sigma_3)l^2 + (\sigma_2 - \sigma_3)m^2 - \dfrac{1}{2}(\sigma_2 - \sigma_3)\right] = 0 \end{cases} \tag{e}$$

当 $\sigma_1 \neq \sigma_2 \neq \sigma_3$ 时，若 $l \neq 0$ 和 $m \neq 0$ 同时成立将导致矛盾，即有 $\sigma_1 = \sigma_2 = \sigma_3$，因此 l 和 m 必须有一个为 0。

若 $m = 0$，代入式（e）得：

$$(\sigma_1 - \sigma_3)l^2 - \frac{1}{2}(\sigma_1 - \sigma_3) = 0 \tag{f}$$

解得：

$$l = \pm \frac{1}{\sqrt{2}}$$

考虑 $l^2 + m^2 + n^2 = 1$，可得：

$$l = \pm \frac{1}{\sqrt{2}}, \ m = 0, \ n = \pm \frac{1}{\sqrt{2}}$$

同理，若令 $l = 0$，可得：

$$l = 0, \ m = \pm \frac{1}{\sqrt{2}}, \ n = \pm \frac{1}{\sqrt{2}}$$

如果选择消去 l，按同样的方法可以得到：

$$l = \pm \frac{1}{\sqrt{2}}, \ m = \pm \frac{1}{\sqrt{2}}, \ n = 0$$

按上面的讨论，剪应力在如表 2-2 所示三种情况下取极值。

表 2-2　剪应力极值所在平面的法向量

法向量分量	I	II	III
l	0	$\pm \dfrac{1}{\sqrt{2}}$	$\pm \dfrac{1}{\sqrt{2}}$
m	$\pm \dfrac{1}{\sqrt{2}}$	0	$\pm \dfrac{1}{\sqrt{2}}$
n	$\pm \dfrac{1}{\sqrt{2}}$	$\pm \dfrac{1}{\sqrt{2}}$	0

将三种情况的法向量代入剪应力表达式可得剪应力的三个极值：

$$\tau_1 = \pm \frac{\sigma_2 - \sigma_3}{2}$$

$$\tau_2 = \pm \frac{\sigma_3 - \sigma_1}{2} \tag{2-17}$$

$$\tau_3 = \pm \frac{\sigma_1 - \sigma_2}{2}$$

从表 2-2 中可以看出，剪应力取极值的方向，与最大和最小主应力成 45° 角，在 $x(\sigma_1)$、$z(\sigma_3)$ 平面上，剪应力的极值和正应力如图 2-9 所示。

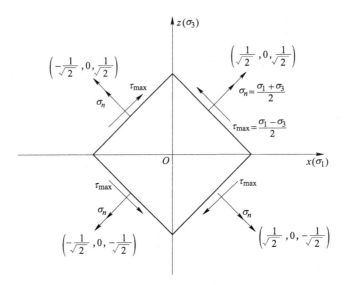

图 2-9　最大剪应力所在平面的法向量示意图

若令 $l=0$ 和 $m=0$，由 $\dfrac{\partial \tau_n}{\partial l}=0$、$\dfrac{\partial \tau_n}{\partial m}=0$ 也可求出 τ_n 的极值，但此时 $n=\pm 1$，对应的法向

矢量 $(0,0,\pm 1)$ 是主平面。在该平面上，正应力取最大值，剪应力 τ_n 取极小值，而不是极大值。同理，也可以选择消去 l 或 m，根据同样的方法求得正应力的极值。

2.6　应力张量的几何表示

2.6.1　应力椭球

以质点 O 为坐标的原点，建立主坐标系，过该点的一个斜剖面，单位外法线矢量为 $n=(l,m,n)$。斜剖面上应力矢量 P 的分量为：

$$P_x=\sigma_1 l,\ P_y=\sigma_2 m,\ P_z=\sigma_3 n$$

因为 l、m、n 是 n 的方向余弦，因此由上式有：

$$\frac{P_x^2}{\sigma_1^2}+\frac{P_y^2}{\sigma_2^2}+\frac{P_z^2}{\sigma_3^2}=1 \tag{2-18}$$

式（2-18）是椭球方程，它的三个半主轴长为 σ_1、σ_2、σ_3，应力椭球如图 2-10（a）所示。其几何意义是当任一点 O 的每一斜剖面上的应力都用应力矢量 P 表示的话，则任一从点 O 做出的这种矢量的矢端都落在此椭球面上。若 $\sigma_1=\sigma_2=\sigma_3$，式（2-18）退化为球面方程，如图 2-10（b）所示。

2.6.2　应力莫尔圆

如果某个坐标面上的应力分量全为 0，则该应力状态称为平面应力状态。若应力分量不为 0，但是常量，则称为广义平面应力状态。平面应力状态只有四个应力分量。假设 z

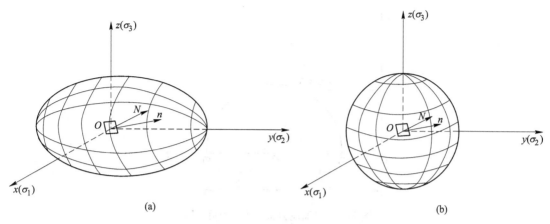

图 2-10 空间应力状态的几何表示

（a）应力椭球；（b）应力球

坐标面内的应力分量为 0，则二维平面问题的应力张量变为：

$$\begin{bmatrix} \sigma_x & \tau_{xy} \\ \tau_{yx} & \sigma_y \end{bmatrix}$$

如果以主方向 $O\sigma_1\sigma_3$ 为坐标系，则应力张量为：

$$\begin{bmatrix} \sigma_1 & 0 \\ 0 & \sigma_3 \end{bmatrix}$$

则法向矢量为 $\boldsymbol{n} = (\cos\theta, \sin\theta)$ 的任意斜剖面上的正应力和剪应力，将 $l = \cos\theta$、$m = 0$、$n = \sin\theta$ 代入式（2-15）和式（2-16），可得：

$$\begin{cases} \sigma_n = \dfrac{1}{2}(\sigma_1 + \sigma_3) + \dfrac{1}{2}(\sigma_1 - \sigma_3)\cos2\theta \\ \tau_n = -\dfrac{1}{2}(\sigma_1 - \sigma_3)\sin2\theta \end{cases} \tag{2-19}$$

将上式改写为：

$$\left[\sigma_n - \frac{1}{2}(\sigma_1 + \sigma_3)\right]^2 = \left[\frac{1}{2}(\sigma_1 - \sigma_3)\right]^2 \cos^2 2\theta$$

$$\tau_n^2 = \left[\frac{1}{2}(\sigma_1 - \sigma_3)\right]^2 \sin^2 2\theta$$

将上面的两个方程相加得到：

$$\left[\sigma_n - \frac{1}{2}(\sigma_1 + \sigma_3)\right]^2 + \tau_n^2 = \left[\frac{1}{2}(\sigma_1 - \sigma_3)\right]^2 \tag{2-20}$$

上式是 $O\sigma_n\tau_n$ 平面上，以 $\left(\dfrac{1}{2}(\sigma_1 + \sigma_3), 0\right)$ 为圆心，半径为 $\dfrac{1}{2}(\sigma_1-\sigma_3)$ 的圆，如图 2-11 所示。

斜剖面上的法向应力和剪应力就是 $O\sigma_n\tau_n$ 平面上的点 (σ_n, τ_n)，当剖面的方向变动时，点 (σ_n, τ_n) 移动的轨迹就是应力莫尔圆。另外，从圆心作射线，该射线与 σ_n 轴的

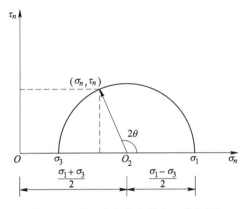

图 2-11　平面应力状态的应力莫尔圆

夹角为 2θ，它与莫尔圆交点的坐标为（σ_n，τ_n），就是与主应力 σ_1 夹角为 θ 的斜剖面上的法向应力 σ_n 和剪应力 τ_n。二维应力莫尔圆在岩石力学中有重要应用。

此外，在主应力空间中，对过任一点 O 斜面上的法向应力和剪应力（σ_n，τ_n），也可以用三维的应力莫尔圆表示。在三个主坐标面 $O\sigma_2\sigma_3$、$O\sigma_1\sigma_3$、$O\sigma_1\sigma_2$ 内的任一斜面上，由式（2-15）和式（2-16）可求得法向应力和剪应力（σ_n，τ_n）所满足的应力莫尔圆 O_1、O_2、O_3 分别为：

$$\left(\sigma_n - \frac{\sigma_2 + \sigma_3}{2}\right)^2 + \tau_n^2 = \left(\frac{\sigma_2 - \sigma_3}{2}\right)^2 = r_1^2$$

$$\left(\sigma_n - \frac{\sigma_1 + \sigma_3}{2}\right)^2 + \tau_n^2 = \left(\frac{\sigma_1 - \sigma_3}{2}\right)^2 = r_2^2 \tag{2-21}$$

$$\left(\sigma_n - \frac{\sigma_1 + \sigma_2}{2}\right)^2 + \tau_n^2 = \left(\frac{\sigma_1 - \sigma_2}{2}\right)^2 = r_3^2$$

同样，除了位于三个主坐标面内的斜面以外，其他任意斜面上法向应力和剪应力（σ_n，τ_n），由式（2-15）和式（2-16）可以证明它们满足如下方程：

$$\left(\sigma_n - \frac{\sigma_2 + \sigma_3}{2}\right)^2 + \tau_n^2 = \left(\frac{\sigma_2 - \sigma_3}{2}\right)^2 + n^2(\sigma_2 - \sigma_1)(\sigma_3 - \sigma_1) = R_1^2$$

$$\left(\sigma_n - \frac{\sigma_1 + \sigma_3}{2}\right)^2 + \tau_n^2 = \left(\frac{\sigma_1 - \sigma_3}{2}\right)^2 + n^2(\sigma_3 - \sigma_2)(\sigma_1 - \sigma_2) = R_2^2 \tag{2-22}$$

$$\left(\sigma_n - \frac{\sigma_1 + \sigma_2}{2}\right)^2 + \tau_n^2 = \left(\frac{\sigma_1 - \sigma_2}{2}\right)^2 + n^2(\sigma_1 - \sigma_3)(\sigma_2 - \sigma_3) = R_3^2$$

因此，在 $\sigma_1>\sigma_2>\sigma_3$ 的前提下，图 2-10（a）所示应力椭球表面上点所确定的斜面上法向应力和剪应力（σ_n，τ_n）位于如图 2-12 所示的阴影区域。

利用应力莫尔圆，可以用图解法来求任意斜截面上的 σ_n 和 τ_n。对于外法线与三个主轴夹角为 α，β，γ 的斜截面 H，可以先通过圆心角 2γ、2α 在 O_1 圆和 O_3 圆上找到相应主斜截面上的点 F 和 D。然后以 O_1 为圆心，O_1D 为半径，作圆弧 DE。以 O_3 为圆心，O_3F 为半径，作圆弧 FG，两圆弧的交点就是 H，H 点的坐标（σ_n，τ_n）就是任意斜截面 H 上的法向应力和剪应力。

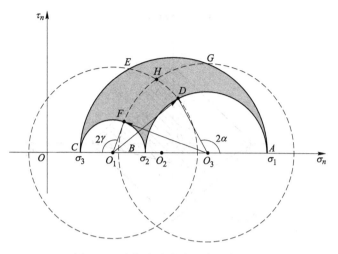

图 2-12　空间应力状态的应力莫尔圆

2.7　八面体上的应力和应力偏张量

2.7.1　八面体上的应力

在主应力空间中，如果斜剖面的法线 n 与主应力 σ_1、σ_2、σ_3 的夹角相等，即 $l=m=n$，由于 $l^2+m^2+n^2=1$。因此

$$l = m = n = \pm \frac{1}{\sqrt{3}}$$

这样的斜截面共有 8 个，由它们围成的微小体积称为八面体，如图 2-13 所示。
在八面体的任一表面上，应力矢量 $\boldsymbol{P}_8$ 的分量为 $P_x = \sigma_1 l$，$P_y = \sigma_2 m$，$P_z = \sigma_3 n$。
因此，正应力为：

$$\sigma_8 = P_x l + P_y m + P_z n = \sigma_1 l^2 + \sigma_2 m^2 + \sigma_3 n^2 = \frac{1}{3}(\sigma_1 + \sigma_2 + \sigma_3) \tag{2-23}$$

式（2-23）的最右端也称为平均正应力。
八面体上的剪应力大小为：

$$\tau_8^2 = |\boldsymbol{P}|^2 - \sigma_8^2 = P_x^2 + P_y^2 + P_z^2 - \frac{1}{9}(\sigma_1 + \sigma_2 + \sigma_3)^2$$

$$= \frac{1}{3}(\sigma_1^2 + \sigma_2^2 + \sigma_3^2) - \frac{1}{9}(\sigma_1 + \sigma_2 + \sigma_3)^2$$

$$= \frac{1}{9}\left[(\sigma_1 - \sigma_2)^2 + (\sigma_2 - \sigma_3)^2 + (\sigma_3 - \sigma_1)^2\right]$$

即

$$\tau_8 = \frac{1}{3}\sqrt{(\sigma_1 - \sigma_2)^2 + (\sigma_2 - \sigma_3)^2 + (\sigma_3 - \sigma_1)^2} \tag{2-24}$$

八面体上的正应力和剪应力在固体力学中有重要应用。

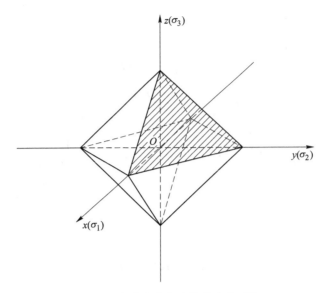

图 2-13　主应力空间中的微小八面体

2.7.2　应力偏张量

在外力作用下物体的变形，通常可分为体积改变和形状改变两部分，并且认为体积改变是各向相等的应力引起的。试验证明，固体材料在各向相等的应力作用下，一般都表现为弹性性质，因而可以认为，材料的非弹性变形主要是物体产生形状变化时产生的。在塑性理论中，常要根据这一特点把应力状态进行分解。在一般情况下，任一点处的应力状态可以分解为两部分，即

$$
\begin{pmatrix}
\sigma_x & \tau_{xy} & \tau_{xz} \\
\tau_{yx} & \sigma_y & \tau_{yz} \\
\tau_{zx} & \tau_{zy} & \sigma_z
\end{pmatrix}
=
\begin{pmatrix}
\sigma_x - \sigma_m & \tau_{xy} & \tau_{xz} \\
\tau_{yx} & \sigma_y - \sigma_m & \tau_{yz} \\
\tau_{zx} & \tau_{zy} & \sigma_z - \sigma_m
\end{pmatrix}
+
\begin{pmatrix}
\sigma_m & 0 & 0 \\
0 & \sigma_m & 0 \\
0 & 0 & \sigma_m
\end{pmatrix}
\qquad (2\text{-}25)
$$

其中，$\sigma_m = \dfrac{1}{3}(\sigma_x + \sigma_y + \sigma_z) = \dfrac{1}{3}(\sigma_1 + \sigma_2 + \sigma_3) = \sigma_8$。

采用指标符号记为：

$$
\sigma_{ij} = S_{ij} + \sigma_{ii} \qquad (i, j = x, y, z)
$$

上式右端第一个矩阵称为应力偏张量，第二个矩阵称为应力球张量，应力偏张量记为：

$$
S_{ij} =
\begin{pmatrix}
S_x & S_{xy} & S_{xz} \\
S_{yx} & S_y & S_{yz} \\
S_{zx} & S_{zy} & S_z
\end{pmatrix}
$$

式中，$S_{xy} = \tau_{xy}$，$S_{yz} = \tau_{yz}$，$S_{zx} = \tau_{zx}$，$S_x = \sigma_x - \sigma_m$，$S_y = \sigma_y - \sigma_m$，$S_z = \sigma_z - \sigma_m$。

类似地，应力偏张量也存在主量和主方向，在 $S_{xy} = S_{yz} = S_{zx} = 0$ 的作用面上，应力偏张量记为：

$$S_{ij} = \begin{pmatrix} S_1 & 0 & 0 \\ 0 & S_2 & 0 \\ 0 & 0 & S_3 \end{pmatrix}$$

按照相同的道理，偏应力的主量可由下式决定：

$$S^3 - J_1 S^2 - J_2 S - J_3 = 0 \qquad (2\text{-}26)$$

式中，J_1、J_2、J_3 也是不变量。

$$J_1 = S_x + S_y + S_z = (\sigma_x - \sigma_m) + (\sigma_y - \sigma_m) + (\sigma_z - \sigma_m) = 0$$

$$J_2 = - \begin{vmatrix} S_x & S_{xy} \\ S_{yx} & S_y \end{vmatrix} - \begin{vmatrix} S_y & S_{yz} \\ S_{zy} & S_z \end{vmatrix} - \begin{vmatrix} S_z & S_{zx} \\ S_{xz} & S_x \end{vmatrix} \qquad (2\text{-}27)$$

$$J_3 = \begin{vmatrix} S_x & S_{xy} & S_{xz} \\ S_{yx} & S_y & S_{yz} \\ S_{zx} & S_{zy} & S_z \end{vmatrix}$$

由 J_2 的定义可得：

$$J_2 = - (S_x S_y + S_y S_z + S_z S_x) + (S_{xy}^2 + S_{yz}^2 + S_{zx}^2)$$

由于 $J_1 = S_x + S_y + S_z = 0$，可以变换得到 $-2(S_x S_y + S_y S_z + S_z S_x) = (S_x^2 + S_y^2 + S_z^2)$，因此不变量 J_2 还有其他形式的表示：

$$J_2 = \frac{1}{6} [(S_x - S_y)^2 + (S_y - S_z)^2 + (S_z - S_x)^2 + 6(S_{xy}^2 + S_{yz}^2 + S_{zx}^2)]$$

$$J_2 = \frac{1}{6} [(\sigma_x - \sigma_y)^2 + (\sigma_y - \sigma_z)^2 + (\sigma_z - \sigma_x)^2 + 6(\tau_{xy}^2 + \tau_{yz}^2 + \tau_{zx}^2)]$$

在主应力空间中，

$$J_2 = \frac{1}{6} [(\sigma_1 - \sigma_2)^2 + (\sigma_2 - \sigma_3)^2 + (\sigma_3 - \sigma_1)^2]$$

$$J_2 = \frac{3}{2} \tau_8^2$$

在塑性力学中，J_2 的应用特别多，一些屈服准则和有效应力的表达式都可以用 J_2 表示。

如前所述，应力张量通常可以分解为使物体体积改变和形状改变两种作用。应力偏张量是使物体发生形状改变的作用，因此应力偏张量代表的是一种纯剪应力状态。应力偏张量可以作如下分解：

$$\begin{pmatrix} S_x & S_{xy} & S_{xz} \\ S_{xy} & S_y & S_{yz} \\ S_{xz} & S_{yz} & S_z \end{pmatrix} = \begin{pmatrix} S_x & S_{xy} & S_{xz} \\ S_{xy} & -S_x - S_z & S_{yz} \\ S_{xz} & S_{yz} & S_z \end{pmatrix} = \begin{pmatrix} S_x & 0 & 0 \\ 0 & -S_x & 0 \\ 0 & 0 & 0 \end{pmatrix} + \begin{pmatrix} 0 & 0 & 0 \\ 0 & -S_z & 0 \\ 0 & 0 & S_z \end{pmatrix} +$$

$$\begin{pmatrix} 0 & S_{xy} & 0 \\ S_{xy} & 0 & 0 \\ 0 & 0 & 0 \end{pmatrix} + \begin{pmatrix} 0 & 0 & 0 \\ 0 & 0 & S_{yz} \\ 0 & S_{yz} & 0 \end{pmatrix} + \begin{pmatrix} 0 & 0 & S_{xz} \\ 0 & 0 & 0 \\ S_{xz} & 0 & 0 \end{pmatrix} \qquad (2\text{-}28)$$

可以证明，$\sigma_1 = \sigma$，$\sigma_2 = 0$，$\sigma_3 = -\sigma$ 等价于纯剪应力状态。按照应力变换的公式（2-19），

在与 $x(\sigma_1)$、$y(\sigma_3)$ 夹角为 $\dfrac{\pi}{4}$ 的平面上，法向应力和剪应力分别为：

$$
\begin{cases}
\sigma_{\frac{\pi}{4}} = \dfrac{1}{2}\big[\sigma_1 + \sigma_3\big] + \dfrac{1}{2}\big[\sigma_1 - \sigma_3\big]\cos\Big(2 \times \dfrac{\pi}{4}\Big) = \dfrac{1}{2}(\sigma - \sigma) + \dfrac{1}{2}(\sigma + \sigma)\cos\dfrac{\pi}{2} = 0 \\[3mm]
\tau_{\frac{\pi}{4}} = -\dfrac{1}{2}(\sigma_1 - \sigma_3)\sin 2\theta = -\dfrac{1}{2}(\sigma + \sigma)\sin\dfrac{\pi}{2} = -\dfrac{\sigma}{2}
\end{cases}
$$

可以看出，等值拉压的双向应力状态等价于纯剪应力状态。由式（2-28）所示应力偏张量分解成的五个部分，每一部分都代表纯剪应力状态，这就证明了应力偏张量代表的是一种纯剪应力状态，只改变物体形状。

2.8　平衡微分方程与力的边界条件

物体处于受力后的平衡状态，则从其中分离出的任意一部分也处于变形后的平衡状态，因此有两种方法定量地描述物体受力变形以后的平衡状态，以物体中的任一微小部分为对象，可以得到平衡微分方程，以整体为对象可以得到积分方程。

在弹性体任意点 P 的邻域内取边长 $\mathrm{d}x$、$\mathrm{d}y$、$\mathrm{d}z$ 微元体，如图 2-5 所示。微元体的六个面垂直于各坐标轴，它的一对截面有相反的外法向。根据弹性体的连续性假设，弹性体内应力分布可看成空间位置的连续函数，因此 P 点邻域内沿某坐标方向上的增量可用该点的微分来表示。长方体微元有三对垂直于坐标轴的截面，它们有相反的外法向。以垂直于 x 轴的一对截面为例，若坐标为 x 的截面上应力分量为：

$$\sigma_x,\ \tau_{xy},\ \tau_{xz}$$

则坐标为 $x+\mathrm{d}x$ 的截面上应力分量可表示为：

$$\sigma_x + \frac{\partial \sigma_x}{\partial x}\mathrm{d}x,\quad \tau_{xy} + \frac{\partial \tau_{xy}}{\partial x}\mathrm{d}x,\quad \tau_{xz} + \frac{\partial \tau_{xz}}{\partial x}\mathrm{d}x$$

同理，垂直于 y 轴的一对截面上的应力分量可表示为：

$$\tau_{yx},\ \sigma_y,\ \tau_{yz}$$

$$\tau_{yx} + \frac{\partial \tau_{yx}}{\partial y}\mathrm{d}y,\quad \sigma_y + \frac{\partial \sigma_y}{\partial y}\mathrm{d}y,\quad \tau_{yz} + \frac{\partial \tau_{yz}}{\partial y}\mathrm{d}y$$

垂直于 z 轴的一对截面上的应力分量可表示为：

$$\tau_{zx},\ \tau_{zy},\ \sigma_z$$

$$\tau_{zx} + \frac{\partial \tau_{zx}}{\partial z}\mathrm{d}z,\quad \tau_{zy} + \frac{\partial \tau_{zy}}{\partial z}\mathrm{d}z,\quad \sigma_z + \frac{\partial \sigma_z}{\partial z}\mathrm{d}z$$

作用于微长方体的体力为：

$$f\mathrm{d}x\mathrm{d}y\mathrm{d}z = (f_x,\ f_y,\ f_z)\,\mathrm{d}x\mathrm{d}y\mathrm{d}z$$

因此，微长方体在 x 方向的力的平衡条件为：

$$
\left(\sigma_x + \frac{\partial \sigma_x}{\partial x}\mathrm{d}x\right)\mathrm{d}y\mathrm{d}z - \sigma_x\mathrm{d}y\mathrm{d}z + \left(\tau_{yx} + \frac{\partial \tau_{yx}}{\partial y}\mathrm{d}y\right)\mathrm{d}x\mathrm{d}z - \tau_{yx}\mathrm{d}x\mathrm{d}z +
$$

$$
\left(\tau_{zx} + \frac{\partial \tau_{zx}}{\partial z}\mathrm{d}z\right)\mathrm{d}x\mathrm{d}y - \tau_{zx}\mathrm{d}x\mathrm{d}y + f_x\mathrm{d}x\mathrm{d}y\mathrm{d}z = 0
$$

由此可得：

$$\frac{\partial \sigma_x}{\partial x} + \frac{\partial \tau_{yx}}{\partial y} + \frac{\partial \tau_{zx}}{\partial z} + f_x = 0 \qquad (2\text{-}29a)$$

同理，由 y 方向的力的平衡条件可得：

$$\frac{\partial \tau_{xy}}{\partial x} + \frac{\partial \sigma_y}{\partial y} + \frac{\partial \tau_{zy}}{\partial z} + f_y = 0 \qquad (2\text{-}29b)$$

由 z 方向的力的平衡条件可得：

$$\frac{\partial \tau_{xz}}{\partial x} + \frac{\partial \tau_{yz}}{\partial y} + \frac{\partial \sigma_z}{\partial z} + f_z = 0 \qquad (2\text{-}29c)$$

上述三式就是弹性体平衡微分方程在直角坐标系中的表达式。

若记 $(x, y, z) = (x_1, x_2, x_3)$，$f = (f_1, f_2, f_3)$，利用爱因斯坦求和约定，上式可简写为：

$$\sigma_{ij,i} + f_j = 0 \qquad (i, j = 1, 2, 3) \qquad (2\text{-}29)$$

下标中的逗号 "," 表示对相应的坐标求微分。

微长方体处于平衡状态，当对任意方向取力矩时，力矩亦平衡。因此，如图 2-5 所示，对平行于 x 轴且过微长方体中心的直线取力矩，注意到平行于和通过该直线的力，对该直线的力矩为 0，则力矩平衡要求：

$$\tau_{yz}\mathrm{d}x\mathrm{d}z\,\frac{\mathrm{d}y}{2} + \left(\tau_{yz} + \frac{\partial \tau_{yz}}{\partial y}\mathrm{d}y\right)\mathrm{d}x\mathrm{d}z\,\frac{\mathrm{d}y}{2} - \tau_{zy}\mathrm{d}x\mathrm{d}y\,\frac{\mathrm{d}z}{2} - \left(\tau_{zy} + \frac{\partial \tau_{zy}}{\partial z}\mathrm{d}z\right)\mathrm{d}x\mathrm{d}y\,\frac{\mathrm{d}z}{2} = 0$$

化简上式并略去高阶小量，得到 $\tau_{zy} = \tau_{yz}$。对平行于其他坐标轴且过微长方体中心的直线取力距，按相同的讨论可以得到类似的力矩平衡方程，简化后可得：

$$\tau_{zy} = \tau_{yz}$$
$$\tau_{yx} = \tau_{xy} \qquad (2\text{-}30)$$
$$\tau_{zx} = \tau_{xz}$$

利用爱因斯坦求和约定，上式可以简写为

$$\sigma_{ij} = \sigma_{ji} \qquad (i, j = 1, 2, 3) \qquad (2\text{-}30')$$

式（2-30）称为剪应力双生互等定理。所以，应力张量 $\boldsymbol{\sigma}$ 是对称张量。在前面的内容中，已引用了该定理。

现在考察处于物体表面处微小四面体的平衡。设物体表面上给定外力 P，令其在坐标轴方向的投影为 P_x、P_y、P_z，则直接由任意斜截面上应力矢量与应力分量之间的关系式（2-7），可得到：

$$P_x = \sigma_x l + \tau_{yx} m + \tau_{zx} n$$
$$P_y = \tau_{xy} l + \sigma_y m + \tau_{zy} n$$
$$P_z = \tau_{xz} l + \tau_{yz} m + \sigma_z n$$

或用张量记号缩写成：

$$P_i = \sigma_{ij} n_i$$

式中，$(P_1, P_2, P_3) \equiv (P_x, P_y, P_z)$ 为已知表面力的分量；$(n_1, n_2, n_3) \equiv (l, m, n)$ 为物体表面的外法线 $\boldsymbol{n}$ 的方向余弦。该式给出了物体表面处的应力分量与给定表面外力 P

之间的关系，称为力的边界条件。

2.9　正交曲线坐标系中的应力张量和平衡微分方程

在实际问题中，经常会遇到柱体或球体等形状的弹性体的应力分析问题，在这种情况下，采用空间柱坐标系或球坐标系则更为方便。本节只给出柱坐标和球坐标系中的有关应力张量和平衡微分方程的表达式，供学习时参考。关于柱坐标系和球坐标系中有关公式的详细推导，可以参考武际可、王敏中、王炜等（2000）编著的教材。

2.9.1　柱坐标系中的平衡微分方程

取柱坐标系为 (r, θ, z)。从物体中割出一微元体，如图 2-14 所示。在它的每个与坐标面平行的微元面上作用着相应的应力分量，例如在 r 面上，应力分量为 $(\sigma_{rr}, \tau_{r\theta}, \tau_{rz})$，在 θ 面上，应力分量为 $(\tau_{\theta r}, \sigma_{\theta\theta}, \tau_{\theta z})$，在 z 面上，应力分量为 $(\tau_{zr}, \tau_{z\theta}, \sigma_{zz})$，它们组成的 $P(r, \theta, z)$ 点的应力张量：

$$\boldsymbol{\sigma} = \begin{pmatrix} \sigma_{rr} & \tau_{r\theta} & \tau_{rz} \\ \tau_{\theta r} & \sigma_{\theta\theta} & \tau_{\theta z} \\ \tau_{zr} & \tau_{z\theta} & \sigma_{zz} \end{pmatrix}$$

或习惯记成：

$$\boldsymbol{\sigma} = \begin{pmatrix} \sigma_{r} & \tau_{r\theta} & \tau_{rz} \\ \tau_{\theta r} & \sigma_{\theta} & \tau_{\theta z} \\ \tau_{zr} & \tau_{z\theta} & \sigma_{z} \end{pmatrix}$$

同样，应力张量也是对称的。

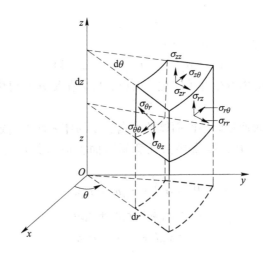

图 2-14　柱坐标系中微小六面体受力示意图

设柱坐标系中体积力 $\boldsymbol{f}$ 的分量为 (f_r, f_θ, f_z)，则柱坐标系中平衡微分方程为：

$$\begin{cases} \dfrac{\partial \sigma_r}{\partial r} + \dfrac{1}{r}\dfrac{\partial \tau_{\theta r}}{\partial \theta} + \dfrac{\partial \tau_{zr}}{\partial z} + \dfrac{1}{r}(\sigma_r - \sigma_\theta) + f_r = 0 \\[3mm] \dfrac{\partial \tau_{r\theta}}{\partial r} + \dfrac{1}{r}\dfrac{\partial \sigma_\theta}{\partial \theta} + \dfrac{\partial \tau_{z\theta}}{\partial z} + \dfrac{2}{r}\tau_{r\theta} + f_\theta = 0 \\[3mm] \dfrac{\partial \tau_{rz}}{\partial r} + \dfrac{1}{r}\dfrac{\partial \tau_{\theta z}}{\partial \theta} + \dfrac{\partial \sigma_z}{\partial z} + \dfrac{1}{r}\tau_{rz} + f_z = 0 \end{cases} \qquad (2\text{-}31)$$

2.9.2 球坐标系中的平衡微分方程

设取柱坐标为 (r, θ, φ)。从物体中割出一微元体，如图 2-15 所示。在它的每个与坐标面平行的微元面上作用着相应的应力分量，例如在 r 面上，应力分量为 $(\sigma_{rr}, \tau_{r\theta}, \tau_{r\varphi})$，在 θ 面上，应力分量为 $(\tau_{\theta r}, \sigma_{\theta\theta}, \tau_{\theta\varphi})$，在 φ 面上，应力分量为 $(\tau_{\varphi r}, \tau_{\varphi\theta}, \sigma_{\varphi\varphi})$，它们组成的 $P(r, \theta, \varphi)$ 点的应力张量：

$$\boldsymbol{\sigma} = \begin{pmatrix} \sigma_{rr} & \tau_{r\theta} & \tau_{r\varphi} \\ \tau_{\theta r} & \sigma_{\theta\theta} & \tau_{\theta\varphi} \\ \tau_{\varphi r} & \tau_{\varphi\theta} & \sigma_{\varphi\varphi} \end{pmatrix}$$

或习惯记成：

$$\boldsymbol{\sigma} = \begin{pmatrix} \sigma_r & \tau_{r\theta} & \tau_{r\varphi} \\ \tau_{\theta r} & \sigma_\theta & \tau_{\theta\varphi} \\ \tau_{\varphi r} & \tau_{\varphi\theta} & \sigma_\varphi \end{pmatrix}$$

同样，应力张量也是对称的。

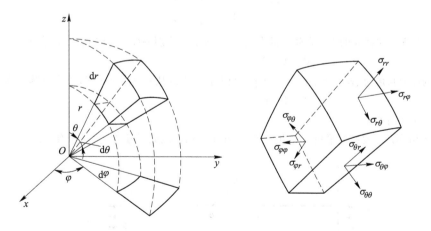

图 2-15 球坐标系中微小六面体受力示意图

设球坐标系中体积力 f 的分量为 $(f_r, f_\theta, f_\varphi)$，则球坐标系中平衡微分方程为：

$$\begin{cases} \dfrac{\partial \sigma_r}{\partial r} + \dfrac{1}{r}\dfrac{\partial \tau_{\theta r}}{\partial \theta} + \dfrac{1}{r\sin\theta}\dfrac{\partial \tau_{\varphi r}}{\partial \varphi} + \dfrac{1}{r}(2\sigma_r - \sigma_\theta - \sigma_\varphi + \tau_{r\theta}\cot\theta) + f_r = 0 \\[2mm] \dfrac{\partial \tau_{r\theta}}{\partial r} + \dfrac{1}{r}\dfrac{\partial \sigma_\theta}{\partial \theta} + \dfrac{1}{r\sin\theta}\dfrac{\partial \tau_{\varphi\theta}}{\partial \varphi} + \dfrac{1}{r}\big[(\sigma_\theta - \sigma_\varphi)\cot\theta + 3\tau_{r\theta}\big] + f_\theta = 0 \\[2mm] \dfrac{\partial \tau_{r\varphi}}{\partial r} + \dfrac{1}{r}\dfrac{\partial \tau_{\theta\varphi}}{\partial \theta} + \dfrac{1}{r\sin\theta}\dfrac{\partial \sigma_\varphi}{\partial \varphi} + \dfrac{1}{r}(3\tau_{r\varphi} - 2\tau_{\theta\varphi}\cot\theta) + f_\varphi = 0 \end{cases} \quad (2\text{-}32)$$

习　题

2-1　简述面力矢量、应力矢量、应力分量之间的关系与区别。

2-2　主应力为什么具有不变性?

2-3　应力张量的物理意义是什么?

2-4　在导出 Cauchy 应力定理时，我们假设四面体处于平衡状态，如果处于运动状态，Cauchy 应力定理是否成立?

2-5　物体中一点 P 的应力张量为 $\begin{pmatrix} \sigma_x & \tau_{yx} & \tau_{zx} \\ \tau_{xy} & \sigma_y & \tau_{zy} \\ \tau_{xz} & \tau_{yz} & \sigma_z \end{pmatrix} = \begin{pmatrix} 1 & 0 & -4 \\ 0 & 3 & 0 \\ -4 & 0 & 5 \end{pmatrix}$，求：

　　(1) 过该点 P，且外法线为 $\boldsymbol{n} = \dfrac{1}{2}\boldsymbol{i} - \dfrac{1}{2}\boldsymbol{j} + \dfrac{1}{\sqrt{2}}\boldsymbol{k}$ 的面上的应力矢量 $\boldsymbol{\sigma}_n$;

　　(2) 应力矢量 $\boldsymbol{\sigma}_n$ 的大小;

　　(3) $\boldsymbol{\sigma}_n$ 与 $\boldsymbol{n}$ 之间的夹角;

　　(4) $\boldsymbol{\sigma}_n$ 的法向分量;

　　(5) $\boldsymbol{\sigma}_n$ 的切向分量。

2-6　已知某点的应力状态为:

$$(\sigma_{ij}) = \begin{pmatrix} \tau_{xx} & \tau_{xy} & \tau_{xz} \\ \tau_{xy} & \tau_{yy} & \tau_{yz} \\ \tau_{xz} & \tau_{yz} & \tau_{zz} \end{pmatrix}$$

过该点斜截面法线 $\boldsymbol{n}$ 的方向余弦分量为 n_x, n_y, n_z, 试求斜截面上剪应力 $\tau_{(n)}$ 的表达式。

2-7　一点的应力张量为 $(\sigma_{ij}) = \begin{pmatrix} 0 & 1 & 2 \\ 1 & \sigma_y & 1 \\ 2 & 1 & 0 \end{pmatrix}$，已知过该点的某一平面上的应力矢量为零，求 σ_y 及该平面的单位法向矢量。

2-8　如图 2-16 所示，受拉的平板，一边上有一凸出的尖齿，试证明齿尖上完全没有应力。

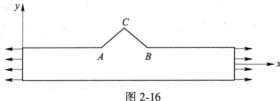

图 2-16

2-9　如图 2-17 所示，试证明平面状态下的等值拉压状态 ($\sigma_x = \sigma$, $\sigma_y = -\sigma$) 等价于二维纯剪应力状态（$\tau=-\sigma$），只是截面方向转过了 45°角。

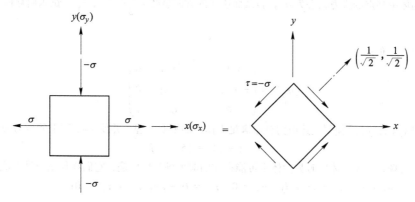

图 2-17

2-10　给定应力张量 $(\sigma_{ij}) = \begin{pmatrix} \sigma_x & \sigma_{xy} & 0 \\ \sigma_{xy} & \sigma_y & 0 \\ 0 & 0 & \sigma_z \end{pmatrix}$，证明 $(\sigma_x + \sigma_y)$ 及 $\dfrac{1}{4}(\sigma_x - \sigma_y)^2 + \sigma_{xy}^2$ 当坐标系统绕 z 轴旋转

时为不变量。

2-11　已知某点的应力状态为：

$$(\sigma_{ij}) = \begin{pmatrix} 0 & \tau & \tau \\ \tau & 0 & \tau \\ \tau & \tau & 0 \end{pmatrix}$$

求该点的主应力的大小和主轴方向。

2-12　已知某点的应力状态为：

$$(\sigma_{ij}) = \begin{pmatrix} \sigma & \sigma & \sigma \\ \sigma & \sigma & \sigma \\ \sigma & \sigma & \sigma \end{pmatrix}$$

求该主应力的大小和主轴方向。

2-13　已知物体中某点的应力状态为：

$$(\sigma_{ij}) = \begin{pmatrix} 0 & 0 & 100a \\ 0 & 0 & 100a \\ 100a & 100a & 200a \end{pmatrix}$$

其中 a 为大于零的常数，求该点的主应力的大小。

2-14　已知物体中某点的应力状态为：

$$(\sigma_{ij}) = \begin{pmatrix} a & 0 & -a \\ 0 & -a & 0 \\ -a & 0 & a \end{pmatrix}$$

其中 a 为大于零的常数，求该点的主应力的大小及最大剪应力。

2-15　试证明 $I_1 = \sigma_x + \sigma_y + \sigma_z$ 为坐标变换过程中的不变量。

2-16　岩石试件的压缩试验如图 2-18 所示，求在以 σ_1、σ_3 为方向的主应力空间中：

（1）与 σ_1 轴夹角为 θ 的作用面上的剪应力与法向应力；

（2）最大剪应力及其作用面；

（3）最大剪应力作用面上的法向应力。

2-17 已知物体中某点的应力状态为 σ_{ij}，斜截面法线的方向余弦为 $\frac{\sqrt{3}}{3}$、$\frac{\sqrt{3}}{3}$、$\frac{\sqrt{3}}{3}$，试求斜截面上剪应力的大小。

2-18 给定应力分布：

$$(\sigma_{ij}) = \begin{pmatrix} x+y & \tau_{xy}(x,y) & 0 \\ \tau_{xy}(x,y) & x-2y & 0 \\ 0 & 0 & y \end{pmatrix}$$

试确定 $\tau_{xy}(x, y)$，使得上述应力分布满足无体力的平衡方程，并使 $x=1$ 面上的应力矢量为：
$$\sigma = (1+y)\boldsymbol{i} + (5-y)\boldsymbol{j}$$

2-19 下列应力场是否为无体力时弹性体中可能存在的应力场？如果是，它们在什么条件下成立：

(1) $\sigma_x = ax + by$, $\sigma_y = cx + dy$, $\sigma_z = 0$, $\tau_{xy} = fx + gy$, $\tau_{yz} = \tau_{zx} = 0$;

(2) $\sigma_x = ax^2y^2 + bx$, $\sigma_y = cy^2$, $\sigma_z = 0$, $\tau_{xy} = dxy$, $\tau_{yz} = \tau_{zx} = 0$。

2-20 如图 2-19 所示，给定任意形状的弹性体，受静水压力 P 的作用，并且体积力可以忽略，验证应力 $\sigma_x = \sigma_y = \sigma_z = -P$, $\tau_{xy} = \tau_{yz} = \tau_{zx} = 0$，既满足平衡方程，又满足应力边界条件，因此就是所求问题的解答。

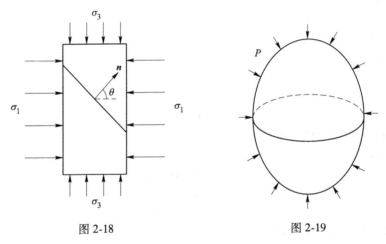

图 2-18   图 2-19

3 应变分析

物体在外界因素作用下会发生运动和变形。应变分析着重研究物体的局部几何变化和物体内各质点的位移。这种分析以物体中各质点的初始位置和它们后继位置之间的关系为基础，或者说是以它们的未变形位置和已变形位置之间的关系为基础。本章用运动学观点研究物体的变形，介绍应变的概念及其性质，导出应变协调方程。

3.1 位移与变形

3.1.1 位移描述

质点、刚体、弹性体是力学中常用的三种理想模型，它们的运动都可以用位移描述。质点没有大小，因此只有平动，可用同一质点在不同时间的相对位置表示。刚体是运动时形状不改变的理想物体，但刚体有大小，因此刚体运动包括平动和转动，平动和转动可以用位移描述。弹性体在运动过程中不仅有整体位置的变化，弹性体内任意两质点之间的相对距离也发生变化，导致它大小、形状的改变。对于变形分析，物体整体位置的改变是次要的，质点间相对距离的改变是主要的，是变形分析的基础，因此首先需要讨论质点位置改变的定量分析方法，称之为位移描述。

如图 3-1 所示，称变形前物体占据的空间为构形 B，变形后占据的空间为构形 B'，用固定在空间点 O 上的笛卡儿坐标系来同时描述物体的新、老两个构形。设变形前构形 B 中任意质点 P，其坐标为 (x, y, z) 表示，物体变形后，该点变成 P'，设其坐标为 $(x',$

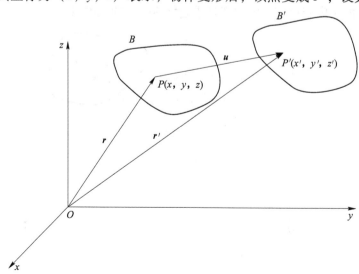

图 3-1 弹性体的位移描述示意图

y'，z'）。则 P 点的位移 $\boldsymbol{u}$ 为：

$$\boldsymbol{u} = PP' = OP' - OP \tag{3-1}$$

分量形式为：

$$\boldsymbol{u} = u\boldsymbol{i} + v\boldsymbol{j} + w\boldsymbol{k} \tag{3-2}$$

因此，

$$u = x' - x, \quad v = y' - y, \quad w = z' - z$$

显然，$\boldsymbol{u}$、u、v、w 都是点 P 的坐标 x、y、z 的函数，而且位移函数是连续的、单值的，一般假设它们对坐标具有三阶连续的偏导数。

根据弹性力学的连续性假设，要求物体变形前后都是连续体，因此点 P 变形后的坐标（x'，y'，z'）与变形前的坐标（x，y，z）是一一对应的，即

$$x' = x'(x, y, z), \quad y' = y'(x, y, z), \quad z' = z'(x, y, z)$$

而且反函数亦存在，即

$$x = x(x', y', z'), \quad y = y(x', y', z'), \quad z = z(x', y', z')$$

这表示，变形前物体的体元、面元和线元变形后仍为体元、面元和线元，物体既不会撕裂也不会重叠。

3.1.2　变形描述

在外力、温度变化或其他因素作用下，弹性体不但会移动、转动，而且其形状也可能发生变化。弹性体各点相对位置的改变，称为弹性体的变形。弹性体的变形是通过一点邻域内的局部几何变化描述的，即由过该点 P 任一微分线元长度的变化和过点 P 任意两个微分线元之间夹角的变化来描述。这种描述具有一般性，可以适合于弹性体内的所有点。

如图 3-2 所示，取构形 B 中的质点 P 及其邻域内的两个点 Q 和 R，三点组成一个微三角形 $\triangle PQR$，变形以后它们运动到新构形 B' 中的 P'、Q'、R'，它们形成一个新的微三角形 $\triangle P'Q'R'$。若知道经过 P 点任一线元的长度变化及方向改变，就可以定出 $\triangle PQR$ 在变形后的形状 $\triangle P'Q'R'$。把无限多个这样的三角形微元拼接起来，就能确定物体在变形后的形状 B'。所以，线元的长度变化与方向改变是描述物体变形的关键量。

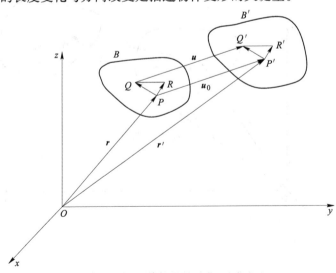

图 3-2　弹性体内微线元的位移描述示意图

设 P 点坐标为 (x, y, z)，位移为 $\boldsymbol{u}_0$，其位移分量为 $u_0(x, y, z)$，$v_0(x, y, z)$，$w_0(x, y, z)$；Q 是 P 的微小邻域内的点，其坐标为 $(x + \mathrm{d}x, y + \mathrm{d}y, z + \mathrm{d}z)$，位移为 $\boldsymbol{u}$，其位移分量形式为 $u(x + \mathrm{d}x, y + \mathrm{d}y, z + \mathrm{d}z)$，$v(x + \mathrm{d}x, y + \mathrm{d}y, z + \mathrm{d}z)$，$w(x + \mathrm{d}x, y + \mathrm{d}y, z + \mathrm{d}z)$。位移函数连续可导，且 Q 点在 P 点的邻域内，因此 Q 点的位移 $u(x + \mathrm{d}x, y + \mathrm{d}y, z + \mathrm{d}z)$ 可以用 P 点的位移 $\boldsymbol{u}_0(x, y, z)$ 及其微分表示：

$$u = u_0 + \left.\frac{\partial u}{\partial x}\right|_P \mathrm{d}x + \left.\frac{\partial u}{\partial y}\right|_P \mathrm{d}y + \left.\frac{\partial u}{\partial z}\right|_P \mathrm{d}z$$

$$v = v_0 + \left.\frac{\partial v}{\partial x}\right|_P \mathrm{d}x + \left.\frac{\partial v}{\partial y}\right|_P \mathrm{d}y + \left.\frac{\partial v}{\partial z}\right|_P \mathrm{d}z$$

$$w = w_0 + \left.\frac{\partial w}{\partial x}\right|_P \mathrm{d}x + \left.\frac{\partial w}{\partial y}\right|_P \mathrm{d}y + \left.\frac{\partial w}{\partial z}\right|_P \mathrm{d}z$$

式中，u_0、v_0、w_0 为 P 点传递到 Q 点的刚体平动，扣除刚体平动就得到 Q 点相对于 P 点的位移，弹性体内部两质点间的相对位移与弹性体的变形密切相关。

$$u - u_0 = \mathrm{d}u = \frac{\partial u}{\partial x}\mathrm{d}x + \frac{\partial u}{\partial y}\mathrm{d}y + \frac{\partial u}{\partial z}\mathrm{d}z$$

$$v - v_0 = \mathrm{d}v = \frac{\partial v}{\partial x}\mathrm{d}x + \frac{\partial v}{\partial y}\mathrm{d}y + \frac{\partial v}{\partial z}\mathrm{d}z \tag{3-3}$$

$$w - w_0 = \mathrm{d}w = \frac{\partial w}{\partial x}\mathrm{d}x + \frac{\partial w}{\partial y}\mathrm{d}y + \frac{\partial w}{\partial z}\mathrm{d}z$$

上式右端的求导运算均在 P 点进行，式（3-3）可以写成矩阵形式：

$$\begin{pmatrix} \mathrm{d}u \\ \mathrm{d}v \\ \mathrm{d}w \end{pmatrix} = \begin{pmatrix} \dfrac{\partial u}{\partial x} & \dfrac{\partial u}{\partial y} & \dfrac{\partial u}{\partial z} \\[2mm] \dfrac{\partial v}{\partial x} & \dfrac{\partial v}{\partial y} & \dfrac{\partial v}{\partial z} \\[2mm] \dfrac{\partial w}{\partial x} & \dfrac{\partial w}{\partial y} & \dfrac{\partial w}{\partial z} \end{pmatrix} \begin{pmatrix} \mathrm{d}x \\ \mathrm{d}y \\ \mathrm{d}z \end{pmatrix} \tag{3-3'}$$

因为已经扣除了刚体平动，式（3-3'）右端的矩阵称为相对位移矩阵。

由上述分析可知，位移描述要解决的问题是若任意一点的坐标和位移已知，则在其小邻域内的任意点位移如何用该点位移定量表示。

在小变形理论中，弹性体的变形包括线元长度的变化和角度的改变。描述微线元长度变化的物理量，称为正应变，以拉伸为正，以压缩为负；描述两微线元夹角变化的物理量，称为剪应变，若变形使夹角减小，则角应变为正，若变形使夹角增大，则角应变为负。正应变 ε 和剪应变 γ 分别定义为：

$$\varepsilon = \frac{L' - L}{L}$$
$$\gamma = \theta' - \theta \tag{3-4}$$

式中，L、L' 为微线元变形前、后的长度；θ、θ' 为两条微线元变形前、后的夹角。

按上述定义，对图 3-2 所示微三角形：

$$正应变 = \frac{\overline{P'Q'} - \overline{PQ}}{\overline{PQ}}$$

$$剪应变 = \angle Q'P'R' - \angle QPR$$

上面定义的正应变和剪应变都是无量纲量，因此具有普遍性。

对图 3-3 所示过点 P 的微小长方体，可以定义六个变形分量，即三个正应变 ε_x、ε_y、ε_z，三个剪应变 γ_{xy}、γ_{yz}、γ_{zx}。后面将证明，若已知某点的六个变形分量，则过该点任意微元线段的正应变以及过该点的任意两微元线段的夹角的改变量都将被确定。一点正应变和剪应变的全体产生了应变张量的概念。

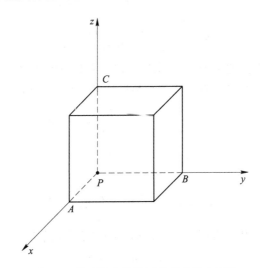

图 3-3 弹性体内微线元组成的微六面体

上述两节中引进的三个位移分量和六个变形分量都是线弹性力学的基本未知量，它们之间所满足的关系是线弹性力学基本理论的重要组成部分。

3.2 　应变张量和转动张量

为了清楚地说明在小变形理论中变形分量的物理概念，在这里采用几何作图方法给出这些表达式。如图 3-3 所示过质点 P 的微小长方体，A、B、C 是 P 点邻域内的三个质点，它们的连线是 $\overline{PA}$、$\overline{PB}$、$\overline{PC}$，这三个微线元两两正交，并分别平行于 x、y、z 轴。将三个微线元分别投影到 Oxy、Oyz 和 Ozx 三个坐标面，讨论这些线元的伸缩和夹角的改变。

取 Oxy 坐标面，将质点 P、A、B 和它们的连线 $\overline{PA}$、$\overline{PB}$ 投射到该坐标平面。将变形以后点 P'、A'、B' 和它们的连线 $\overline{P'A'}$、$\overline{P'B'}$ 也投射到该坐标平面，如图 3-4 所示。

在 Oxy 坐标面，P 点的坐标为 (x, y)，A 点坐标为 $(x+\mathrm{d}x, y)$，B 点坐标为 $(x, y+\mathrm{d}y)$，P 点变形后移动到 P' 点，P 点位移为 u_0、v_0。根据相对位移矩阵式 (3-3′)，则 A 点和 B 点的位移分别为：

$$\begin{cases} u_A = u_0 + \dfrac{\partial u}{\partial x}\mathrm{d}x \\[2mm] v_A = v_0 + \dfrac{\partial v}{\partial x}\mathrm{d}x \end{cases} \tag{a}$$

$$\begin{cases} u_B = u_0 + \dfrac{\partial v}{\partial y}\mathrm{d}y \\[2mm] v_B = v_0 + \dfrac{\partial v}{\partial y}\mathrm{d}y \end{cases} \tag{b}$$

因此 P' 点、A' 点、B' 点的坐标分别为：$(x + u_0,\ y + v_0)$，$\left(x + \mathrm{d}x + u_0 + \dfrac{\partial u}{\partial x}\mathrm{d}x,\ y + v_0 + \dfrac{\partial v}{\partial x}\mathrm{d}x\right)$，$\left(x + u_0 + \dfrac{\partial u}{\partial y}\mathrm{d}y,\ y + \mathrm{d}y + v_0 + \dfrac{\partial v}{\partial y}\mathrm{d}y\right)$。

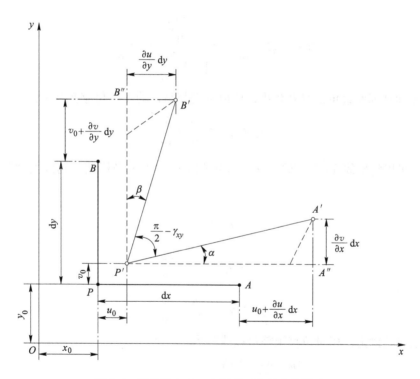

图 3-4 微线元在 Oxy 坐标平面内的位移描述

容易得到 $\overline{P'A'}$ 在 x 轴方向上的投影长 $\overline{P'A''}$ 为：

$$\overline{P'A''} = x + \mathrm{d}x + u_0 + \frac{\partial u}{\partial x}\mathrm{d}x - (x + u_0) = \left(1 + \frac{\partial u}{\partial x}\right)\mathrm{d}x \tag{c}$$

按正应变的定义，则 x 方向上的正应变为：

$$\varepsilon_x = \frac{\overline{P'A''} - \overline{PA}}{\overline{PA}} = \frac{\left(1 + \dfrac{\partial u}{\partial x}\right)\mathrm{d}x - \mathrm{d}x}{\mathrm{d}x} = \frac{\partial u}{\partial x} \tag{3-5a}$$

按同样的方法，可以得到 y 方向上的正应变为：

$$\varepsilon_y = \frac{\overline{P'B''} - \overline{PB}}{\overline{PB}} = \frac{\partial v}{\partial y} \tag{3-5b}$$

按剪应变或角应变的定义：

$$\gamma_{xy} = \gamma_{yx} = \alpha + \beta$$

现在考察线元 $\overline{PA}$ 转过的角度 α 和线元 $\overline{PB}$ 转过的角度 β。在小变形情况下，线元角度变化量（即剪应变）$\alpha \ll 1$，因此有 $\tan\alpha = \alpha$。从图 3-4 可以看到：

$$\alpha = \tan\alpha = \frac{\overline{A'A''}}{\overline{P'A''}} = \frac{\dfrac{\partial v}{\partial x}\mathrm{d}x}{\left(1 + \dfrac{\partial u}{\partial x}\right)\mathrm{d}x} = \frac{\partial v}{\partial x} \tag{d}$$

$$\beta = \tan\beta = \frac{\overline{B'B''}}{\overline{P'B''}} = \frac{\dfrac{\partial u}{\partial y}\mathrm{d}y}{\left(1 + \dfrac{\partial v}{\partial y}\right)\mathrm{d}y} = \frac{\partial u}{\partial y} \tag{e}$$

由于 α 和 β 都使直角 $\angle APB$ 减小，所以它们都是正的，则角应变定义：

$$\gamma_{xy} = \gamma_{yx} = \frac{\partial u}{\partial y} + \frac{\partial v}{\partial x} \tag{3-5c}$$

同样，可以将微线元 $\overline{PA}$、$\overline{PB}$、$\overline{PC}$，投影到 Oyz 和 Ozx 坐标面，则按类似的讨论可以得到：

$$\varepsilon_z = \frac{\partial w}{\partial z} \tag{3-5d}$$

$$\gamma_{yz} = \gamma_{zy} = \frac{\partial v}{\partial z} + \frac{\partial w}{\partial y} \tag{3-5e}$$

$$\gamma_{zx} = \gamma_{xz} = \frac{\partial u}{\partial z} + \frac{\partial w}{\partial x} \tag{3-5f}$$

按照上面的讨论，相对位移矩阵可以改写为：

$$\begin{pmatrix} \dfrac{\partial u}{\partial x} & \dfrac{\partial u}{\partial y} & \dfrac{\partial u}{\partial z} \\[2mm] \dfrac{\partial v}{\partial x} & \dfrac{\partial v}{\partial y} & \dfrac{\partial v}{\partial z} \\[2mm] \dfrac{\partial w}{\partial x} & \dfrac{\partial w}{\partial y} & \dfrac{\partial w}{\partial z} \end{pmatrix} = \begin{pmatrix} \varepsilon_x & \alpha_{xy} & \alpha_{xz} \\[2mm] \alpha_{yx} & \varepsilon_y & \alpha_{yz} \\[2mm] \alpha_{zx} & \alpha_{zy} & \varepsilon_z \end{pmatrix}$$

对角线上的三个元素是变形前平行于坐标轴的线元，变形以后它的相对伸缩在坐标轴上的投影，有正应变的含义，实际上也习惯性地称为正应变。非对角线上的元素 α 是原来平行于坐标轴的线元，变形以后向另一坐标轴偏转的角度。这就是相对位移矩阵中每一个元素的几何意义。

相对位移矩阵已经扣除了刚体平动，但没有涉及刚体转动。因此需要澄清其中是否包含刚体转动，刚体转动的定量表示如何进行，以及纯变形的定量表示。若连接两质点 P、R 的线元为 $\mathrm{d}\boldsymbol{r}$，如果在运动过程中它们的相对距离不变化，即 $\mathrm{d}\boldsymbol{r}$ 的长度不变，考察质点 R 相对于质点 P 的位移。因为是相对转动，可以令 P 点不动，R 点运行到 R' 的位移。图 3-5 是（这类）运动的示意图，表明在线元 $\mathrm{d}\boldsymbol{r}$ 长度不变的情况下，质点 R 可以有相对于 P 的位移。在图 3-5 中线元 $\mathrm{d}\boldsymbol{r}$ 的运动是它的刚体转动，直观显示了在没有变形的情况下，刚体转动可以产生质点的相对位移。这意味着相对位移矩阵中可能包含刚体转动引起的位移，需要扣除。

对转动矢量，可以给出简单、直接的几何解释。考察投射到 Oyz 坐标平面上的三个质点 P、B、C，连线 $\overline{PB}$、$\overline{PC}$ 平行于坐标轴，$\overline{PT}$ 是变形前 $\overline{PB}$、$\overline{PC}$ 的角平分线，$\overline{PT'}$ 是变形后 $\overline{PB'}$、$\overline{PC'}$ 的角平分线。考虑 B、C 相对于 P 的位移，因此可以将 P 点视为不运动。将通过 P 点且平行于 x 的轴作为转动轴，从图 3-6 容易看出：

$$\frac{\pi}{4} + \omega_x = \frac{1}{2}\left(\frac{\pi}{2} - \alpha_{yz} - \alpha_{zy}\right) + \alpha_{yz} = \frac{\pi}{4} + \frac{1}{2}(\alpha_{yz} - \alpha_{zy})$$

即

$$\omega_x = \frac{1}{2}(\alpha_{yz} - \alpha_{zy}) = \frac{1}{2}\left(\frac{\partial w}{\partial y} - \frac{\partial v}{\partial z}\right) \tag{3-6a}$$

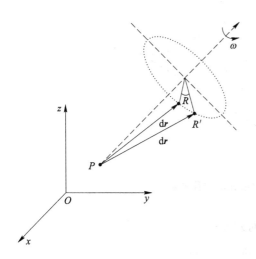
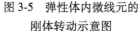
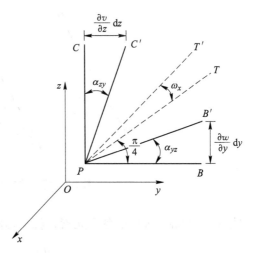

图 3-5　弹性体内微线元的
　　　　刚体转动示意图

图 3-6　弹性体内微线元在 Oyz 坐标
　　　　平面内的刚体转动示意图

同样的方式，可以得到绕另外两个坐标轴的刚体转动：

$$\omega_z = \frac{1}{2}\left(\frac{\partial v}{\partial x} - \frac{\partial u}{\partial y}\right) \tag{3-6b}$$

$$\omega_y = \frac{1}{2}\left(\frac{\partial u}{\partial z} - \frac{\partial w}{\partial x}\right) \tag{3-6c}$$

可以对相对位移矩阵作如下的分解：

$$
\begin{pmatrix} \dfrac{\partial u}{\partial x} & \dfrac{\partial u}{\partial y} & \dfrac{\partial u}{\partial z} \\[2mm] \dfrac{\partial v}{\partial x} & \dfrac{\partial v}{\partial y} & \dfrac{\partial v}{\partial z} \\[2mm] \dfrac{\partial w}{\partial x} & \dfrac{\partial w}{\partial y} & \dfrac{\partial w}{\partial z} \end{pmatrix} - \begin{pmatrix} 0 & -\dfrac{1}{2}\left(\dfrac{\partial v}{\partial x}-\dfrac{\partial u}{\partial y}\right) & \dfrac{1}{2}\left(\dfrac{\partial u}{\partial z}-\dfrac{\partial w}{\partial x}\right) \\[2mm] \dfrac{1}{2}\left(\dfrac{\partial v}{\partial x}-\dfrac{\partial u}{\partial y}\right) & 0 & -\dfrac{1}{2}\left(\dfrac{\partial w}{\partial y}-\dfrac{\partial v}{\partial z}\right) \\[2mm] -\dfrac{1}{2}\left(\dfrac{\partial u}{\partial z}-\dfrac{\partial w}{\partial x}\right) & \dfrac{1}{2}\left(\dfrac{\partial w}{\partial y}-\dfrac{\partial v}{\partial z}\right) & 0 \end{pmatrix} \tag{f}
$$

$$
= \begin{pmatrix} \dfrac{\partial u}{\partial x} & \dfrac{1}{2}\left(\dfrac{\partial v}{\partial x}+\dfrac{\partial u}{\partial y}\right) & \dfrac{1}{2}\left(\dfrac{\partial w}{\partial x}+\dfrac{\partial u}{\partial z}\right) \\[2mm] \dfrac{1}{2}\left(\dfrac{\partial u}{\partial y}+\dfrac{\partial v}{\partial x}\right) & \dfrac{\partial v}{\partial y} & \dfrac{1}{2}\left(\dfrac{\partial w}{\partial y}+\dfrac{\partial v}{\partial z}\right) \\[2mm] \dfrac{1}{2}\left(\dfrac{\partial u}{\partial z}+\dfrac{\partial w}{\partial x}\right) & \dfrac{1}{2}\left(\dfrac{\partial v}{\partial z}+\dfrac{\partial w}{\partial y}\right) & \dfrac{\partial w}{\partial z} \end{pmatrix} = \begin{pmatrix} \varepsilon_x & \varepsilon_{xy} & \varepsilon_{xz} \\ \varepsilon_{yx} & \varepsilon_y & \varepsilon_{yz} \\ \varepsilon_{zx} & \varepsilon_{zy} & \varepsilon_z \end{pmatrix}
$$

式（f）的右端是从相对位移中进一步扣除了刚体转动，因此是纯变形。从式（f）和式（3-3）可以得到，P 点的一个小邻域内（任意一点）质点 Q 的位移可以写成：

$$
\boldsymbol{u} = \boldsymbol{u}_0 + \varepsilon_{ij}\mathrm{d}x_j + \omega_{ij}\mathrm{d}x_j \quad (i, j = 1, 2, 3)
$$

该式表明在 P 的一个小邻域内（任意一点）质点 Q 的位移由三部分组成：跟随 P 点刚体平动（Q'）、刚体转动（Q''）和变形（Q'''），如图 3-7 所示。

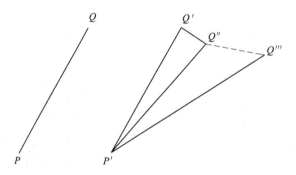

图 3-7　弹性体内微线元的位移分解

式（f）右端矩阵中的各个元素，就是几何方程：

$$
\varepsilon_x = \frac{\partial u}{\partial x},\ \varepsilon_y = \frac{\partial v}{\partial y},\ \varepsilon_z = \frac{\partial w}{\partial z}
$$

$$
\varepsilon_{xy} = \frac{1}{2}\left(\frac{\partial u}{\partial y}+\frac{\partial v}{\partial x}\right),\ \varepsilon_{yz} = \frac{1}{2}\left(\frac{\partial v}{\partial z}+\frac{\partial w}{\partial y}\right),\ \varepsilon_{zx} = \frac{1}{2}\left(\frac{\partial w}{\partial x}+\frac{\partial u}{\partial z}\right) \tag{3-7}
$$

从式（f）和式（3-7）容易看出，应变张量是对称的，即有 $\varepsilon_{ij} = \varepsilon_{ji}$。几何方程是连续介质力学的基本方程，也可以采用指标记法写为：

$$
\varepsilon_{ij} = \frac{1}{2}\left(\frac{\partial u_i}{\partial x_j}+\frac{\partial u_j}{\partial x_i}\right) = \frac{1}{2}\left(u_{i,j}+u_{j,i}\right)
$$

3.3 任意方向上微线元的伸缩和转动

上节的讨论利用通过一个质点的三个两两垂直的微线元，建立了直角坐标系，分析这些平行于坐标轴的微线元的伸缩和它们之间夹角的改变，建立了应变张量的概念。在本节中讨论通过同一质点的任意方向微线元的伸缩和任意两个线元夹角的改变。我们将证明，若已知某点 $P(x, y, z)$ 处的应变分量，则过该点处任意方向上微线元的伸长度及过该点处任意两个方向上微线元间夹角的改变量都可以被确定，因此，一点邻域内的变形状态便可被确定。

3.3.1 任意方向上微线元的正应力

如图 3-8 所示，$\overline{PQ}$ 是过 P 点的任意方向上的微线元，变形以后 P 点运动到 P' 点，Q 点运动到 Q'。设 P 点的坐标为 (x, y, z)，Q 点的坐标为 $(x+dx, y+dy, z+dz)$。记有向线段 $\overline{PQ}$ 为 $d\mathbf{r}$，$d\mathbf{r}$ 的方向余弦 $\mathbf{n}$ 为 (l, m, n)。因此，$d\mathbf{r}$ 在 x，y，z 方向上的投影为：

$$dx = dr \times l, dy = dr \times m, dz = dr \times n \tag{a}$$

式中，$dr = |d\mathbf{r}|$，为线段 $\overline{PQ}$ 的长度。

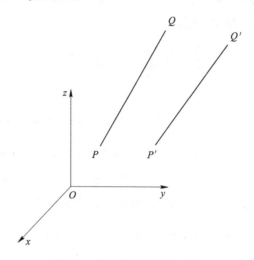

图 3-8　任意微线元的位移描述

若已知 P 点在 x、y、z 方向位移的分量分别为 u_0、v_0 和 w_0，则根据位移描述中相对位移矩阵公式（3-3'），Q 点在 x 方向位移的分量分别为：

$$u = u_0 + \frac{\partial u}{\partial x}dx + \frac{\partial u}{\partial y}dy + \frac{\partial u}{\partial z}dz \tag{b}$$

上式可改写为：

$$u = u_0 + \frac{\partial u}{\partial x}dx + \frac{1}{2}\left(\frac{\partial u}{\partial y} + \frac{\partial v}{\partial x}\right)dy + \frac{1}{2}\left(\frac{\partial u}{\partial z} + \frac{\partial w}{\partial x}\right)dz -$$
$$\frac{1}{2}\left(\frac{\partial v}{\partial x} - \frac{\partial u}{\partial y}\right)dy - \frac{1}{2}\left(\frac{\partial w}{\partial x} - \frac{\partial u}{\partial z}\right)dz \tag{c}$$

利用几何方程上式变为:

$$u = u_0 + \varepsilon_x dx + \varepsilon_{xy} dy + \varepsilon_{xz} dz - \omega_z dy + \omega_y dz \tag{d}$$

同理

$$v = v_0 + \varepsilon_{xy} dx + \varepsilon_y dy + \varepsilon_{yz} dz - \omega_x dz + \omega_z dx \tag{e}$$

$$w = w_0 + \varepsilon_{zx} dx + \varepsilon_{zy} dy + \varepsilon_z dz - \omega_y dx + \omega_x dy \tag{f}$$

变形以后 P 点运动到 P' 点，坐标为 $(x+u_0,\ y+v_0,\ z+w_0)$，Q 点运动到 Q' 点，坐标为 $(x+dx+u,\ y+dy+v,\ z+dz+w)$，变形以后线段 $\overline{PQ}$ 变为 $\overline{P'Q'}$。记有向线段 $\overline{P'Q'}$ 为 dr'，dr' 长度为 dr'。dr' 在 x、y、z 方向的三个分量分别为:

$$dx' = dx + u - u_0 = (1 + \varepsilon_x) dx + \varepsilon_{xy} dy + \varepsilon_{xz} dz - \omega_z dy + \omega_y dz$$

$$dy' = dy + v - v_0 = \varepsilon_{xy} dx + (1 + \varepsilon_y) dy + \varepsilon_{yz} dz + \omega_z dx - \omega_x dz \tag{g}$$

$$dz' = dz + w - w_0 = \varepsilon_{zx} dx + \varepsilon_{zy} dy + (1 + \varepsilon_z) dz - \omega_y dx + \omega_x dy$$

$\overline{P'Q'}$ 的长度的平方为:

$$(dr')^2 = (dx + \varepsilon_x dx + \varepsilon_{xy} dy + \varepsilon_{xz} dz - \omega_z dy + \omega_y dz)^2 + (dy + \varepsilon_{xy} dx + \varepsilon_y dy +$$
$$\varepsilon_{yz} dz + \omega_z dx - \omega_x dz)^2 + (dz + \varepsilon_{zx} dx + \varepsilon_{zy} dy + \varepsilon_z dz - \omega_y dx + \omega_x dy)^2 \tag{h}$$

上式两端除以 $(dr)^2$，并注意到:

$$\frac{dx}{dr} = l, \quad \frac{dy}{dr} = m, \quad \frac{dz}{dr} = n$$

因此

$$\left(\frac{dr'}{dr}\right)^2 = \left[(1 + \varepsilon_x) l + \varepsilon_{xy} m + \varepsilon_{xz} n - \omega_z m + \omega_y n\right]^2 +$$
$$\left[\varepsilon_{yx} l + (1 + \varepsilon_y) m + \varepsilon_{yz} n + \omega_z l - \omega_x n\right]^2 + \tag{i}$$
$$\left[\varepsilon_{zx} l + \varepsilon_{zy} m + (1 + \varepsilon_z) n - \omega_y l + \omega_x m\right]^2$$

展开上式并注意到对于小变形，可以忽略应变的交叉项和平方项，便得到:

$$\left(\frac{dr'}{dr}\right)^2 = \left[(1 + \varepsilon_x)^2 l^2 + 2\varepsilon_{xy} lm + 2\varepsilon_{xz} nl - 2\omega_z lm + 2\omega_y nl\right] +$$
$$\left[(1 + \varepsilon_y)^2 m^2 + 2\varepsilon_{yx} lm + 2\varepsilon_{yz} mn + 2\omega_z ml - 2\omega_x mn\right] +$$
$$\left[(1 + \varepsilon_z)^2 n^2 + 2\varepsilon_{zx} nl + 2\varepsilon_{zy} mn - 2\omega_y nl + 2\omega_x nm\right]$$
$$= (1 + \varepsilon_x)^2 l^2 + (1 + \varepsilon_y)^2 m^2 + (1 + \varepsilon_z)^2 n^2 + 4\varepsilon_{xy} lm + 4\varepsilon_{zx} nl + 4\varepsilon_{yz} mn$$

注意到对于小变形:

$$(1 + \varepsilon_x)^2 \approx 1 + 2\varepsilon_x; \quad (1 + \varepsilon_y)^2 \approx 1 + 2\varepsilon_y; \quad (1 + \varepsilon_z)^2 \approx 1 + 2\varepsilon_z$$

得到:

$$\left(\frac{dr'}{dr}\right)^2 = (1 + 2\varepsilon_x) l^2 + (1 + 2\varepsilon_y) m^2 + (1 + 2\varepsilon_z) n^2 + 4\varepsilon_{xy} ml + 4\varepsilon_{yz} mn + 4\varepsilon_{zx} nl$$
$$= (l^2 + m^2 + n^2) + 2\varepsilon_x l^2 + 2\varepsilon_y m^2 + 2\varepsilon_z n^2 + 4\varepsilon_{xy} ml + 4\varepsilon_{yz} mn + 4\varepsilon_{zx} nl$$
$$= 1 + 2[\varepsilon_x l^2 + \varepsilon_y m^2 + \varepsilon_z n^2 + 2(\varepsilon_{xy} ml + \varepsilon_{yz} mn + \varepsilon_{zx} nl)] \tag{j}$$

另一方面，由伸长度的定义，线段$\overline{PQ}$的正应变为：

$$\varepsilon_{\overline{PQ}} = \frac{dr' - dr}{dr} \tag{k}$$

$$dr' = (1 + \varepsilon_{\overline{PQ}})dr \tag{k'}$$

因此

$$\left(\frac{dr'}{dr}\right)^2 = (1 + \varepsilon_{\overline{PQ}})^2$$

同理$\varepsilon_{\overline{PQ}}$的平方项可以忽略，即

$$\left(\frac{dr'}{dr}\right)^2 \approx 1 + 2\varepsilon_{\overline{PQ}} \tag{1}$$

将式（1）代入式（j）得到：

$$1 + 2\varepsilon_{\overline{PQ}} = 1 + 2[\varepsilon_x l^2 + \varepsilon_y m^2 + \varepsilon_z n^2 + 2(\varepsilon_{xy}lm + \varepsilon_{yz}mn + \varepsilon_{xz}nl)]$$

整理后即

$$\varepsilon_{\overline{PQ}} = \varepsilon_x l^2 + \varepsilon_y m^2 + \varepsilon_z n^2 + 2(\varepsilon_{xy}lm + \varepsilon_{yz}mn + \varepsilon_{xz}nl) \tag{3-8}$$

式（3-8）表明，如P点的应变已知，则过P点的任意方向的微线元的伸长度已知。如线段$\overline{PQ}$平行于x轴，则它的方向余弦为（1，0，0），由式（3-8）可导出：

$$\varepsilon_{\overline{PQ}} = \varepsilon_x$$

若$\overline{PQ}$平行于y轴，其方向余弦为（0，1，0），则从式（3-8）得到：

$$\varepsilon_{\overline{PQ}} = \varepsilon_y$$

若$\overline{PQ}$平行于z轴，其方向余弦为（0，0，1），则从式（3-8）得到：

$$\varepsilon_{\overline{PQ}} = \varepsilon_z$$

以上是通过对过P点的任意有向线元$\overline{PQ}$变形的分析得到了式（3-8），与前面$\overline{PQ}$为平行坐标轴的有向线元变形的分析一致。

3.3.2 任意两个微线元夹角的变化（剪应变）

如图3-9所示，考察过P点两条有向线段$\overline{PQ}$和$\overline{PR}$，$\overline{PQ}$的方向余弦（l，m，n），$\overline{PR}$的方向余弦（l_1，m_1，n_1）。变形以后，P点、Q点、R点运动到P'点、Q'点、R'点，相应的有向线段为$\overline{P'Q'}$、$\overline{P'R'}$，它们的方向余弦分别为（l'，m'，n'）、（l_1'，m_1'，n_1'）。变形前$\overline{PQ}$的长度为dr，变形后$\overline{P'Q'}$的长度为dr'。

因此

$$l' = \frac{dx'}{dr'}, \quad m' = \frac{dy'}{dr'}, \quad n' = \frac{dz'}{dr'} \tag{m}$$

式中，dx'、dy'、dz'为dr'在x、y、z方向的投影长度。

将式（g）和式（k'）代入式（m）得：

$$l' = \frac{dx'}{dr'} = \frac{(1 + \varepsilon_x)dx + \varepsilon_{xy}dy + \varepsilon_{xz}dz - \omega_z dy + \omega_y dz}{(1 + \varepsilon_{\overline{PQ}})dr}$$

$$= \frac{(1 + \varepsilon_x)l + \varepsilon_{xy}m + \varepsilon_{xz}n - \omega_z m + \omega_y n}{1 + \varepsilon_{\overline{PQ}}} \tag{n-1}$$

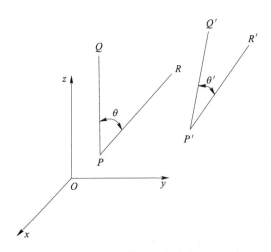

图 3-9 任意微线元夹角改变的描述

对于小变形，注意到：

$$1 - \varepsilon_{\overline{PQ}}^2 = (1 - \varepsilon_{\overline{PQ}})(1 + \varepsilon_{\overline{PQ}}) \approx 1$$

即

$$\frac{1}{1 + \varepsilon_{\overline{PQ}}} = 1 - \varepsilon_{\overline{PQ}}$$

将上式代入式（n-1），对于小变形，可以忽略应变的乘积项，得到：

$$l' = \left[(1 + \varepsilon_x)l + \varepsilon_{xy}m + \varepsilon_{xz}n - \omega_z m + \omega_y n \right] \times (1 - \varepsilon_{\overline{PQ}})$$

$$= (1 - \varepsilon_{\overline{PQ}} + \varepsilon_x)l + \varepsilon_{xy}m + \varepsilon_{xz}n - \omega_z m + \omega_y n \qquad (\text{n-1}')$$

同理

$$m' = \varepsilon_{yx}l + (1 - \varepsilon_{\overline{PQ}} + \varepsilon_y)m + \varepsilon_{yz}n - \omega_x n + \omega_z l \qquad (\text{n-2})$$

$$n' = \varepsilon_{zx}l + \varepsilon_{yz}m + (1 - \varepsilon_{\overline{PQ}} + \varepsilon_z)n - \omega_y l + \omega_x m \qquad (\text{n-3})$$

应用同样的分析方法，推导微线元的 $\overline{PR}$ 变形可以得出：

$$l_1' = (1 - \varepsilon_{\overline{PR}} + \varepsilon_x)l_1 + \varepsilon_{xy}m_1 + \varepsilon_{xz}n_1 - \omega_z m_1 + \omega_y n_1$$

$$m_1' = \varepsilon_{xy}l_1 + (1 - \varepsilon_{\overline{PR}} + \varepsilon_y)m_1 + \varepsilon_{yz}n_1 - \omega_x n_1 + \omega_z l_1 \qquad (\text{o})$$

$$n_1' = \varepsilon_{zx}l_1 + \varepsilon_{yz}m_1 + (1 - \varepsilon_{\overline{PR}} + \varepsilon_z)n_1 - \omega_y l_1 + \omega_x m_1$$

变形以前有向线段 $\overline{PQ}$ 和 $\overline{PR}$ 的夹角是 θ，按矢量代数

$$\cos\theta = \cos(\overline{PQ}, \ \overline{PR}) = \frac{ll_1 + mm_1 + nn_1}{\sqrt{l^2 + m^2 + n^2}\sqrt{l_1^2 + m_1^2 + n_1^2}} = ll_1 + mm_1 + nn_1 \qquad (\text{p})$$

变形以后，有向线段 $\overline{PQ}$ 和 $\overline{PR}$ 的夹角是 θ'：

$$\cos\theta' = \cos(\overline{P'Q'}, \ \overline{P'R'}) = l'l_1' + m'm_1' + n'n_1' \qquad (\text{q})$$

由式（n-1'）和式（o）可以得到：

$$l'l_1' = \left[(1 - \varepsilon_{\overline{PQ}} + \varepsilon_x)l + \varepsilon_{xy}m + \varepsilon_{xz}n - \omega_z m + \omega_y n \right] \times$$

$$\left[(1 - \varepsilon_{\overline{PR}} + \varepsilon_x)l_1 + \varepsilon_{xy}m_1 + \varepsilon_{xz}n_1 - \omega_z m_1 + \omega_y n_1 \right]$$

略去应变的平方项和交叉项，得到：

$$l'l_1' = (1 - \varepsilon_{\overline{PQ}} - \varepsilon_{\overline{PR}} + 2\varepsilon_x)ll_1 + \varepsilon_{xy}(lm_1 + ml_1) + \varepsilon_{xz}(ln_1 + nl_1) -$$
$$\omega_z(lm_1 + ml_1) + \omega_y(ln_1 + nl_1)$$

同理

$$m'm_1' = (1 - \varepsilon_{\overline{PQ}} - \varepsilon_{\overline{PR}} + 2\varepsilon_y)mm_1 + \varepsilon_{xy}(lm_1 + ml_1) + \varepsilon_{yz}(nm_1 + n_1m) -$$
$$\omega_x(nm_1 + mn_1) + \omega_z(lm_1 + ml_1)$$

$$n'n_1' = (1 - \varepsilon_{\overline{PQ}} - \varepsilon_{\overline{PR}} + 2\varepsilon_z)nn_1 + \varepsilon_{zx}(ln_1 + nl_1) + \varepsilon_{zx}(nm_1 + n_1m) -$$
$$\omega_y(ln_1 + nl_1) + \omega_x(mn_1 + nm_1)$$

因此

$$l'l_1' + m'm_1' + n'n_1' = (1 + 2\varepsilon_x)ll_1 + (1 + 2\varepsilon_y)mm_1 + (1 + 2\varepsilon_z)nn_1 + 2\varepsilon_{xy}(lm_1 + ml_1) +$$
$$2\varepsilon_{yz}(nm_1 + n_1m) + 2\varepsilon_{zx}(ln_1 + nl_1) - (\varepsilon_{\overline{PQ}} + \varepsilon_{\overline{PR}})(ll_1 + mm_1 + nn_1)$$

$$(r)$$

从式（r）和式（p）得到：

$$\cos\theta' - \cos\theta = 2(\varepsilon_x ll_1 + \varepsilon_y mm_1 + \varepsilon_z nn_1) + 2\varepsilon_{xy}(lm_1 + ml_1) + 2\varepsilon_{yz}(nm_1 + n_1m) +$$
$$2\varepsilon_{zx}(ln_1 + nl_1) - (\varepsilon_{\overline{PQ}} + \varepsilon_{\overline{PR}})\cos\theta \tag{3-9}$$

由于 (l, m, n) 和 (l_1, m_1, n_1) 是已知的，因此可以从式（3-8）求出 $\varepsilon_{\overline{PQ}}$ 和 $\varepsilon_{\overline{PR}}$。另外由于有向线段 $\overline{PQ}$ 和 $\overline{PR}$ 的变形前的夹角是已知的，因此式（p）中的 $\cos\theta$ 也可以求出。这样变形后两线段的夹角 θ' 可以从式（q）中求出，并可进一步求出变形前后线段角度的变化 $\Delta\theta = \theta' - \theta$。

下面讨论一种特殊的情况。变形以前微线元 $\overline{PQ}$ 和 $\overline{PR}$ 互相垂直，但不平行坐标轴的情况，如图 3-10 所示，即 $\theta = \dfrac{\pi}{2}$。

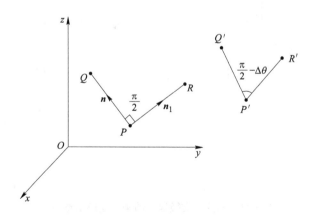

图 3-10　正交微线元夹角改变的描述

则式（3-9）变为：

$$\cos\theta' = 2(\varepsilon_x ll_1 + \varepsilon_y mm_1 + \varepsilon_z nn_1) + 2\varepsilon_{xy}(lm_1 + ml_1) + 2\varepsilon_{yz}(nm_1 + n_1m) + 2\varepsilon_{zx}(ln_1 + nl_1)$$

假设角应变为正，则 $\theta' = \dfrac{\pi}{2} - \Delta\theta$ 代入上式得：

$$\cos\theta' = \cos\left(\frac{\pi}{2} - \Delta\theta\right) = \sin\Delta\theta$$

对于小变形 $\Delta\theta \ll 1$，因此 $\sin\Delta\theta \approx \Delta\theta$，可以得到：

$$\Delta\theta = 2(\varepsilon_x ll_1 + \varepsilon_y mm_1 + \varepsilon_z nn_1) + 2\varepsilon_{xy}(lm_1 + ml_1) + 2\varepsilon_{yz}(nm_1 + n_1 m) + 2\varepsilon_{xz}(ln_1 + nl_1)$$

$$(3\text{-}10)$$

以上讨论表明，只需知道了通过一质点的三个两两垂直的微线元的正应变和两微线元夹角的改变（即剪应变），也即一点应变张量已知，就可以确定通过该质点的任意线元的伸缩和任意两个线元夹角的改变。因此，这样定义的应变张量完整地描述了一点的变形。

3.4 应变张量的坐标变换

过已知质点 P 取任意三个两两垂直的微线元，可以建立新的坐标系。根据上节的内容，微线元的正应变和两微线元间的剪应变都可以用 P 点的应变张量表示，则可以得到新坐标系下的应变张量。

如图 3-11 所示，过已知质点 P 作两两垂直的微线元 $\overline{PQ}$、$\overline{PR}$、$\overline{PS}$，令它们分别与坐标轴 x、y、z 平行。过同一质点 P 作另一组两两垂直的微线元 $\overline{PQ'}$、$\overline{PR'}$、$\overline{PS'}$，令它们分别平行于另一坐标系的各个坐标轴 x'、y'、z'。新坐标系的坐标轴在原坐标系中法向量如表 3-1 所示。

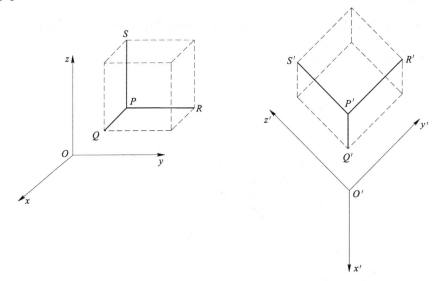

图 3-11　两两正交微线元的坐标变换示意图

表 3-1　坐标变换表

坐标	x	y	z
x'	l_1	m_1	n_1
y'	l_2	m_2	n_2
z'	l_3	m_3	n_3

根据 3.3 节的公式，则有：

$$\varepsilon_{x'} = \varepsilon_x l_1^2 + \varepsilon_y m_1^2 + \varepsilon_z n_1^2 + 2\varepsilon_{xy} l_1 m_1 + 2\varepsilon_{yz} m_1 n_1 + 2\varepsilon_{zx} l_1 n_1$$

$$\varepsilon_{y'} = \varepsilon_x l_2^2 + \varepsilon_y m_2^2 + \varepsilon_z n_2^2 + 2\varepsilon_{xy} l_2 m_2 + 2\varepsilon_{yz} m_2 n_2 + 2\varepsilon_{zx} l_2 n_2$$

$$\varepsilon_{z'} = \varepsilon_x l_3^2 + \varepsilon_y m_3^2 + \varepsilon_z n_3^2 + 2\varepsilon_{xy} l_3 m_3 + 2\varepsilon_{yz} m_3 n_3 + 2\varepsilon_{zx} l_3 n_3$$

$$\varepsilon_{x'y'} = \varepsilon_{y'x'} = (\varepsilon_x l_1 l_2 + \varepsilon_y m_1 m_2 + \varepsilon_z n_1 n_2) + \varepsilon_{xy}(l_1 m_2 + l_2 m_1) + $$
$$\varepsilon_{yz}(m_1 n_2 + m_2 n_1) + \varepsilon_{zx}(l_1 n_2 + l_2 n_1) \tag{3-11}$$

$$\varepsilon_{y'z'} = \varepsilon_{z'y'} = (\varepsilon_x l_2 l_3 + \varepsilon_y m_2 m_3 + \varepsilon_z n_2 n_3) + \varepsilon_{xy}(l_2 m_3 + l_3 m_2) + $$
$$\varepsilon_{yz}(m_2 n_3 + m_3 n_2) + \varepsilon_{zx}(l_2 n_3 + l_3 n_2)$$

$$\varepsilon_{z'x'} = \varepsilon_{x'z'} = (\varepsilon_x l_1 l_3 + \varepsilon_y m_1 m_3 + \varepsilon_z n_1 n_3) + \varepsilon_{xy}(l_1 m_3 + l_3 m_1) + $$
$$\varepsilon_{yz}(m_1 n_3 + m_3 n_1) + \varepsilon_{zx}(l_1 n_3 + l_3 n_1)$$

式 (3-11) 的 6 个方程是二次型，可以写成矩阵形式：

$$\begin{pmatrix} \varepsilon_{x'} & \varepsilon_{x'y'} & \varepsilon_{x'z'} \\ \varepsilon_{x'y'} & \varepsilon_{y'} & \varepsilon_{y'z'} \\ \varepsilon_{x'z'} & \varepsilon_{y'z'} & \varepsilon_{z'} \end{pmatrix} = \begin{pmatrix} l_1 & m_1 & n_1 \\ l_2 & m_2 & n_2 \\ l_3 & m_3 & n_3 \end{pmatrix} \begin{pmatrix} \varepsilon_x & \varepsilon_{xy} & \varepsilon_{xz} \\ \varepsilon_{xy} & \varepsilon_y & \varepsilon_{yz} \\ \varepsilon_{xz} & \varepsilon_{yz} & \varepsilon_z \end{pmatrix} \begin{pmatrix} l_1 & l_2 & l_3 \\ m_1 & m_2 & m_3 \\ n_1 & n_2 & n_3 \end{pmatrix} \tag{3-11'}$$

因此应变是二阶张量。式 (3-11′) 与应力分量的坐标变换类似可以简写为：

$$\varepsilon' = L\varepsilon L^T$$

式中，$L = \begin{pmatrix} l_1 & m_1 & n_1 \\ l_2 & m_2 & n_2 \\ l_3 & m_3 & n_3 \end{pmatrix}$。

利用爱因斯坦求和约定和自由指标的约定，式 (3-11) 可以写成：

$$\varepsilon_{i'j'} = L_{i'i} L_{j'j} \varepsilon_{ij}$$

可以看出，一点的应力和应变状态是张量，由于应力和应变具有一一对应关系，应力张量相关的性质都可以直接用于应变张量。

3.5 主应变、应变主方向与应变张量的不变量

和应力张量类似，一点的应变也有主方向和主应变。如果在变形过程中两两正交的三个微线元的方向不变，则称该微线元的方向为应变主方向，微线元之间的夹角不变，也即剪应变为 0，该微线元伸长度为主伸长或主应变。

根据 3.3 节的公式（n-1′），$\overline{PQ}$ 为任意方向的微线元，则其方向余弦（l'，m'，n'）为：

$$l' = (1 - \varepsilon_{\overline{PQ}} + \varepsilon_x)l + \varepsilon_{xy}m + \varepsilon_{xz}n - \omega_z m + \omega_y n$$

$$m' = \varepsilon_{yx}l + (1 - \varepsilon_{\overline{PQ}} + \varepsilon_y)m + \varepsilon_{yz}n - \omega_x n + \omega_z l$$

$$n' = \varepsilon_{zx}l + \varepsilon_{yz}m + (1 - \varepsilon_{\overline{PQ}} + \varepsilon_z)n - \omega_y l + \omega_x m$$

若 $\overline{PQ}$ 是应变主方向，根据主方向和主应变的定义，微线元之间没有转动且方向不变，则有：

$$l' = l = (1 - \varepsilon + \varepsilon_x)l + \varepsilon_{xy}m + \varepsilon_{xz}n$$

$$m' = m = \varepsilon_{yx}l + (1 - \varepsilon + \varepsilon_y)m + \varepsilon_{yz}n$$

$$n' = n = \varepsilon_{zx}l + \varepsilon_{yz}m + (1 - \varepsilon + \varepsilon_z)n$$

应变主方向的方向余弦（l, m, n）满足的方程为:

$$\begin{cases} (\varepsilon_x - \varepsilon)l + \varepsilon_{xy}m + \varepsilon_{xz}n = 0 \\ \varepsilon_{xy}l + (\varepsilon_y - \varepsilon)m + \varepsilon_{yz}n = 0 \\ \varepsilon_{xz}l + \varepsilon_{yz}m + (\varepsilon_z - \varepsilon)n = 0 \end{cases} \tag{a}$$

可以看出，上式和求主应力的方程具有相同结构，因此可以采用相同的处理方法，即

$$\begin{vmatrix} \varepsilon_x - \varepsilon & \varepsilon_{xy} & \varepsilon_{xz} \\ \varepsilon_{xy} & \varepsilon_y - \varepsilon & \varepsilon_{yz} \\ \varepsilon_{xz} & \varepsilon_{yz} & \varepsilon_z - \varepsilon \end{vmatrix} = 0 \tag{b}$$

展开后得到:

$$\varepsilon^3 - I_1^\varepsilon \varepsilon^2 - I_2^\varepsilon \varepsilon - I_3^\varepsilon = 0 \tag{3-12}$$

求解主应变满足的一元三次方程，解得三个主应变 $\varepsilon_i(i = 1, 2, 3)$。对应于每个主应变 ε_i 有一个主方向 $(l_i, m_i, n_i)(i - 1, 2, 3)$。同样，可以得到应变不变量:

$$I_1^\varepsilon = \varepsilon_x + \varepsilon_y + \varepsilon_z$$

$$I_2^\varepsilon = - \begin{vmatrix} \varepsilon_y & \varepsilon_{yz} \\ \varepsilon_{zy} & \varepsilon_z \end{vmatrix} - \begin{vmatrix} \varepsilon_x & \varepsilon_{xz} \\ \varepsilon_{zx} & \varepsilon_z \end{vmatrix} - \begin{vmatrix} \varepsilon_x & \varepsilon_{xy} \\ \varepsilon_{yx} & \varepsilon_y \end{vmatrix}$$

$$I_3^\varepsilon = \begin{vmatrix} \varepsilon_x & \varepsilon_{xy} & \varepsilon_{xz} \\ \varepsilon_{yx} & \varepsilon_y & \varepsilon_{yz} \\ \varepsilon_{zx} & \varepsilon_{zy} & \varepsilon_z \end{vmatrix} \tag{3-13}$$

与主应力类似，主应变具有以下性质: 实数性、正交性、不变性、极值性。对这些性质的证明，与主应力相同，在此不再重复。

上面的讨论告诉我们: 在物体内任一点 P，至少存在三个互相正交的方向，变形以后它们仍然保持正交，在这三个正交方向上剪应变为零，而伸长度即是对应的主应变。

在小变形理论中，第一应变不变量 I_1^ε 表示体积应变，体积应变定义为:

$$\varepsilon_V = \frac{dV - dV_0}{dV_0} \tag{3-14}$$

式中，dV_0 为微元体变形前的体积；dV 为微元体变形后的体积。取微小的直平行六面体，其边长为 dx、dy、dz，变形后该六面体各棱边的长度分别为 dx'、dy'、dz'，则

$$dV_0 = dxdydz \tag{c}$$

$$dV = dx'dy'dz' \tag{d}$$

其中，根据 3.3 节的式（g），得:

$$dx' = (1 + \varepsilon_x)dx + \varepsilon_{xy}dy + \varepsilon_{xz}dz - \omega_z dy + \omega_y dz$$

$$dy' = \varepsilon_{xy}dx + (1 + \varepsilon_y)dy + \varepsilon_{yz}dz + \omega_z dx - \omega_x dz$$

$$dz' = \varepsilon_{zx}dx + \varepsilon_{zy}dy + (1 + \varepsilon_z)dz - \omega_y dx + \omega_x dy$$

代入式（d），在小变形假设下，应变分量和转动分量的乘积项和平方项都是高阶小量，可以忽略，得:

$$dV = dx'dy'dz'$$
$$= (1 + \varepsilon_x + \varepsilon_y + \varepsilon_z)dxdydz \tag{e}$$

因此，体积应变

$$\varepsilon_V = \frac{dV - dV_0}{dV_0} = \frac{(1 + \varepsilon_x + \varepsilon_y + \varepsilon_z) dxdydz - dxdydz}{dxdydz} = \varepsilon_x + \varepsilon_y + \varepsilon_z = I_1^\varepsilon \quad (3\text{-}15)$$

因此，在小形变假设下，体积应变是应变张量的第一不变量。

3.6 变形协调方程

从小变形的几何方程式（3-7）可以看出，如果已知三个位移 u_i，可以求出六个应变 $\varepsilon_{ij}(i, j = x, y, z)$。反过来，如果应变张量已知，从应变出发求位移，由于式（3-7）是六个方程，而位移 u_i 只有三个，因此从数学上看，假如能够从式（3-7）的六个方程中求出三个位移分量，则应变分量 ε_{ij} 不是独立的，彼此间存在一定关系，称作应变协调条件，只有当这些条件被满足时，才可以从式（3-7）的积分得到单值连续的位移分量 $u_i(i = x, y, z)$。如果位移分量 u_i 是单值连续的，并具有所需要的光滑度，则消去式（3-7）中的位移可以得到应变协调的必要条件。下面从几何方程直接导出变形协调方程。

几何方程有：

$$\varepsilon_x = \frac{\partial u}{\partial x}, \ \varepsilon_y = \frac{\partial v}{\partial y}, \ \varepsilon_z = \frac{\partial w}{\partial z}$$

$$\varepsilon_{xy} = \frac{1}{2}\left(\frac{\partial u}{\partial y} + \frac{\partial v}{\partial x}\right), \ \varepsilon_{yz} = \frac{1}{2}\left(\frac{\partial v}{\partial z} + \frac{\partial w}{\partial y}\right), \ \varepsilon_{zx} = \frac{1}{2}\left(\frac{\partial w}{\partial x} + \frac{\partial u}{\partial z}\right) \quad (3\text{-}7)$$

通过对同一坐标平面上三个应变分量直接求偏导，例如：

$$\frac{\partial^2 \varepsilon_x}{\partial y^2} = \frac{\partial^3 u}{\partial y^2 \partial x}$$

$$\frac{\partial^2 \varepsilon_y}{\partial x^2} = \frac{\partial^3 u}{\partial x \partial y^2}$$

$$\frac{\partial^2 \varepsilon_{xy}}{\partial x \partial y} = \frac{1}{2}\left(\frac{\partial^3 u}{\partial x \partial y^2} + \frac{\partial^3 u}{\partial y \partial x^2}\right)$$

可以得到：

$$\frac{\partial^2 \varepsilon_x}{\partial y^2} + \frac{\partial^2 \varepsilon_y}{\partial x^2} = 2\frac{\partial^2 \varepsilon_{xy}}{\partial x \partial y} = \frac{\partial^2 \gamma_{xy}}{\partial x \partial y} \quad (3\text{-}16\text{a})$$

同理可得：

$$\frac{\partial^2 \varepsilon_y}{\partial z^2} + \frac{\partial^2 \varepsilon_z}{\partial y^2} = 2\frac{\partial^2 \varepsilon_{yz}}{\partial y \partial z} = \frac{\partial^2 \gamma_{yz}}{\partial y \partial z} \quad (3\text{-}16\text{b})$$

$$\frac{\partial^2 \varepsilon_x}{\partial z^2} + \frac{\partial^2 \varepsilon_z}{\partial x^2} = 2\frac{\partial^2 \varepsilon_{xz}}{\partial x \partial z} = \frac{\partial^2 \gamma_{xz}}{\partial x \partial z} \quad (3\text{-}16\text{c})$$

通过对不同坐标面内的应变分量求偏导，例如：

$$\frac{\partial \varepsilon_{yz}}{\partial x} = \frac{1}{2}\left(\frac{\partial^2 w}{\partial x \partial y} + \frac{\partial^2 v}{\partial x \partial z}\right)$$

$$\frac{\partial \varepsilon_{zx}}{\partial y} = \frac{1}{2}\left(\frac{\partial^2 u}{\partial y \partial z} + \frac{\partial^2 w}{\partial y \partial x}\right)$$

$$\frac{\partial \varepsilon_{xy}}{\partial z} = \frac{1}{2}\left(\frac{\partial^2 v}{\partial x \partial z} + \frac{\partial^2 u}{\partial z \partial y} \right)$$

$$\frac{\partial^2 \varepsilon_x}{\partial y \partial z} = \frac{\partial^3 u}{\partial x \partial y \partial z}$$

可以得到：

$$\frac{\partial^2 \varepsilon_x}{\partial y \partial z} = \frac{\partial}{\partial x}\left(-\frac{\partial \varepsilon_{yz}}{\partial x} + \frac{\partial \varepsilon_{zx}}{\partial y} + \frac{\partial \varepsilon_{xy}}{\partial z} \right) \tag{3-16d}$$

同理可得：

$$\frac{\partial^2 \varepsilon_y}{\partial z \partial x} = \frac{\partial}{\partial y}\left(\frac{\partial \varepsilon_{yz}}{\partial x} - \frac{\partial \varepsilon_{zx}}{\partial y} + \frac{\partial \varepsilon_{xy}}{\partial z} \right) \tag{3-16e}$$

$$\frac{\partial^2 \varepsilon_z}{\partial x \partial y} = \frac{\partial}{\partial z}\left(\frac{\partial \varepsilon_{yz}}{\partial x} + \frac{\partial \varepsilon_{zx}}{\partial y} - \frac{\partial \varepsilon_{xy}}{\partial z} \right) \tag{3-16f}$$

因此，为保证物体变形后仍为连续体，应变分量 ε_{ij} 必须满足关系式（3-16）。式（3-16）就是直角坐标系下的变形协调方程。

3.7　正交曲线坐标系中的应变张量和有关公式

在实际问题中，经常会遇到柱体或球体等形状的弹性力学问题，在这种情况下，采用空间柱坐标系或球坐标系则更为方便。本节给出柱坐标和球坐标系中的应变张量、几何方程、变形协调方程的表达式，供学习时参考。关于柱坐标系和球坐标系中有关公式的详细推导，可以参看吴家龙等（2003）编著的教科书。

3.7.1　柱坐标系中的公式

取柱坐标系为 (r, θ, z)，如图 3-12 所示。设在该坐标系中，点 P 的位移矢量为 $\boldsymbol{U}$，它在该点处 r 方向、θ 方向以及 z 方向的分量分别记为 u_r、u_θ、w；设相应转动分量为 $\tilde{p}$、$\tilde{q}$、$\tilde{r}$。于是，在柱坐标系中的应变张量为：

$$\boldsymbol{\varepsilon} = \begin{pmatrix} \varepsilon_r & \varepsilon_{r\theta} & \varepsilon_{rz} \\ \varepsilon_{\theta r} & \varepsilon_\theta & \varepsilon_{\theta z} \\ \varepsilon_{zr} & \varepsilon_{z\theta} & \varepsilon_z \end{pmatrix}$$

同时，转动张量为：

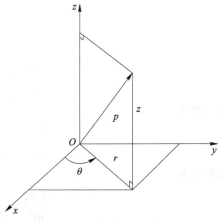

图 3-12　柱坐标系中的位移描述

$$\boldsymbol{\omega} = \begin{pmatrix} \omega_r & \omega_{r\theta} & \omega_{rz} \\ \omega_{\theta r} & \omega_\theta & \omega_{\theta z} \\ \omega_{zr} & \omega_{z\theta} & \omega_z \end{pmatrix} \equiv \begin{pmatrix} 0 & -\tilde{r} & \tilde{q} \\ \tilde{r} & 0 & -\tilde{p} \\ -\tilde{q} & \tilde{p} & 0 \end{pmatrix}$$

（1）应变分量与位移分量的关系，即几何方程：

$$\begin{cases} \varepsilon_r = \dfrac{\partial u_r}{\partial r} \\[3mm] \varepsilon_\theta = \dfrac{1}{r}\dfrac{\partial u_\theta}{\partial \theta} + \dfrac{u_r}{r} \\[3mm] \varepsilon_z = \dfrac{\partial w}{\partial z} \\[3mm] \varepsilon_{r\theta} = \dfrac{1}{2}\left(\dfrac{1}{r}\dfrac{\partial u_r}{\partial \theta} + \dfrac{\partial u_\theta}{\partial r} - \dfrac{u_\theta}{r} \right) \\[3mm] \varepsilon_{rz} = \dfrac{1}{2}\left(\dfrac{\partial u_r}{\partial z} + \dfrac{\partial w}{\partial r} \right) \\[3mm] \varepsilon_{\theta z} = \dfrac{1}{2}\left(\dfrac{1}{r}\dfrac{\partial w}{\partial \theta} + \dfrac{\partial u_\theta}{\partial z} \right) \end{cases} \tag{3-17}$$

（2）转动分量与位移分量的关系：

$$\begin{cases} \widetilde{p} = \dfrac{1}{2}\left(\dfrac{1}{r}\dfrac{\partial w}{\partial \theta} - \dfrac{\partial u_\theta}{\partial z} \right) \\[3mm] \widetilde{q} = \dfrac{1}{2}\left(\dfrac{\partial u_r}{\partial z} - \dfrac{\partial w}{\partial r} \right) \\[3mm] \widetilde{r} = \dfrac{1}{2}\left(\dfrac{1}{r}\dfrac{\partial(ru_\theta)}{\partial r} - \dfrac{1}{r}\dfrac{\partial u_r}{\partial \theta} \right) \end{cases} \tag{3-18}$$

（3）应变协调方程：

$$\begin{cases} \dfrac{2}{r}\dfrac{\partial^2 \varepsilon_{r\theta}}{\partial r\partial\theta} - \dfrac{1}{r^2}\dfrac{\partial^2 \varepsilon_r}{\partial\theta^2} - \dfrac{\partial^2 \varepsilon_\theta}{\partial r^2} + \dfrac{1}{r}\dfrac{\partial \varepsilon_r}{\partial r} - \dfrac{2}{r}\dfrac{\partial \varepsilon_\theta}{\partial r} + \dfrac{2}{r^2}\dfrac{\partial \varepsilon_{r\theta}}{\partial\theta} = 0 \\[3mm] \dfrac{1}{r}\dfrac{\partial^2 \varepsilon_r}{\partial z\partial\theta} + \dfrac{\partial^2 \varepsilon_{\theta z}}{\partial r^2} - \dfrac{1}{r}\dfrac{\partial^2 \varepsilon_{rz}}{\partial r\partial\theta} - \dfrac{\partial^2 \varepsilon_{r\theta}}{\partial r\partial z} - \dfrac{2}{r}\dfrac{\partial \varepsilon_{r\theta}}{\partial z} + \dfrac{1}{r^2}\dfrac{\partial \varepsilon_{rz}}{\partial\theta} + \dfrac{1}{r}\dfrac{\partial \varepsilon_{\theta z}}{\partial r} - \dfrac{1}{r^2}\varepsilon_{\theta z} = 0 \\[3mm] \dfrac{2}{r}\dfrac{\partial^2 \varepsilon_{rz}}{\partial r\partial z} - \dfrac{\partial^2 \varepsilon_z}{\partial r^2} - \dfrac{\partial^2 \varepsilon_r}{\partial z^2} = 0 \\[3mm] \dfrac{1}{r^2}\dfrac{\partial^2 \varepsilon_{rz}}{\partial\theta^2} + \dfrac{\partial^2 \varepsilon_\theta}{\partial r\partial z} - \dfrac{1}{r}\dfrac{\partial^2 \varepsilon_{r\theta}}{\partial\theta\partial z} - \dfrac{1}{r}\dfrac{\partial^2 \varepsilon_{\theta z}}{\partial r\partial\theta} - \dfrac{1}{r^2}\dfrac{\partial \varepsilon_{\theta z}}{\partial\theta} + \dfrac{1}{r}\dfrac{\partial}{\partial z}(\varepsilon_\theta - \varepsilon_r) = 0 \\[3mm] \dfrac{\partial^2}{\partial r\partial\theta}\dfrac{\varepsilon_z}{r} + \dfrac{\partial^2 \varepsilon_{r\theta}}{\partial z^2} - \dfrac{\partial^2 \varepsilon_{\theta z}}{\partial r\partial z} - \dfrac{1}{r}\dfrac{\partial^2 \varepsilon_{rz}}{\partial\theta\partial z} + \dfrac{1}{r}\dfrac{\partial \varepsilon_{\theta z}}{\partial z} = 0 \\[3mm] \dfrac{2}{r}\dfrac{\partial^2 \varepsilon_{\theta z}}{\partial\theta\partial z} - \dfrac{1}{r^2}\dfrac{\partial^2 \varepsilon_z}{\partial\theta^2} - \dfrac{\partial^2 \varepsilon_\theta}{\partial z^2} + \dfrac{2}{r}\dfrac{\partial \varepsilon_{rz}}{\partial z} - \dfrac{1}{r}\dfrac{\partial \varepsilon_z}{\partial r} = 0 \end{cases} \tag{3-19}$$

3.7.2 球坐标系中的公式

取球坐标系为 (r, θ, φ)，如图 3-13 所示。设在该坐标系中，点 P 的位移矢量为 U，它在该点处 r 方向、θ 方向和 φ 方向的分量分别记为 u_r、u_θ、u_φ；设相应转动分量为 $\widetilde{p}$、$\widetilde{q}$、$\widetilde{r}$。于是，在球坐标系中的应变张量为：

$$\boldsymbol{\varepsilon} = \begin{pmatrix} \varepsilon_r & \varepsilon_{r\theta} & \varepsilon_{r\varphi} \\ \varepsilon_{\theta r} & \varepsilon_\theta & \varepsilon_{\theta\varphi} \\ \varepsilon_{\varphi r} & \varepsilon_{\varphi\theta} & \varepsilon_\varphi \end{pmatrix}$$

同时，转动张量为：

$$\boldsymbol{\omega} = \begin{pmatrix} \omega_r & \omega_{r\theta} & \omega_{r\varphi} \\ \omega_{\theta r} & \omega_\theta & \omega_{\theta\varphi} \\ \omega_{\varphi r} & \omega_{\varphi\theta} & \omega_\varphi \end{pmatrix} \equiv \begin{pmatrix} 0 & -\tilde{r} & \tilde{q} \\ \tilde{r} & 0 & -\tilde{p} \\ -\tilde{q} & \tilde{p} & 0 \end{pmatrix}$$

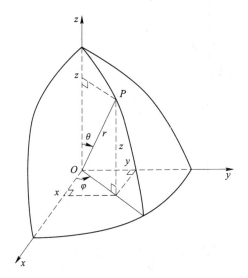

图 3-13　球坐标系中的位移描述

（1）应变分量与位移分量的关系，即几何方程：

$$\begin{cases} \varepsilon_r = \dfrac{\partial u_r}{\partial r} \\[2mm] \varepsilon_\theta = \dfrac{1}{r}\dfrac{\partial u_\theta}{\partial \theta} + \dfrac{u_r}{r} \\[2mm] \varepsilon_\varphi = \dfrac{1}{r\sin\theta}\dfrac{\partial u_\varphi}{\partial \varphi} + \dfrac{u_r}{r} + \dfrac{\cot\theta}{r}u_\theta \\[2mm] \varepsilon_{r\theta} = \dfrac{1}{2}\left(\dfrac{1}{r}\dfrac{\partial u_r}{\partial \theta} + \dfrac{\partial u_\theta}{\partial r} - \dfrac{u_\theta}{r}\right) \\[2mm] \varepsilon_{\theta\varphi} = \dfrac{1}{2}\left(\dfrac{1}{r}\dfrac{\partial u_\varphi}{\partial \theta} + \dfrac{1}{r\sin\theta}\dfrac{\partial u_\theta}{\partial \varphi} - \dfrac{\cot\theta}{r}u_\varphi\right) \\[2mm] \varepsilon_{\varphi r} = \dfrac{1}{2}\left(\dfrac{1}{r\sin\theta}\dfrac{\partial u_r}{\partial \varphi} + \dfrac{\partial u_\varphi}{\partial r} - \dfrac{u_\varphi}{r}\right) \end{cases} \qquad (3\text{-}20)$$

（2）转动分量与位移分量的关系：

$$
\begin{cases}
\widetilde{p} = \dfrac{1}{2}\left(\dfrac{1}{r}\dfrac{\partial u_\varphi}{\partial \theta} - \dfrac{1}{r\sin\theta}\dfrac{\partial u_\theta}{\partial \varphi} + \dfrac{\cot\theta}{r}u_\varphi \right) \\[3mm]
\widetilde{q} = \dfrac{1}{2}\left(\dfrac{1}{r\sin\theta}\dfrac{\partial u_r}{\partial \varphi} - \dfrac{\partial u_\varphi}{\partial r} + \dfrac{u_\varphi}{r} \right) \\[3mm]
\widetilde{r} = \dfrac{1}{2}\left(\dfrac{1}{r}\dfrac{\partial u_r}{\partial \theta} - \dfrac{\partial u_\theta}{\partial r} + \dfrac{u_\theta}{r} \right)
\end{cases}
\tag{3-21}
$$

（3）应变协调方程：

$$
\begin{cases}
\dfrac{2}{r}\dfrac{\partial^2 \varepsilon_{r\theta}}{\partial r\partial\theta} - \dfrac{1}{r^2}\dfrac{\partial^2 \varepsilon_r}{\partial\theta^2} - \dfrac{\partial^2 \varepsilon_\theta}{\partial r^2} + \dfrac{1}{r}\dfrac{\partial}{\partial r}(\varepsilon_r - 2\varepsilon_\theta) + \dfrac{2}{r^2}\dfrac{\partial \varepsilon_{r\theta}}{\partial\theta} = 0 \\[3mm]
\dfrac{1}{r}\dfrac{\partial}{\partial\theta}\left(\dfrac{1}{r\sin\theta}\dfrac{\partial \varepsilon_r}{\partial\varphi} \right) + \dfrac{\partial^2 \varepsilon_{\theta\varphi}}{\partial r^2} - \dfrac{1}{r}\dfrac{\partial^2 \varepsilon_{r\varphi}}{\partial r\partial\theta} - \dfrac{\partial}{\partial r}\left(\dfrac{1}{r\sin\theta}\dfrac{\partial \varepsilon_{r\theta}}{\partial\varphi} \right) + \dfrac{\cot\theta}{r^2}\left(\varepsilon_{r\varphi} + r\dfrac{\partial \varepsilon_{r\varphi}}{\partial r} \right) + \\[3mm]
\qquad \dfrac{2}{r}\dfrac{\partial \varepsilon_{\theta\varphi}}{\partial r} - \dfrac{1}{r^2}\dfrac{\partial \varepsilon_{r\varphi}}{\partial\theta} - \dfrac{2}{r^2\sin\theta}\dfrac{\partial \varepsilon_{r\theta}}{\partial\varphi} = 0 \\[3mm]
\dfrac{2}{r\sin\theta}\dfrac{\partial^2 \varepsilon_{r\varphi}}{\partial r\partial\varphi} - \dfrac{\partial^2 \varepsilon_\varphi}{\partial r^2} - \dfrac{1}{r^2\sin^2\theta}\dfrac{\partial^2 \varepsilon_r}{\partial\varphi^2} + \dfrac{2\cot\theta}{r^2}\varepsilon_{r\theta} - \dfrac{1}{r^2}\varepsilon_{\theta\varphi} + \dfrac{1}{r}\dfrac{\partial}{\partial r}(\varepsilon_r - 2\varepsilon_\varphi) + \\[3mm]
\qquad \dfrac{2\cot\theta}{r}\dfrac{\partial \varepsilon_{r\theta}}{\partial r} - \dfrac{\cot\theta}{r^2}\dfrac{\partial \varepsilon_r}{\partial\theta} - \dfrac{2}{r^2\sin\theta}\dfrac{\partial \varepsilon_{r\varphi}}{\partial\varphi} = 0 \\[3mm]
\dfrac{1}{r^2}\dfrac{\partial^2 \varepsilon_{r\varphi}}{\partial\theta^2} + \dfrac{\partial}{\partial r}\left(\dfrac{1}{r\sin\theta}\dfrac{\partial \varepsilon_\theta}{\partial\varphi} \right) - \dfrac{1}{r}\dfrac{\partial}{\partial\theta}\left(\dfrac{1}{r\sin\theta}\dfrac{\partial \varepsilon_{r\theta}}{\partial\varphi} \right) - \dfrac{1}{r}\dfrac{\partial^2 \varepsilon_{\theta\varphi}}{\partial r\partial\theta} + \dfrac{1}{r^2}(1 - \cot^2\theta)\varepsilon_{r\varphi} + \\[3mm]
\qquad \dfrac{\cot\theta}{r^2}\dfrac{\partial \varepsilon_{r\varphi}}{\partial\theta} - \dfrac{2\cot\theta}{r}\dfrac{\partial \varepsilon_{\theta\varphi}}{\partial r} - \dfrac{1}{r^2\sin\theta}\dfrac{\partial}{\partial\varphi}(\varepsilon_r - \varepsilon_\theta) = 0 \\[3mm]
\dfrac{\partial}{\partial r}\left(\dfrac{1}{r}\dfrac{\partial \varepsilon_\varphi}{\partial\theta} \right) + \dfrac{1}{r^2\sin^2\theta}\dfrac{\partial^2 \varepsilon_{r\theta}}{\partial\varphi^2} - \dfrac{1}{r\sin\theta}\dfrac{\partial^2 \varepsilon_{\theta\varphi}}{\partial r\partial\varphi} - \dfrac{1}{r^2\sin^2\theta}\dfrac{\partial^2(\sin\theta\,\varepsilon_{r\varphi})}{\partial\theta\partial\varphi} + \dfrac{1}{r^2}\varepsilon_{r\theta} - \\[3mm]
\qquad \dfrac{\cot\theta}{r}\dfrac{\partial}{\partial r}(\varepsilon_\theta - \varepsilon_\varphi) - \dfrac{2}{r^2}\dfrac{\partial}{\partial\theta}(\varepsilon_r - \varepsilon_\varphi) = 0 \\[3mm]
\dfrac{2}{r^2\sin\theta}\dfrac{\partial^2 \varepsilon_{\theta\varphi}}{\partial\theta\partial\varphi} - \dfrac{1}{r^2\sin^2\theta}\dfrac{\partial^2 \varepsilon_\theta}{\partial\varphi^2} - \dfrac{1}{r^2}\dfrac{\partial^2 \varepsilon_\varphi}{\partial\theta^2} + \dfrac{2}{r^2}(\varepsilon_r - \varepsilon_\theta + \varepsilon_{r\theta}\cot\theta) - \dfrac{1}{r}\dfrac{\partial}{\partial r}(\varepsilon_\theta + \varepsilon_\varphi) + \\[3mm]
\qquad \dfrac{\cot\theta}{r^2}\left(\dfrac{\partial \varepsilon_\theta}{\partial\theta} - 2\dfrac{\partial \varepsilon_\varphi}{\partial\theta} + \dfrac{2}{\sin\theta}\dfrac{\partial \varepsilon_{\theta\varphi}}{\partial\varphi} \right) + \dfrac{2}{r^2}\left(\dfrac{\partial \varepsilon_{r\theta}}{\partial\theta} + \dfrac{1}{\sin\theta}\dfrac{\partial \varepsilon_{r\varphi}}{\partial\varphi} \right) = 0
\end{cases}
\tag{3-22}
$$

　　上述即是柱坐标系和球坐标系中几何方程和应变协调方程，由直角坐标系和柱坐标系、球坐标系之间的变换关系得到。对于特定的空间弹性力学问题，可根据问题特点，上式会大大简化，如轴对称问题、球体（壳）问题等。

习　题

3-1　如图 3-14 所示，圆截面杆件扭转时的位移分量为：

$$
u = -\theta yz + ay + bz + c
$$

$$v = \theta xz + ez - ax + f$$
$$w = -bx - ey + k$$

式中，θ 为单位长度扭转角，试按如下边界条件确定常数 a、b、c、e、f、k。

（1）O 点固定；

（2）O 点附近杆轴微元 dz 在 Oxz 及 Oyz 平面内不能转动；

（3）端面内的微元 dx 在 Oxy 平面内不能转动。

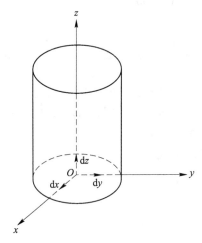

图 3-14

3-2 设物体中各点发生如下的位移：

$$u = a_0 + a_1 x + a_2 y + a_3 z$$
$$v = b_0 + b_1 x + b_2 y + b_3 z$$
$$w = c_0 + c_1 x + c_2 y + c_3 z$$

式中，a_0、a_1、$\cdots$、c_3 均为常数。试证明：

（1）各应变分量在物体内为常数（即所谓的均匀变形），

  或求应变，并分析应变场的特点，求刚体转动并分析转动场的特点；

（2）物体内，变形前的平面，变形后仍保持为平面；

（3）物体内，变形前的直线，变形后仍保持为直线。

3-3 给定位移分量：

$$u = cx(y + z)^2, \quad v = cy(x + z)^2, \quad w = cz(x + y)^2$$

此处 c 为一个很小的常数，求应变分量 ε_{ij} 及转动分量 w_{ij}。

3-4 设位移场为：$\boldsymbol{u} = a(x - z)^2 \boldsymbol{i} + a(y + z)^2 \boldsymbol{j} - axy\boldsymbol{k}$，式中，$a$ 为小量。求在点 $P = (0, 2, -1)$ 的应变分量 ε_{ij} 及转动分量 w_{ij}。

3-5 已知弹性体的位移场：
$$\begin{cases} u = a(3x^2 + y + 4z) \\ v = a(3x + 2y^2 + 3z) \\ w = a(2x^2 + y + 4z^2) \end{cases}$$

式中，a 为常数。对于点 $(3, 3, 2)$，求：

（1）沿 $(1, 0, 1)$ 方向的线应变；

（2）沿 $(1, 1, 1)$ 方向和沿 $(1, -1, 0)$ 方向的剪应变及其夹角的改变。

3-6 设某点在 x、y、z 方向上的正应变 ε_x、ε_y、ε_z 及在坐标面的角平分线方向上的正应变 $\varepsilon_{Oxy-45°}$、

$\varepsilon_{0yz-45°}$、$\varepsilon_{0xz-45°}$均已知，求该点的剪应变分量 ε_{xy}、ε_{yz}、ε_{xz}。

3-7　若一点的应变分量 $\varepsilon_{xx}=-\lambda$、$\varepsilon_{yy}=\lambda$、$\varepsilon_{xy}=\lambda/2$、$\varepsilon_{xz}=\varepsilon_{yz}=\varepsilon_{zz}=0$，求：

（1）与 x 轴成±45°方向的剪应变；

（2）与 x 轴成+60°和−30°方向的剪应变。

3-8　为测量构件自由表面的应变分量，将三片电阻应变片分别贴在 x 轴方向、y 轴方向及与 x 轴成45°的方向，测得 ε_x、ε_y、$\varepsilon_{45°}$，试求 ε_{xy}。

3-9　为测量构件自由表面的应变分量，将三片电阻应变片分别贴在 x 轴方向及与 x 轴成60°和120°的方向，测得 $\varepsilon_{0°}$、$\varepsilon_{60°}$、$\varepsilon_{120°}$，试求 ε_x、ε_{xy}、ε_y。

3-10　试证明下列应变状态是否可能：$\varepsilon_{ij}=\begin{pmatrix} C(x^2+y^2)z & Cxyz & 0 \\ Cxyz & Cy^2z & 0 \\ 0 & 0 & 0 \end{pmatrix}$。

3-11　试证明下列应变状态是否可能：$\varepsilon_{ij}=\begin{pmatrix} C(x^2+y^2) & Cxy & 0 \\ Cxy & Cy^2 & 0 \\ 0 & 0 & 0 \end{pmatrix}$。

3-12　试确定常数 a、b 或 A_0、A_1、B_0、B_1 及 C_0、C_1，使下述各场为应变场：

（1）$\varepsilon_x=axy^2$，$\varepsilon_y=ax^2y$，$\varepsilon_z=axy$，$\gamma_{xy}=0$，$\gamma_{yz}=ay^2+bz^2$，$\gamma_{xz}=ax^2+by^2$；

（2）$\varepsilon_x=A_0+A_1(x^2+y^2)+x^4+y^4$，$\varepsilon_y=B_0+B_1(x^2+y^2)+x^4+y^4$，$\gamma_{xy}=C_0+C_1xy(x^2+y^2+C_2)$，

　　　$\varepsilon_z=\gamma_{yz}=\gamma_{zx}=0$。

4 弹性材料的本构关系

为描述受外载荷作用的弹性体内部的应力状态，第 2 章引入了九个应力分量 σ_{ij}，它们满足三个平衡微分方程；为描述受外载荷作用的弹性体内部的变形情况，第 3 章引入了三个位移分量 u_i 和六个应变分量 ε_{ij}，它们之间满足六个几何方程。应力张量和应变张量是对称张量，因此各自独立的分量实际上只有六个。这样，总共引入了十五个未知量，但它们满足的方程却只有九个。显然，九个方程对于求解十五个未知量是不适定的。因此，为了使问题适定，必须再补充六个方程，而这六个方程应该将应力 σ_{ij} 与应变 ε_{ij} 联系起来，并与物体的材料性质有关，这些方程称为应力-应变关系，也称为本构关系或物理方程。

在实践中，即使具有同样密度和几何形状的物体，在同样的外界因素作用下，其响应也可能是不同的。当除去外力后，有的物体能立即恢复到它变形前的形状，而有的物体则残留有永久变形，前者为弹性体，而后者为塑性体。发生这种不同力学响应的原因是物体的本构（性质）不同，显然一种本构方程可以代表一种理想的材料。弹性力学研究的是宏观变形过程，不需要涉及物质的分子结构，因此只需要建立能够反映结构差异的总体效应方程，即本构方程。

英国科学家胡克（Hooke）1678 年公布了一个观点"有多大的伸长就有多大的力"，即变形与力成正比，并建立了一维情况下应力与应变之间的线性关系。实际上，早在胡克之前约 1500 年，我国东汉经学家郑玄（公元 127~200 年）在《考工记·弓人》"量其力，有三均"的注释上，就已提到力与形变成正比的关系："假令弓力胜三石，引之中三尺，弛其弦，以绳缓擐之，每加物一石，则张一尺"。因此，有学者建议胡克定律应该命名为"郑玄-胡克定律"。在弹性力学的发展史上，一维条件下的应力应变关系是从实验总结出来的，而均匀各向同性弹性体的三维应力-应变关系是根据一维胡克定理，经适当推广得到的。

4.1 广义 Hooke 定律

Hooke 的实验（如图 4-1 所示）以及后来的许多实验表明，在材料的变形达到某一限度以前，应力应变关系是线性的，称为 Hooke 定律，即

$$\sigma = E\varepsilon \tag{4-1}$$

式中，σ 为应力；ε 为应变；E 为弹性模量。

这些实验同时表明，纵向拉伸导致横向压缩（反之亦然），并且纵向变形与横向变形之间的关系也是线性的。若以拉伸为正，压缩为负，则对于长杆的拉伸（或压缩），这种线性关系可以表示如下：

$$\mu = -\frac{\varepsilon_y}{\varepsilon_x} \tag{4-2}$$

式中，ε_x 为 x 方向的拉伸应变；ε_y 为 y 方向的压缩应变；μ 为泊松比。与弹性（杨氏）模量一样，μ 为常量，由法国力学家泊松（Simeon Denis Poisson）在 1829 年发表的《弹性体平衡和运动研究报告》中提出，是反映材料横向变形的弹性常数。

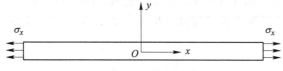

图 4-1 材料单轴拉伸示意图

考察三维情况，图 4-2 所示的微元体受到三个两两垂直方向的正应力作用，由于泊松效应，其 x 方向的正应变 ε_x 不仅与 σ_x 有关，还与 σ_y 和 σ_z 有关，因此

$$\varepsilon_x = \varepsilon_x^x + \varepsilon_x^y + \varepsilon_x^z \tag{a}$$

式中，上标 x 表示 σ_x 的贡献，上标 y 和 z 表示由于泊松效应产生的 σ_y 和 σ_z 对 ε_x 的贡献。

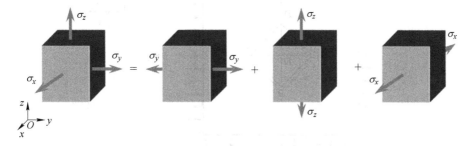

图 4-2 三向应力状态的叠加过程示意图

在小变形条件下，变形引起的物体的形状变化可以忽略，因而不会影响外力的作用方式，三维受力情况可以分解为三个简单的受单向正应力作用微元体叠加。因此，由一维条件下的胡克定律，则有：

$$\varepsilon_x^x = \frac{\sigma_x}{E} \tag{b}$$

由泊松效应：

$$\varepsilon_x^y = -\mu\varepsilon_y = -\mu\frac{\sigma_y}{E}$$
$$\varepsilon_x^z = -\mu\varepsilon_z = -\mu\frac{\sigma_z}{E} \tag{c}$$

将式（b）和式（c）代入式（a）得到：

$$\varepsilon_x = \frac{\sigma_x}{E} - \frac{\mu}{E}(\sigma_y + \sigma_z) = \frac{1}{E}[\sigma_x - \mu(\sigma_y + \sigma_z)] \tag{4-3a}$$

类似地可以得到：

$$\varepsilon_y = \frac{1}{E}[\sigma_y - \mu(\sigma_z + \sigma_x)] \tag{4-3b}$$

$$\varepsilon_z = \frac{1}{E}[\sigma_z - \mu(\sigma_y + \sigma_x)] \tag{4-3c}$$

式（4-3a）~式（4-3c）中，我们通过弹性模量 E 和泊松比 μ 建立了正应变和正应力之间的关系。使用同样的弹性常数也可以建立剪应变 γ 和剪应力 τ 之间的关系。

取 Oyz 坐标面，我们考察如图 4-3 所示平面内的等值拉压状态，即 $\sigma_z = \sigma$，$\sigma_y = -\sigma$，$\sigma_x = 0$。在中心取正方形微面元 $ABCD$，正方形微面元的边与 y 轴的夹角为 45°。由第 2 章的讨论可知，该应力状态等价于二维纯剪应力状态，即正方形微面元边上的正应力为 0，而剪应力

$$\tau = \frac{1}{2}(\sigma_z - \sigma_y) = \sigma \tag{d}$$

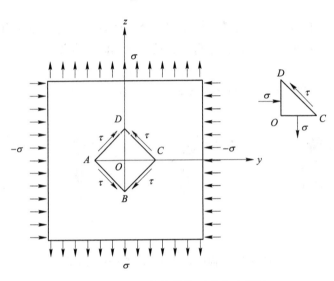

图 4-3　平面双向等值拉压受力示意图

如图 4-3 所示的受力状态，微线元 AD 和 DC 之间的夹角减小，记角应变为 γ，同时正方形微面元变形前后均处于轴对称状态，则 ΔODC 变形前后都是直角三角形。因此，变形后：

$$\tan \angle ODC = \tan \left(\frac{\pi}{4} - \frac{\gamma}{2} \right) = \frac{OC}{OD} = \frac{1 + \varepsilon_y}{1 + \varepsilon_z} \tag{e}$$

注意到，在小变形条件下：

$$\tan \left(\frac{\pi}{4} - \frac{\gamma}{2} \right) = \frac{\tan \frac{\pi}{4} - \tan \frac{\gamma}{2}}{1 + \tan \frac{\pi}{4} \tan \frac{\gamma}{2}} = \frac{1 - \frac{\gamma}{2}}{1 + \frac{\gamma}{2}} \tag{f}$$

根据胡克定律：

$$\varepsilon_z = \frac{1}{E}[\sigma_z - \mu(\sigma_y + \sigma_x)] = \frac{1 + \mu}{E}\sigma$$

$$\varepsilon_y = \frac{1}{E}[\sigma_y - \mu(\sigma_z + \sigma_x)] = -\frac{1 + \mu}{E}\sigma$$

代入上式得：

$$\frac{1 - \dfrac{\gamma}{2}}{1 + \dfrac{\gamma}{2}} = \frac{1 + \varepsilon_y}{1 + \varepsilon_z} = \frac{1 - \dfrac{1 + \mu}{E}\sigma}{1 + \dfrac{1 + \mu}{E}\sigma} \tag{g}$$

可求得：

$$\gamma = \frac{2(1 + \mu)}{E}\sigma = \frac{2(1 + \mu)}{E}\tau \tag{h}$$

因此，剪应变和剪应力之间的关系也可以通过弹性模量和泊松比建立。注意到：

$$G = \frac{E}{2(1 + \mu)}$$

上式可改写为：

$$\gamma = \frac{\tau}{G} \tag{i}$$

式中，常数 G 为剪切模量。如果剪应力作用在图 4-2 所示单元的面上，任意两边夹角的改变仅依赖于剪应力分量，则有：

$$\varepsilon_{xy} = \frac{1}{2G}\tau_{xy}, \quad \varepsilon_{yz} = \frac{1}{2G}\tau_{yz}, \quad \varepsilon_{zx} = \frac{1}{2G}\tau_{zx} \tag{4-3d}$$

三维受力情况下弹性体的应变可以通过三个正应力和三个剪应力产生的应变叠加得到，因此，广义胡克定律表达为：

$$\varepsilon_x = \frac{1}{E}\left[\sigma_x - \mu(\sigma_y + \sigma_z)\right], \quad \varepsilon_{xy} = \frac{1}{2G}\tau_{xy}$$

$$\varepsilon_y = \frac{1}{E}\left[\sigma_y - \mu(\sigma_x + \sigma_z)\right], \quad \varepsilon_{yz} = \frac{1}{2G}\tau_{yz} \tag{4-3}$$

$$\varepsilon_z = \frac{1}{E}\left[\sigma_z - \mu(\sigma_x + \sigma_y)\right], \quad \varepsilon_{zx} = \frac{1}{2G}\tau_{zx}$$

有时，需要用应变表示应力，将广义胡克定律写成应变的函数。将式（4-3）相加得：

$$\varepsilon_x + \varepsilon_y + \varepsilon_z = \frac{1 - 2\mu}{E}(\sigma_x + \sigma_y + \sigma_z)$$

即

$$\varepsilon_v = \frac{3(1 - 2\mu)}{E}\sigma_m = \frac{\sigma_m}{K} \tag{4-4}$$

式中，σ_m 为球应力张量的分量，表示物体处于静水压力状态；K 为体积模量。

将式（4-4）代入式（4-3）得

$$\begin{cases} \sigma_x = \dfrac{\mu E}{(1 + \mu)(1 - 2\mu)}\varepsilon_v + \dfrac{E}{1 + \mu}\varepsilon_x \\[3mm] \sigma_y = \dfrac{\mu E}{(1 + \mu)(1 - 2\mu)}\varepsilon_v + \dfrac{E}{1 + \mu}\varepsilon_y \\[3mm] \sigma_z = \dfrac{\mu E}{(1 + \mu)(1 - 2\mu)}\varepsilon_v + \dfrac{E}{1 + \mu}\varepsilon_z \end{cases} \tag{j}$$

令

$$\lambda = \frac{\mu E}{(1+\mu)(1-2\mu)} \tag{4-5}$$

则式（j）可改写并补充剪应力方程为：

$$\begin{cases} \sigma_x = \lambda\varepsilon_v + 2G\varepsilon_x, \ \tau_{xy} = 2G\varepsilon_{xy} \\ \sigma_y = \lambda\varepsilon_v + 2G\varepsilon_y, \ \tau_{yz} = 2G\varepsilon_{yz} \\ \sigma_z = \lambda\varepsilon_v + 2G\varepsilon_z, \ \tau_{zx} = 2G\varepsilon_{zx} \end{cases} \tag{4-6}$$

上式即为用应变表达应力的本构方程。

根据第 2 章的内容，应力张量可以分解为偏应力张量和球应力张量，由于线弹性力学中应力应变一一对应关系，同样应变张量也可以分解为应变偏张量和应变球张量。即

$$\sigma_{ij} = S_{ij} + \sigma_m\delta_{ij}, \ \varepsilon_{ij} = e_{ij} + \varepsilon_m\delta_{ij}$$

以偏应力和偏应变表示的本构方程为：

$$\begin{cases} S_x = 2Ge_x, \ \tau_{yz} = 2G\varepsilon_{yz} \\ S_y = 2Ge_y, \ \tau_{zx} = 2G\varepsilon_{zx} \\ S_z = 2Ge_z, \ \tau_{xy} = 2G\varepsilon_{xy} \end{cases} \tag{4-7a}$$

根据偏应力张量的定义，上式 6 个方程中只有 5 个独立方程，需要补充

$$\sigma_m = \frac{E}{3(1-2\mu)}\varepsilon_v = K\varepsilon_v \tag{4-7b}$$

因此，式（4-7a）和式（4-7b）构成了以偏应力和偏应变表示的本构方程，式中，K 称为体积模量，连接体积应变和平均应力之间的关系。

用张量形式表示，广义胡克定律可记为：

$$\varepsilon_{ij} = \frac{1}{E}\big[(1+\mu)\sigma_{ij} - \mu\sigma_{kk}\delta_{ij}\big]$$

用应变表示的本构方程为：

$$\sigma_{ij} = \lambda\varepsilon_v\delta_{ij} + 2G\varepsilon_{ij}$$

以偏应力和偏应变表示的本构方程为：

$$S_{ij} = 2Ge_{ij}, \ \sigma_m = K\varepsilon_v$$

4.2　各向异性弹性材料的本构关系

弹性体受力后发生变形，为了克服物体内各质点间的相对变形，应力分量在相应变形分量上将会做功，这个功以能量的形式储存于物体内部，当外力除去后，该能量将被释放出来使物体恢复其原来的形状。储存于物体内部单位体积变形能，称为应变能密度 W。应变能密度是应变分量的函数，并且 W 对应变分量的偏导数等于相应的应力分量。从这个意义上讲，应力分量也是应变分量的函数。W 是状态函数，对于弹性物质，当 W 给定之后，应力分量与应变分量之间的函数关系将完全确定，应力分量依赖于每一个应变分量。因此应力应变关系更一般的形式为：

$$\sigma_{ij} = f(\varepsilon_{ij}) \quad (i,j = x,y,z) \tag{a}$$

将上式在应变 ε_{kl}^0 的小邻域内展开为 Taylor 级数得到：

$$\sigma_{ij} = \sigma_{ij}^0 + \left(\frac{\partial \sigma_{ij}}{\partial \varepsilon_{kl}}\right)_0 (\varepsilon_{kl} - \varepsilon_{kl}^0) + \cdots \quad (i,j,k,l = x,y,z) \tag{b}$$

上式反映了每一个应力分量依赖于所有应变分量的物理含义。假设初应变等于零，初应力也等于零，即

$$\varepsilon_{kl}^0 = 0, \quad \sigma_{kl}^0 = \sigma_{ij}^0 = 0$$

则上式变为：

$$\sigma_{ij} = \left(\frac{\partial \sigma_{ij}}{\partial \varepsilon_{kl}}\right)_0 \varepsilon_{kl} + \frac{1}{2!} \left(\frac{\partial^2 \sigma_{ij}}{\partial \varepsilon_{km} \partial \varepsilon_{nl}}\right)_0 \varepsilon_{km} \varepsilon_{nl} + \cdots \quad (i,j,k,l = x,y,z) \tag{c}$$

在小变形条件下，可以略去应变二阶及高阶项，上式变为：

$$\sigma_{ij} = \left(\frac{\partial \sigma_{ij}}{\partial \varepsilon_{kl}}\right)_0 \varepsilon_{kl} \quad (i,j,k,l = x,y,z) \tag{d}$$

在函数 f 已知的情况下 $\left(\dfrac{\partial \sigma_{ij}}{\partial \varepsilon_{kl}}\right)_0$ 是常量，式（d）是线性的，保留了 Hooke 定律的线性本质，因此也是广义 Hooke 定律的一种形式。假定函数关系 f 存在，且唯一、连续、可导、光滑，在这种情况下偏导数 $\left(\dfrac{\partial \sigma_{ij}}{\partial \varepsilon_{kl}}\right)_0$ 存在，而且是常数。如果设计出恰当的实验，可以测出这些常数，则从一维 Hooke 定律推广到广义 Hooke 定律的问题就可以解决，不需要知道函数 f 的具体形式。因此将 Hooke 定律从一维推广到三维不仅仅是理论上的推广，还是实验问题。

式（d）展开后是 9 个方程，对每个方程展开 k、l 后有 9 项，因此系数是 81 项，三维情况下的应力应变关系，用张量可以记为：

$$\sigma_{ij} = C_{ijkl} \varepsilon_{kl} \quad (i,j,k,l = 1,2,3)$$

式中，$C_{ijkl} = \left(\dfrac{\partial \sigma_{ij}}{\partial \varepsilon_{kl}}\right)_0$，是四阶张量。应力张量和应变张量虽然有 9 个分量，但只有 6 个是独立的，因此，9 个方程可以简化为 6 个方程，同时 6 个方程中 6 个剪应变可以简化为 3 个，因此，三维情况下的应力应变关系可以简化为：

$$\begin{aligned}
\sigma_x &= C_{11}\varepsilon_x + C_{12}\varepsilon_y + C_{13}\varepsilon_z + C_{14}\varepsilon_{yz} + C_{15}\varepsilon_{zx} + C_{16}\varepsilon_{xy} \\
\sigma_y &= C_{21}\varepsilon_x + C_{22}\varepsilon_y + C_{23}\varepsilon_z + C_{24}\varepsilon_{yz} + C_{25}\varepsilon_{zx} + C_{26}\varepsilon_{xy} \\
\sigma_z &= C_{31}\varepsilon_x + C_{32}\varepsilon_y + C_{33}\varepsilon_z + C_{34}\varepsilon_{yz} + C_{35}\varepsilon_{zx} + C_{36}\varepsilon_{xy} \\
\tau_{yz} &= C_{41}\varepsilon_x + C_{42}\varepsilon_y + C_{43}\varepsilon_z + C_{44}\varepsilon_{yz} + C_{45}\varepsilon_{zx} + C_{46}\varepsilon_{xy} \\
\tau_{zx} &= C_{51}\varepsilon_x + C_{52}\varepsilon_y + C_{53}\varepsilon_z + C_{54}\varepsilon_{yz} + C_{55}\varepsilon_{zx} + C_{56}\varepsilon_{xy} \\
\tau_{xy} &= C_{61}\varepsilon_x + C_{62}\varepsilon_y + C_{63}\varepsilon_z + C_{64}\varepsilon_{yz} + C_{65}\varepsilon_{zx} + C_{66}\varepsilon_{xy}
\end{aligned} \tag{4-8}$$

式中，C_{mn} 为弹性系数，它们必须通过实验才能确定，当它们明显地依赖于点的坐标时，则材料是非均匀的。在本书中，只考虑均匀的线弹性介质，所以 C_{mn} 为常数。注意到应变能密度 W 是状态函数，若应力和应变是线性关系，则有：

$$W = \frac{1}{2} C_{ij}\varepsilon_i \varepsilon_j = \frac{1}{2} C_{ji}\varepsilon_j \varepsilon_i \quad (i,j = 1,2,\cdots,6)$$

可得：

$$C_{ij} = C_{ji}$$

因此，弹性系数 C_{mn} 为对称矩阵，这样，本构方程中独立的弹性常数只有 21 个。式（4-8）所表示的本构方程被称为各向异性线弹性材料的广义胡克定律。由此可知，在各向异性弹性物体中，不仅正应变要引起正应力，切应变也会引起正应力，同时，不仅切应变要引起切应力，正应变也会引起切应力。因为对于弹性材料，应力和应变之间是双方单值的函数，所以反过来亦如此。

4.3   具有弹性对称面的弹性材料的本构关系

一般说来，材料的弹性性质总具有某种对称性。所谓弹性对称是指在对称的方向弹性性质是等效的，这种对称性反映了材料内部结构的某种对称性质。与对称方向垂直的平面称为弹性对称面，而与对称面垂直的方向称为弹性主方向。下面从各向异性弹性材料的广义胡克定律出发，研究几种工程上常见的具有弹性对称面的材料的本构关系。

4.3.1   一个弹性对称面的材料

假设 xOy 面是对称面，z 轴垂直于对称面，Oz 轴是材料主轴，则在这种情况下沿 z 轴方向和 $-z$ 轴方向看弹性关系不变。将 z 轴反向，取新坐标系 $Ox'y'z'$，即 $x'=x$，$y'=y$，$z'=-z$，则坐标变换矩阵为：

$$\begin{bmatrix} 1 & 0 & 0 \\ 0 & 1 & 0 \\ 0 & 0 & -1 \end{bmatrix}$$

利用应力和应变张量的坐标变换，得到新旧坐标系中应力和应变之间的关系为：

$$\begin{cases} \varepsilon'_x = \varepsilon_x, \ \ \varepsilon'_y = \varepsilon_y, \ \ \varepsilon'_z = \varepsilon_z \\ \varepsilon'_{yz} = -\varepsilon_{yz}, \ \ \varepsilon'_{zx} = -\varepsilon_{zx}, \ \ \varepsilon'_{xy} = \varepsilon_{xy} \end{cases} \tag{a}$$

$$\begin{cases} \sigma'_x = \sigma_x, \ \ \sigma'_y = \sigma_y, \ \ \sigma'_z = \sigma_z \\ \tau'_{yz} = -\tau_{yz}, \ \ \tau'_{zx} = -\tau_{zx}, \ \ \tau'_{xy} = \tau_{xy} \end{cases} \tag{b}$$

因为 Oxy 是弹性对称面，根据其定义，在坐标变换下，应力应变关系保持形式不变。将上式代入各向异性弹性材料本构方程，得到：

$$\sigma_x = C_{11}\varepsilon_x + C_{12}\varepsilon_y + C_{13}\varepsilon_z - C_{14}\varepsilon_{yz} - C_{15}\varepsilon_{zx} + C_{16}\varepsilon_{xy}$$

$$\sigma_y = C_{21}\varepsilon_x + C_{22}\varepsilon_y + C_{23}\varepsilon_z - C_{24}\varepsilon_{yz} - C_{25}\varepsilon_{zx} + C_{26}\varepsilon_{xy}$$

$$\sigma_z = C_{31}\varepsilon_x + C_{32}\varepsilon_y + C_{33}\varepsilon_z - C_{34}\varepsilon_{yz} - C_{35}\varepsilon_{zx} + C_{36}\varepsilon_{xy}$$

$$\tau_{yz} = -C_{41}\varepsilon_x - C_{42}\varepsilon_y - C_{43}\varepsilon_z + C_{44}\varepsilon_{yz} + C_{45}\varepsilon_{zx} - C_{46}\varepsilon_{xy}$$

$$\tau_{zx} = -C_{51}\varepsilon_x - C_{52}\varepsilon_y - C_{53}\varepsilon_z + C_{54}\varepsilon_{yz} + C_{55}\varepsilon_{zx} - C_{56}\varepsilon_{xy}$$

$$\tau_{xy} = C_{61}\varepsilon_x + C_{62}\varepsilon_y + C_{63}\varepsilon_z - C_{64}\varepsilon_{yz} - C_{65}\varepsilon_{zx} + C_{66}\varepsilon_{xy}$$

$$\tag{c}$$

将式（c）与式（4-8）相比较可知，为使在坐标变换下材料具有相同的弹性性质，即应力应变关系保持不变，必须有：

$$C_{14} = C_{15} = C_{24} = C_{25} = C_{34} = C_{35} = 0$$
$$C_{41} = C_{42} = C_{43} = C_{46} = C_{51} = C_{52} = C_{53} = C_{56} = C_{64} = C_{65} = 0 \tag{d}$$

因此，具有一个弹性对称面的情况下，弹性材料的本构方程为：

$$\sigma_x = C_{11}\varepsilon_x + C_{12}\varepsilon_y + C_{13}\varepsilon_z + C_{16}\varepsilon_{xy}$$
$$\sigma_y = C_{21}\varepsilon_x + C_{22}\varepsilon_y + C_{23}\varepsilon_z + C_{26}\varepsilon_{xy}$$
$$\sigma_z = C_{31}\varepsilon_x + C_{32}\varepsilon_y + C_{33}\varepsilon_z + C_{36}\varepsilon_{xy}$$
$$\tau_{yz} = C_{44}\varepsilon_{yz} + C_{45}\varepsilon_{zx} \tag{4-9}$$
$$\tau_{zx} = C_{54}\varepsilon_{yz} + C_{55}\varepsilon_{zx}$$
$$\tau_{xy} = C_{61}\varepsilon_x + C_{62}\varepsilon_y + C_{63}\varepsilon_z + C_{66}\varepsilon_{xy}$$

具有这种本构方程的材料称为横向各向异性材料。注意到 C_{mn} 的对称性，所以独立弹性系数为 13 个。例如正长石，因其独特的结构特征，便具有这种类型的对称性。

4.3.2 正交各向异性材料

设具有三个弹性对称面的材料其三个弹性对称面彼此垂直，可取它们为坐标平面，于是 Ox、Oy、Oz 轴均为材料主轴，坐标轴方向为同性轴，坐标轴之间各不相同，这样的材料称为正交各向异性材料。在具有一个弹性对称面的基础上，取 Oyz 为弹性对称面，将 x 轴反向，取新坐标系 $Ox'y'z'$，即 $x' = -x$，$y' = y$，$z' = z$，则坐标变换矩阵为：

$$\begin{bmatrix} -1 & 0 & 0 \\ 0 & 1 & 0 \\ 0 & 0 & 1 \end{bmatrix}$$

同样，利用应力和应变张量的坐标变换，得到新旧坐标系中应力和应变之间的关系为：

$$\begin{cases} \varepsilon'_x = \varepsilon_x, & \varepsilon'_y = \varepsilon_y, & \varepsilon'_z = \varepsilon_z \\ \varepsilon'_{yz} = \varepsilon_{yz}, & \varepsilon'_{zx} = -\varepsilon_{zx}, & \varepsilon'_{xy} = -\varepsilon_{xy} \end{cases} \tag{e}$$

$$\begin{cases} \sigma'_x = \sigma_x, & \sigma'_y = \sigma_y, & \sigma'_z = \sigma_z \\ \tau'_{yz} = \tau_{yz}, & \tau'_{zx} = -\tau_{zx}, & \tau'_{xy} = -\tau_{xy} \end{cases} \tag{f}$$

代入式（4-9）得：

$$\sigma_x = C_{11}\varepsilon_x + C_{12}\varepsilon_y + C_{13}\varepsilon_z - C_{16}\varepsilon_{xy}$$
$$\sigma_y = C_{21}\varepsilon_x + C_{22}\varepsilon_y + C_{23}\varepsilon_z - C_{26}\varepsilon_{xy}$$
$$\sigma_z = C_{31}\varepsilon_x + C_{32}\varepsilon_y + C_{33}\varepsilon_z - C_{36}\varepsilon_{xy}$$
$$\tau_{yz} = C_{44}\varepsilon_{yz} - C_{45}\varepsilon_{zx} \tag{g}$$
$$\tau_{zx} = -C_{54}\varepsilon_{yz} + C_{55}\varepsilon_{zx}$$
$$\tau_{xy} = -C_{61}\varepsilon_x - C_{62}\varepsilon_y - C_{63}\varepsilon_z + C_{66}\varepsilon_{xy}$$

将式（g）与式（4-9）相比较可知，为使在坐标变换下材料具有相同的弹性性质，即应力应变关系保持不变，必须有：

$$C_{16} = C_{26} = C_{36} = C_{45} = C_{54} = C_{61} = C_{62} = C_{63} = 0 \tag{h}$$

因此，正交各向异性弹性材料的本构方程为：

$$\sigma_x = C_{11}\varepsilon_x + C_{12}\varepsilon_y + C_{13}\varepsilon_z$$

$$\sigma_y = C_{21}\varepsilon_x + C_{22}\varepsilon_y + C_{23}\varepsilon_z$$

$$\sigma_z = C_{31}\varepsilon_x + C_{32}\varepsilon_y + C_{33}\varepsilon_z$$

$$\tau_{yz} = C_{44}\varepsilon_{yz} \tag{4-10}$$

$$\tau_{zx} = C_{55}\varepsilon_{zx}$$

$$\tau_{xy} = C_{66}\varepsilon_{xy}$$

注意到 C_{mn} 的对称性，所以正交各向异性弹性材料的独立弹性系数为 9 个。

4.3.3 横观各向同性材料

若过弹性体内每一点都有一个平面，在这个平面内的各个方向上弹性性质是等效的，则此平面称为各向同性面。设各向同性面为 Oxy 面，Oz 轴垂直于各向同性面。

首先，将坐标系 $Oxyz$ 绕 Oz 轴旋转 $90°$，得到新的坐标系 $Ox'y'z'$，则有 $x'=y$，$y'=-x$，$z'=z$，则坐标变换矩阵为：

$$\begin{bmatrix} 0 & 1 & 0 \\ -1 & 0 & 0 \\ 0 & 0 & 1 \end{bmatrix}$$

同样，利用应力和应变张量的坐标变换，得到新旧坐标系中应力和应变之间的关系为：

$$\begin{cases} \varepsilon'_x = \varepsilon_y, & \varepsilon'_y = \varepsilon_x, & \varepsilon'_z = \varepsilon_z \\ \varepsilon'_{yz} = -\varepsilon_{zx}, & \varepsilon'_{zx} = \varepsilon_{yz}, & \varepsilon'_{xy} = -\varepsilon_{xy} \end{cases} \tag{i}$$

$$\begin{cases} \sigma'_x = \sigma_y, & \sigma'_y = \sigma_x, & \sigma'_z = \sigma_z \\ \tau'_{yz} = -\tau_{zx}, & \tau'_{zx} = \tau_{yz}, & \tau'_{xy} = -\tau_{xy} \end{cases} \tag{j}$$

代入式 (4-10) 得：

$$\sigma_y = C_{11}\varepsilon_y + C_{12}\varepsilon_x + C_{13}\varepsilon_z$$

$$\sigma_x = C_{21}\varepsilon_y + C_{22}\varepsilon_x + C_{23}\varepsilon_z$$

$$\sigma_z = C_{31}\varepsilon_y + C_{32}\varepsilon_x + C_{33}\varepsilon_z$$

$$\tau_{zx} = C_{44}\varepsilon_{zx} \tag{k}$$

$$\tau_{yz} = C_{55}\varepsilon_{yz}$$

$$\tau_{xy} = C_{66}\varepsilon_{xy}$$

将式 (k) 与式 (4-10) 相比较可知：

$$C_{11} = C_{22}, \quad C_{44} = C_{55}, \quad C_{13} = C_{23} \tag{l}$$

其次，若将坐标系 $Oxyz$ 绕 Oz 轴旋转 $45°$，则坐标变换矩阵为：

$$\begin{bmatrix} \dfrac{\sqrt{2}}{2} & \dfrac{\sqrt{2}}{2} & 0 \\ -\dfrac{\sqrt{2}}{2} & \dfrac{\sqrt{2}}{2} & 0 \\ 0 & 0 & 1 \end{bmatrix}$$

利用应力和应变张量的坐标变换，得到新旧坐标系中应力和应变之间的关系为：

$$\begin{cases} \varepsilon'_x = \dfrac{1}{2}(\varepsilon_x + \varepsilon_y) + \varepsilon_{xy}, \quad \varepsilon'_y = \dfrac{1}{2}(\varepsilon_x + \varepsilon_y) - \varepsilon_{xy}, \quad \varepsilon'_z = \varepsilon_z \\[2mm] \varepsilon'_{yz} = \dfrac{\sqrt{2}}{2}(\varepsilon_{yz} - \varepsilon_{xz}), \quad \varepsilon'_{zx} = \dfrac{\sqrt{2}}{2}(\varepsilon_{xz} + \varepsilon_{yz}), \quad \varepsilon'_{xy} = \dfrac{1}{2}(\varepsilon_y - \varepsilon_x) \end{cases} \quad (\text{m})$$

$$\begin{cases} \sigma'_x = \dfrac{1}{2}(\sigma_x + \sigma_y) + \tau_{xy}, \quad \sigma'_y = \dfrac{1}{2}(\sigma_x + \sigma_y) - \tau_{xy}, \quad \sigma'_z = \sigma_z \\[2mm] \tau'_{yz} = \dfrac{\sqrt{2}}{2}(\tau_{yz} - \tau_{xz}), \quad \tau'_{zx} = \dfrac{\sqrt{2}}{2}(\tau_{xz} + \tau_{yz}), \quad \tau'_{xy} = \dfrac{1}{2}(\sigma_y - \sigma_x) \end{cases} \quad (\text{n})$$

代入式（4-10）得：

$$\begin{cases} \dfrac{1}{2}(\sigma_x + \sigma_y) + \tau_{xy} = C_{11}\left[\dfrac{1}{2}(\varepsilon_x + \varepsilon_y) + \varepsilon_{xy}\right] + C_{12}\left[\dfrac{1}{2}(\varepsilon_x + \varepsilon_y) - \varepsilon_{xy}\right] + C_{13}\varepsilon_z \\[2mm] \dfrac{1}{2}(\sigma_x + \sigma_y) - \tau_{xy} = C_{21}\left[\dfrac{1}{2}(\varepsilon_x + \varepsilon_y) + \varepsilon_{xy}\right] + C_{22}\left[\dfrac{1}{2}(\varepsilon_x + \varepsilon_y) - \varepsilon_{xy}\right] + C_{23}\varepsilon_z \\[2mm] \sigma_z = C_{31}\left[\dfrac{1}{2}(\varepsilon_x + \varepsilon_y) + \varepsilon_{xy}\right] + C_{32}\left[\dfrac{1}{2}(\varepsilon_x + \varepsilon_y) - \varepsilon_{xy}\right] + C_{33}\varepsilon_z \\[2mm] \tau_{yz} - \tau_{xz} = C_{44}(\varepsilon_{yz} - \varepsilon_{xz}) \\[2mm] \tau_{xz} + \tau_{yz} = C_{55}(\varepsilon_{xz} + \varepsilon_{yz}) \\[2mm] \sigma_y - \sigma_x = C_{66}(\varepsilon_y - \varepsilon_x) \end{cases} \quad (\text{o})$$

则进一步还有：

$$C_{66} = C_{11} - C_{12} \quad (\text{p})$$

因此，具有一个各向同性面的弹性材料的本构方程为：

$$\begin{aligned} \sigma_x &= C_{11}\varepsilon_x + C_{12}\varepsilon_y + C_{13}\varepsilon_z \\ \sigma_y &= C_{12}\varepsilon_x + C_{11}\varepsilon_y + C_{13}\varepsilon_z \\ \sigma_z &= C_{13}(\varepsilon_x + \varepsilon_y) + C_{33}\varepsilon_z \\ \tau_{yz} &= C_{44}\varepsilon_{yz} \\ \tau_{zx} &= C_{44}\varepsilon_{zx} \\ \tau_{xy} &= (C_{11} - C_{12})\varepsilon_{xy} \end{aligned} \quad (\text{4-11})$$

具有这种应力应变关系的材料称为横观各向同性弹性材料，这种材料的独立弹性系数是 5 个。例如，层状复合材料、层状岩体属于这种类型材料。

4.3.4 完全各向同性材料

如物体内过某点的任意平面都是弹性对称面，则过该点的任何一个方向都是材料主方向，称这种材料为各向同性弹性材料。将 $Oxyz$ 坐标系统 x 轴逆时针转 90°，即 $x' = x$，$y' = z$，$z' = -y$，则坐标变换矩阵为：

$$\begin{bmatrix} 1 & 0 & 0 \\ 0 & 0 & 1 \\ 0 & -1 & 0 \end{bmatrix}$$

同样，利用应力和应变张量的坐标变换，得到新旧坐标系中应力和应变之间的关系为：

$$\begin{cases} \varepsilon'_x = \varepsilon_x, \ \varepsilon'_y = \varepsilon_z, \ \varepsilon'_z = \varepsilon_y \\ \varepsilon'_{yz} = -\varepsilon_{zy}, \ \varepsilon'_{zx} = -\varepsilon_{xy}, \ \varepsilon'_{xy} = \varepsilon_{xz} \end{cases} \tag{q}$$

$$\begin{cases} \sigma'_x = \sigma_x, \ \sigma'_y = \sigma_z, \ \sigma'_z = \sigma_y \\ \tau'_{yz} = -\tau_{zy}, \ \tau'_{zx} = -\tau_{xy}, \ \tau'_{xy} = \tau_{xz} \end{cases} \tag{r}$$

代入式（4-11）得：

$$\sigma_x = C_{11}\varepsilon_x + C_{12}\varepsilon_z + C_{13}\varepsilon_y$$
$$\sigma_z = C_{12}\varepsilon_x + C_{11}\varepsilon_z + C_{13}\varepsilon_y$$
$$\sigma_y = C_{13}(\varepsilon_x + \varepsilon_z) + C_{33}\varepsilon_y$$
$$\tau_{yz} = C_{44}\varepsilon_{yz} \tag{s}$$
$$\tau_{xy} = C_{44}\varepsilon_{xy}$$
$$\tau_{zx} = (C_{11} - C_{12})\varepsilon_{zx}$$

将式（s）与式（4-11）相比较可知：

$$C_{12} = C_{13}, \quad C_{11} = C_{33}, \quad C_{44} = C_{11} - C_{12} \tag{t}$$

因此，完全各向同性弹性材料的本构方程为：

$$\sigma_x = C_{11}\varepsilon_x + C_{12}\varepsilon_z + C_{12}\varepsilon_y$$
$$\sigma_y = C_{12}\varepsilon_x + C_{11}\varepsilon_y + C_{12}\varepsilon_z$$
$$\sigma_z = C_{12}\varepsilon_x + C_{12}\varepsilon_y + C_{11}\varepsilon_z$$
$$\tau_{yz} = (C_{11} - C_{12})\varepsilon_{yz} \tag{4-12}$$
$$\tau_{xy} = (C_{11} - C_{12})\varepsilon_{xy}$$
$$\tau_{zx} = (C_{11} - C_{12})\varepsilon_{zx}$$

各向同性线性弹性材料只有两个独立的弹性系数。

若令

$$C_{12} = \lambda, \quad C_{11} - C_{12} = 2G$$

则式（4-12）可写成：

$$\begin{cases} \sigma_x = \lambda\varepsilon_v + 2G\varepsilon_x, \ \tau_{xy} = 2G\varepsilon_{xy} \\ \sigma_y = \lambda\varepsilon_v + 2G\varepsilon_y, \ \tau_{yz} = 2G\varepsilon_{yz} \\ \sigma_z = \lambda\varepsilon_v + 2G\varepsilon_z, \ \tau_{zx} = 2G\varepsilon_{zx} \end{cases}$$

可以看到，各向同性线性弹性材料只有两个独立的弹性系数，而且伴随正应变只有正应力，同时伴随切应变也只有切应力。

4.4　各向同性线弹性材料的应变能密度

在线性应力应变关系中，应变能密度一般表达式为：

$$W = \frac{1}{2}\sigma_{ij}\varepsilon_{ij}$$ 　　　　（4-13）

式中，i、j 遍历 x、y、z。将其展开为分量形式，有：

$$W = \frac{1}{2}(\sigma_x\varepsilon_x + \sigma_y\varepsilon_y + \sigma_z\varepsilon_z + \tau_{xy}\varepsilon_{xy} + \tau_{yx}\varepsilon_{yx} + \tau_{yz}\varepsilon_{yz} + \tau_{zx}\varepsilon_{zx} + \tau_{zy}\varepsilon_{zy})$$

$$= \frac{1}{2}[\sigma_x\varepsilon_x + \sigma_y\varepsilon_y + \sigma_z\varepsilon_z + 2(\tau_{xy}\varepsilon_{xy} + \tau_{xz}\varepsilon_{xz} + \tau_{yz}\varepsilon_{yz})]$$ 　　（4-13′）

上式表明，尽管 σ_{ij} 和 ε_{ij} 只有 6 个独立的分量，但它们实际是 9 个分量组成的整体。因此，在计算应力 σ_{ij} 在应变 ε_{ij} 上的功时，需要将所有的应力分量的贡献都算上。

除了从热力学得到的应变能密度计算公式，还可以采用更直观的方式，从力学角度导出应变能的表达式。如图 4-4 所示，取微元 $ABCD$，受到单向应力 σ_x 作用后发生变形，至虚线所示位置，根据位移描述理论，发生位移如图 4-4 所示。

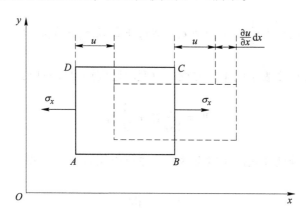

图 4-4　微元体单轴拉伸的位移描述

$-x$ 面上的 σ_x 作负功可表示为 $-\sigma_x\mathrm{d}y\mathrm{d}z\mathrm{d}u$，$+x$ 面上的 σ_x 作功可表示为 $\sigma_x\mathrm{d}y\mathrm{d}z\mathrm{d}\left(u+\dfrac{\partial u}{\partial x}\mathrm{d}x\right) = \sigma_x\mathrm{d}y\mathrm{d}z\mathrm{d}u + \sigma_x\mathrm{d}y\mathrm{d}z\mathrm{d}\left(\dfrac{\partial u}{\partial x}\mathrm{d}x\right)$。对 $\mathrm{d}\left(\dfrac{\partial u}{\partial x}\mathrm{d}x\right)$ 应用莱布尼兹法则，注意到 $\mathrm{d}x$ 的导数为 0，则 σ_x 所做的总功为：

$$W_{\sigma_x} = \int_0^{\varepsilon_x}\sigma_x\mathrm{d}y\mathrm{d}z\mathrm{d}\left(\frac{\partial u}{\partial x}\mathrm{d}x\right) = \int_0^{\varepsilon_x}\sigma_x\mathrm{d}y\mathrm{d}z\mathrm{d}x\mathrm{d}\frac{\partial u}{\partial x}$$

$$= \mathrm{d}V\int_0^{\varepsilon_x}\sigma_x\mathrm{d}\varepsilon_x = \mathrm{d}V\int_0^{\varepsilon_x}E\varepsilon_x\mathrm{d}\varepsilon_x = \frac{1}{2}\sigma_x\varepsilon_x\mathrm{d}V$$ 　　（a）

同理，可以求得：

$$W_{\sigma_y} = \frac{1}{2}\sigma_y\varepsilon_y\mathrm{d}V, \quad W_{\sigma_z} = \frac{1}{2}\sigma_z\varepsilon_z\mathrm{d}V$$ 　　（b）

$$W_{\tau_{xy}} = \frac{1}{2}\tau_{xy}\gamma_{xy}\mathrm{d}V, \quad W_{\tau_{yz}} = \frac{1}{2}\tau_{yz}\gamma_{yz}\mathrm{d}V, \quad W_{\tau_{zx}} = \frac{1}{2}\tau_{zx}\gamma_{zx}\mathrm{d}V \tag{c}$$

则应变能密度为：

$$W = \frac{W_{\sigma_x} + W_{\sigma_y} + W_{\sigma_z} + W_{\tau_{xy}} + W_{\tau_{yz}} + W_{\tau_{zx}}}{\mathrm{d}V}$$

$$= \frac{1}{2}(\sigma_x\varepsilon_x + \sigma_y\varepsilon_y + \sigma_z\varepsilon_z + \tau_{yz}\gamma_{yz} + \tau_{zx}\gamma_{zx} + \tau_{xy}\gamma_{xy}) \tag{d}$$

这样，就从力学角度导出应变能密度的表达式。

将应力应变关系式（4-6）代入式（d）得到：

$$W = \frac{1}{2}\left[\lambda\varepsilon_v^2 + 2G(\varepsilon_x^2 + \varepsilon_y^2 + \varepsilon_z^2) + 2G(\varepsilon_{yz}^2 + \varepsilon_{zx}^2 + \varepsilon_{xy}^2)\right] \tag{4-14}$$

上式表明应变能密度是应力或应变的二次齐次式。

应力张量和应变张量可以分解成偏张量和球张量，因此应变能密度可以分解为形状变形能和体积变形能，如式（4-15）所示：

$$W = \frac{1}{2}\sigma_m\varepsilon_v + \frac{1}{2}\left[S_xe_x + S_ye_y + S_ze_z + 2(S_{yz}e_{yz} + S_{zx}e_{zx} + S_{xy}e_{xy})\right] \tag{4-15}$$

根据偏应力和偏应变表示的本构方程，应变能密度还可以写成：

$$W = \frac{1}{18K}I_1^2 + \frac{1}{2G}J_2 \tag{4-16}$$

由此可以看出，应变能密度是状态函数，也可以认为是不变量。

习　题

4-1　证明：均匀各向同性弹性材料的应力主方向与应变主方向重合。

4-2　证明：在各向同性弹性体中，若主应力 $\sigma_1 \geqslant \sigma_2 \geqslant \sigma_3$，则相应的主应变有 $\varepsilon_1 \geqslant \varepsilon_2 \geqslant \varepsilon_3$。

4-3　如果泊松比 $\mu = 0.5$，证明：$G = \dfrac{E}{3}$，$\lambda = \infty$，$K = \infty$，$\varepsilon_v = \varepsilon_{ii} = 0$。

4-4　证明各向同性弹性材料的弹性常数 E、μ（弹性模量、泊松比）与 λ、v（拉梅常数）之间的关系为：

$$E = \frac{v(3\lambda + 2v)}{\lambda + v}, \quad \mu = \frac{\lambda}{2(\lambda + v)}$$

4-5　如图 4-5 所示，将弹性薄板粘接在两块刚性平板之间，受刚性平板压缩，压应力为 σ_z。假设粘接完全阻止了板内的中面应变 ε_x 和 ε_y：

（1）求名义杨氏模量 $E_c = \dfrac{\sigma_z}{\varepsilon_z}$；

（2）证明当薄板近于不可压缩时，名义杨氏模量 E_c 比 E 大得多。

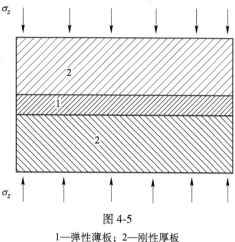

图 4-5

1—弹性薄板；2—刚性厚板

4-6 设各向同性弹性介质的应变张量和应力张量主方向一致，且主应变和主应力之间满足关系：

$$
\begin{cases}
\varepsilon_1 = \dfrac{1}{E}[\sigma_1 - \mu(\sigma_2 + \sigma_3)] \\[2mm]
\varepsilon_2 = \dfrac{1}{E}[\sigma_2 - \mu(\sigma_1 + \sigma_3)] \\[2mm]
\varepsilon_3 = \dfrac{1}{E}[\sigma_3 - \mu(\sigma_1 + \sigma_2)]
\end{cases}
$$

试由此推导出任意直角坐标系中的应力和应变之间的关系。

4-7 如图 4-6 所示，在构件表面上按等边三角形贴上应变片，应变片可测得相应方向的正应变。当三个应变片测得的应变分别为 ε_{0°、ε_{60°、ε_{120° 时，求用 ε_{0°、ε_{60°、ε_{120° 表示的应力 σ_x、σ_y、τ_{xy}（已知构件为各向同性、线弹性材料，各材料常数均已知，所示构件为平面问题）。

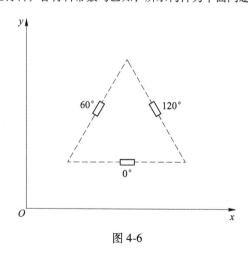

图 4-6

4-8 如图 4-7 所示，二维纯剪应力状态 $\tau_x = \tau_y = \tau$、$\sigma_x = \sigma_y = 0$ 和等值拉压状态 $\sigma'_x = \tau$、$\sigma'_y = -\tau$、$\tau'_{xy} = 0$ 是同一个应力状态，只是截面方向转了 $\pi/4$。试根据这两个状态应变能相等的条件，证明弹性常数 E、G、μ 之间满足关系 $G = \dfrac{E}{2(1+\mu)}$。

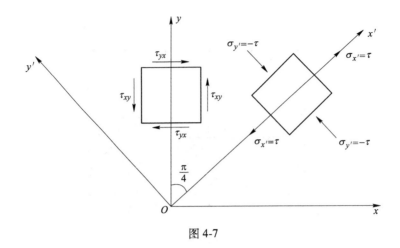

图 4-7

4-9　均匀各向同性的线弹性体，受静水压力 p 的作用，已经测到物体表面上一点的正应变为 ε，且弹性模量 E 已知，求泊松比（不考虑体积力）。

5 线弹性力学的边值问题与基本定理

在连续性、小变形、线弹性假设的基础上，我们已从连续介质力学的一般规律出发，引入应力张量、应变张量、位移等十五个基本未知量，建立了线弹性力学的十五个基本（偏微分）方程，再给出相应的边界条件，便可以建立弹性理论的基本边值问题。本章将介绍弹性力学问题的基本解法：位移解法和应力解法。最后介绍几个线弹性力学理论的一般原理和定理：叠加原理、解的唯一性定理、圣维南原理、应变能定理和功的互等定理。

5.1 线弹性力学的基本方程

由第 2 章到第 4 章，一共引入了十五个基本未知量，即六个应力分量、三个位移分量和六个应变分量，同时，也建立了它们必须满足的十五个基本方程，即三个平衡方程、六个几何方程和六个本构方程。为了方便，将这些方程汇总如下。

（1）平衡方程。它给出了一点邻域内的六个应力分量与给定体积力之间必须满足的微分关系，由式（2-29a）~式（2-29c），这些方程为：

$$\frac{\partial \sigma_x}{\partial x} + \frac{\partial \tau_{yx}}{\partial y} + \frac{\partial \tau_{zx}}{\partial z} + f_x = 0$$

$$\frac{\partial \tau_{xy}}{\partial x} + \frac{\partial \sigma_y}{\partial y} + \frac{\partial \tau_{zy}}{\partial z} + f_y = 0 \tag{5-1}$$

$$\frac{\partial \tau_{xz}}{\partial x} + \frac{\partial \tau_{yz}}{\partial y} + \frac{\partial \sigma_z}{\partial z} + f_z = 0$$

（2）几何方程。它给出了描述一点邻域内的变形的六个应变分量与位移分量之间的关系，由式（3-7），这些方程为：

$$\varepsilon_x = \frac{\partial u}{\partial x} \qquad \varepsilon_{yz} = \frac{1}{2}\left(\frac{\partial w}{\partial y} + \frac{\partial v}{\partial z}\right)$$

$$\varepsilon_y = \frac{\partial v}{\partial y} \qquad \varepsilon_{zx} = \frac{1}{2}\left(\frac{\partial u}{\partial z} + \frac{\partial w}{\partial x}\right) \tag{5-2}$$

$$\varepsilon_z = \frac{\partial w}{\partial z} \qquad \varepsilon_{xy} = \frac{1}{2}\left(\frac{\partial v}{\partial x} + \frac{\partial u}{\partial y}\right)$$

由式（3-16a）~式（3-16f）可知，还有变形协调方程，同一坐标面内三个应变分量满足的协调方程为：

$$\frac{\partial^2 \varepsilon_x}{\partial y^2} + \frac{\partial^2 \varepsilon_y}{\partial x^2} = 2\frac{\partial^2 \varepsilon_{xy}}{\partial x \partial y} = \frac{\partial^2 \gamma_{xy}}{\partial x \partial y}$$

$$\frac{\partial^2 \varepsilon_y}{\partial z^2} + \frac{\partial^2 \varepsilon_z}{\partial y^2} = 2\frac{\partial^2 \varepsilon_{yz}}{\partial y \partial z} = \frac{\partial^2 \gamma_{yz}}{\partial y \partial z} \qquad (5\text{-}3\text{a})$$

$$\frac{\partial^2 \varepsilon_z}{\partial x^2} + \frac{\partial^2 \varepsilon_x}{\partial z^2} = 2\frac{\partial^2 \varepsilon_{zx}}{\partial z \partial x} = \frac{\partial^2 \gamma_{zx}}{\partial z \partial x}$$

三个坐标面内的剪应变和一个坐标轴方向的正应变满足的协调方程为：

$$\frac{\partial^2 \varepsilon_x}{\partial y \partial z} = \frac{\partial}{\partial x}\left(-\frac{\partial \varepsilon_{yz}}{\partial x} + \frac{\partial \varepsilon_{zx}}{\partial y} + \frac{\partial \varepsilon_{xy}}{\partial z} \right)$$

$$\frac{\partial^2 \varepsilon_y}{\partial z \partial x} = \frac{\partial}{\partial y}\left(\frac{\partial \varepsilon_{yz}}{\partial x} - \frac{\partial \varepsilon_{zx}}{\partial y} + \frac{\partial \varepsilon_{xy}}{\partial z} \right) \qquad (5\text{-}3\text{b})$$

$$\frac{\partial^2 \varepsilon_z}{\partial x \partial y} = \frac{\partial}{\partial z}\left(\frac{\partial \varepsilon_{yz}}{\partial x} + \frac{\partial \varepsilon_{zx}}{\partial y} - \frac{\partial \varepsilon_{xy}}{\partial z} \right)$$

应该指出，变形协调方程式（5-3a）和式（5-3b）并不是线性弹性力学边值问题的基本方程，但在用应力求解边值问题时，它是必不可少的补充方程，这将在下面第 5.4 节中看到。

（3）本构方程，即应力应变关系，亦称物性方程或物理方程。各向同性线性弹性的应力应变关系可以有不同的形式，即

广义胡克定律

$$\varepsilon_x = \frac{1}{E}\left[\sigma_x - \mu(\sigma_y + \sigma_z) \right] \qquad \varepsilon_{yz} = \frac{1}{2G}\tau_{yz}$$

$$\varepsilon_y = \frac{1}{E}\left[\sigma_y - \mu(\sigma_z + \sigma_x) \right] \qquad \varepsilon_{zx} = \frac{1}{2G}\tau_{zx} \qquad (5\text{-}4)$$

$$\varepsilon_z = \frac{1}{E}\left[\sigma_z - \mu(\sigma_x + \sigma_y) \right] \qquad \varepsilon_{xy} = \frac{1}{2G}\tau_{xy}$$

应变表示应力的形式

$$\sigma_x = \lambda \varepsilon_v + 2G\varepsilon_x \qquad \tau_{yz} = 2G\varepsilon_{yz}$$

$$\sigma_y = \lambda \varepsilon_v + 2G\varepsilon_y \qquad \tau_{zx} = 2G\varepsilon_{zx} \qquad (5\text{-}5)$$

$$\sigma_z = \lambda \varepsilon_v + 2G\varepsilon_z \qquad \tau_{xy} = 2G\varepsilon_{xy}$$

偏应力和偏应变的形式

$$S_x = 2Ge_x \qquad S_y = 2Ge_y \qquad S_z = 2Ge_z$$

$$S_{yz} = 2Ge_{yz} \qquad S_{zx} = 2Ge_{zx} \qquad S_{xy} = 2Ge_{xy} \qquad (5\text{-}6)$$

$$\sigma_m = K\varepsilon_v \qquad 或 \qquad \sigma_m = 3K\varepsilon_m$$

如果采用张量记法，上述方程可写为：

（1）平衡方程

$$\sigma_{ij,j} + f_i = 0$$

（2）几何方程

$$\varepsilon_{ij} = \frac{1}{2}(u_{i,j} + u_{j,i})$$

应变协调方程（Saint-Venant）

$$\varepsilon_{ij,kl} + \varepsilon_{kl,ij} - \varepsilon_{ik,jl} - \varepsilon_{jl,ik} = 0$$

（3）本构方程

$$\varepsilon_{ij} = \frac{1+\mu}{E}\sigma_{ij} - \frac{\mu}{E}\sigma_{kk}\delta_{ij}$$

$$\sigma_{ij} = \lambda\varepsilon_{kk}\delta_{ij} + 2G\varepsilon_{ij}$$

$$S_{ij} = 2Ge_{ij}, \quad \sigma_m = K\varepsilon_{ii}$$

式中，E 为弹性模量；μ 为泊松比；G 为剪切模量；K 为体积模量；λ、G 为拉梅系数。

上面这组方程包括十五个未知量，方程的数目也是十五个，因此方程是封闭的。在给定边界条件和初始条件后，可以求出这十五个未知量。

5.2 线弹性力学问题的边界条件

为了求出上述偏微分方程的唯一解，还必须给出定解条件。在弹性静力问题中定解条件就是边界条件。在线性弹性力学中边界条件有两大类，一类来自于力学方面，一类来自于几何方面。前者反映处于边界附近的微元体（微小四面体）上的应力分量必须与边界上给定的表面外力满足力的平衡条件；而后者从几何连续性的要求出发，在物体表面上的位移应该和与之相接触的物体的给定位移相连续。根据这种观点，通常有以下三类边界条件：位移边界条件、应力边界条件、应力和位移混合边界条件。

（1）位移边界条件。在弹性体全部边界 S_Ω 上位移 $\bar{u}_i$ 已知，即

$$u - \bar{u} = 0, \ v - \bar{v} = 0, \ w - \bar{w} = 0 \tag{5-7}$$

式中，$(\bar{u}, \bar{v}, \bar{w})$ 为 S_Ω 上的已知位移。此时弹性力学的边值问题归结为在上面三个边界条件下解十五个方程。

（2）应力边界条件。在全部的边界 S_Ω 上，面力 (P_x, P_y, P_z) 已知，此时按柯西应力定理，可得到：

$$\begin{cases} \sigma_x l + \tau_{yx}m + \tau_{zx}n = P_x \\ \tau_{xy}l + \sigma_y m + \tau_{zy}n = P_y \\ \tau_{xz}l + \tau_{yz}m + \sigma_z n = P_z \end{cases} \tag{5-8}$$

此时，弹性力学的边值问题归结为，在以上应力边界条件下求解十五个方程。

（3）混合边界条件。若全部边界 S_Ω 可以分为两部分 S_σ 和 S_u，即 $S_\Omega = S_\sigma + S_u$，在 S_σ 上应力已知，而在 S_u 上位移已知，则这样的边界条件，称为混合边界条件。

边界条件的张量形式可以记为：

$$u_i = \bar{u}_i \qquad \text{在边界 } S_u \text{ 上} \tag{5-9a}$$

$$\sigma_{ij}n_j = P_i \qquad \text{在边界 } S_\sigma \text{ 上} \tag{5-9b}$$

上面所说的三类边值问题分别被称为位移边值问题、应力边值问题和混合边值问题。

边界条件的提法不是任意的，它必须使在特定的边值条件下的基本方程不仅是可解的（即解是存在的），而且还是唯一的和稳定的。这三个条件共同构成了微分方程边值问题的适定性。如果在同一边界上，既给定了位移，又给定了应力，则问题是无解的，因而是不适定的。但是除了上述最常用的三种边界条件外，也仍有其他边界条件，使得线弹性

问题的微分提法是适定的。如图 5-1 所示，在同一边界上，已知部分位移和部分应力的边界条件。在这种情况下，y 方向的位移等于零的，x 方向的剪应力为零。

在面 AB 上：

$$v = \bar{v} = 0, \quad \tau_{yx} = -P_x = 0 \qquad (5\text{-}10)$$

相应于前面三类边值问题，弹性力学边值问题的求解方法一般也分为三类，即以位移为基本未知量的位移解法、以应力为基本未知量的应力解法，以及同时以位移和应力为基本未知量的混合解法。下面将推导位移解法及应力解法的基本方程，并给出一般求解框架。

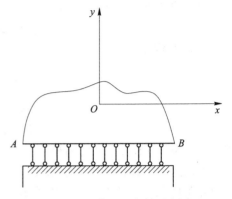

图 5-1   混合边界条件示意图

5.3   线弹性力学边值问题的位移解法

位移解法是以三个位移分量 u、v、w 为基本未知量的解法，利用数学中求解方程组常用的消元法，将弹性力学的十五个基本方程化为只用位移分量 u、v、w 表示的平衡方程，连同边界条件一起构成定解问题，从中求出位移分量 u、v、w，将其代入几何方程求应变，最后将应变代入本构方程求应力的方法。

下面推导位移解法的基本方程，已知应力应变关系为：

$$\sigma_x = \lambda\varepsilon_v + 2G\varepsilon_x \qquad \tau_{yz} = 2G\varepsilon_{yz}$$
$$\sigma_y = \lambda\varepsilon_v + 2G\varepsilon_y \qquad \tau_{zx} = 2G\varepsilon_{zx}$$
$$\sigma_z = \lambda\varepsilon_v + 2G\varepsilon_z \qquad \tau_{xy} = 2G\varepsilon_{xy}$$

对 x 方向的三个应力分量求偏导，得：

$$\frac{\partial\sigma_x}{\partial x} = \lambda\frac{\partial\varepsilon_v}{\partial x} + 2G\frac{\partial\varepsilon_x}{\partial x}$$

$$\frac{\partial\tau_{yx}}{\partial y} = 2G\frac{\partial\varepsilon_{yx}}{\partial y} \qquad\qquad (a)$$

$$\frac{\partial\tau_{zx}}{\partial z} = 2G\frac{\partial\varepsilon_{zx}}{\partial z}$$

将它们代入 x 方向的平衡方程，得出以应变表示的平衡方程：

$$\lambda\frac{\partial\varepsilon_v}{\partial x} + 2G\frac{\partial\varepsilon_x}{\partial x} + 2G\frac{\partial\varepsilon_{yx}}{\partial y} + 2G\frac{\partial\varepsilon_{zx}}{\partial z} + f_x = 0 \qquad (b)$$

利用几何方程可得：

$$\frac{\partial\varepsilon_x}{\partial x} = \frac{\partial^2 u}{\partial x^2}$$

$$\frac{\partial\varepsilon_{yx}}{\partial y} = \frac{1}{2}\left(\frac{\partial^2 v}{\partial y\partial x} + \frac{\partial^2 u}{\partial y^2}\right) \qquad (c)$$

$$\frac{\partial\varepsilon_{zx}}{\partial z} = \frac{1}{2}\left(\frac{\partial^2 w}{\partial x\partial z} + \frac{\partial^2 u}{\partial z^2}\right)$$

将上面三个方程代入式（b），可得：

$$\lambda \frac{\partial \varepsilon_v}{\partial x} + G\left(\frac{\partial^2 v}{\partial x \partial y} + \frac{\partial^2 u}{\partial y^2}\right) + G\left(\frac{\partial^2 w}{\partial x \partial z} + \frac{\partial^2 u}{\partial z^2}\right) + 2G\frac{\partial^2 u}{\partial x^2} + f_x = 0 \qquad (\text{d})$$

整理得：

$$\lambda \frac{\partial \varepsilon_v}{\partial x} + G\frac{\partial}{\partial x}\left(\frac{\partial u}{\partial x} + \frac{\partial v}{\partial y} + \frac{\partial w}{\partial z}\right) + G\left(\frac{\partial^2 u}{\partial x^2} + \frac{\partial^2 u}{\partial y^2} + \frac{\partial^2 u}{\partial z^2}\right) + f_x = 0$$

即

$$\lambda \frac{\partial \varepsilon_v}{\partial x} + G\frac{\partial \varepsilon_v}{\partial x} + G\nabla^2 u + f_x = 0$$

$$(\lambda + G)\frac{\partial \varepsilon_v}{\partial x} + G\nabla^2 u + f_x = 0 \qquad (\text{e})$$

式中，$\nabla^2 = \frac{\partial^2}{\partial x^2} + \frac{\partial^2}{\partial y^2} + \frac{\partial^2}{\partial z^2}$ 为 Laplace 算子。按同样的方法可以得到其他两个方程，这样以位移表示的平衡方程为：

$$(\lambda + G)\frac{\partial \varepsilon_v}{\partial x} + G\nabla^2 u + f_x = 0$$

$$(\lambda + G)\frac{\partial \varepsilon_v}{\partial y} + G\nabla^2 v + f_y = 0 \qquad (5\text{-}11)$$

$$(\lambda + G)\frac{\partial \varepsilon_v}{\partial z} + G\nabla^2 w + f_z = 0$$

用位移求解弹性力学问题，适用的边界条件可以是位移边界条件，也可以是应力边界条件。当采用应力边界条件时，边界条件需要用位移表示，和上述推导过程类似。当然也可以保持应力边界条件的形式不变，但这时需要将所得到的包括积分常数的位移的解，通过几何方程和应力应变关系，变换为应力，然后利用应力边界条件确定常数。

方程（5-11）常被称为 Lame（拉梅）方程或 Navier（纳维叶）方程，只要位移分量满足所要求的光滑度，则从式（5-11）求出的位移满足变形协调方程，因此可以保证变形以后的物体仍是连续的。若再通过边界条件求出应力，这些应力也满足平衡方程。

若不考虑弹性体的体积力，即 $f_i = 0$，在这种情况下，Lame 方程可写为：

$$(\lambda + G)\frac{\partial \varepsilon_v}{\partial x} + G\nabla^2 u = 0$$

$$(\lambda + G)\frac{\partial \varepsilon_v}{\partial y} + G\nabla^2 v = 0 \qquad (5\text{-}12)$$

$$(\lambda + G)\frac{\partial \varepsilon_v}{\partial z} + G\nabla^2 w = 0$$

将式（5-12）的第一式对 x 求偏导，第二式对 y 求偏导，第三式对 z 求偏导，可得：

$$(\lambda + G) \frac{\partial^2 \varepsilon_v}{\partial x^2} + G \nabla^2 \left(\frac{\partial u}{\partial x} \right) = 0$$

$$(\lambda + G) \frac{\partial^2 \varepsilon_v}{\partial y^2} + G \nabla^2 \left(\frac{\partial v}{\partial y} \right) = 0 \qquad (f)$$

$$(\lambda + G) \frac{\partial^2 \varepsilon_v}{\partial z^2} + G \nabla^2 \left(\frac{\partial w}{\partial z} \right) = 0$$

叠加以上三式，得到：

$$(\lambda + G) \nabla^2 \varepsilon_v + G \nabla^2 \left(\frac{\partial u}{\partial x} + \frac{\partial v}{\partial y} + \frac{\partial w}{\partial z} \right) = (\lambda + G) \nabla^2 \varepsilon_v + G \nabla^2 \varepsilon_v = 0 \qquad (g)$$

即

$$(\lambda + 2G) \nabla^2 \varepsilon_v = 0 \qquad (h)$$

由于 $\lambda > 0$，$G > 0$，因此

$$\nabla^2 \varepsilon_v = 0 \qquad (5\text{-}13)$$

这说明，在无体积力情况下，体积应变是调和函数。若将式（5-12）两端作用调和算子，可得：

$$(\lambda + G) \nabla^2 \frac{\partial \varepsilon_v}{\partial x} + G \nabla^2 \nabla^2 u = 0$$

$$(\lambda + G) \nabla^2 \frac{\partial \varepsilon_v}{\partial y} + G \nabla^2 \nabla^2 v = 0 \qquad (i)$$

$$(\lambda + G) \nabla^2 \frac{\partial \varepsilon_v}{\partial z} + G \nabla^2 \nabla^2 w = 0$$

即

$$(\lambda + G) \frac{\partial}{\partial x} \nabla^2 \varepsilon_v + G \nabla^2 \nabla^2 u = 0$$

$$(\lambda + G) \frac{\partial}{\partial y} \nabla^2 \varepsilon_v + G \nabla^2 \nabla^2 v = 0 \qquad (j)$$

$$(\lambda + G) \frac{\partial}{\partial z} \nabla^2 \varepsilon_v + G \nabla^2 \nabla^2 w = 0$$

将式（5-13）代入式（j）得：

$$\nabla^2 \nabla^2 u = 0$$
$$\nabla^2 \nabla^2 v = 0 \qquad (5\text{-}14)$$
$$\nabla^2 \nabla^2 w = 0$$

这说明，当物体不受体积力作用时，位移分量 u、v、w 为双调和函数。因为双调和函数已有完善的理论并具有较好的性质，借助于这些理论和性质，有助于研究弹性力学问题的解。

5.4　线弹性力学边值问题的应力解法

如果我们以应力为基本未知量，消去应变和位移，导出弹性力学问题的基本方程时，

应力满足的平衡方程必须保留，但是三个平衡方程，无法求出全部六个应力分量，必须再追加相应的补充方程以使所得到的应力、应变和位移构成弹性力学基本边值问题的解。

在应力已知的情况下，可以利用本构方程（5-4）求应变。式（5-4）是代数方程组，因此可以求出一组唯一的应变。为了保证位移的连续性，这些应变还要满足变形协调条件，这样将应力作为基本未知量时，需要导出以应力表示的变形协调条件，也称应力协调条件。

下面，推导应力形式的变形协调条件。首先将广义胡克定律改写为：

$$\varepsilon_x = \frac{1+\mu}{E}\sigma_x - \frac{\mu}{E}\sigma_v \quad \varepsilon_{yz} = \frac{1+\mu}{E}\tau_{yz}$$

$$\varepsilon_y = \frac{1+\mu}{E}\sigma_y - \frac{\mu}{E}\sigma_v \quad \varepsilon_{zx} = \frac{1+\mu}{E}\tau_{zx}$$

$$\varepsilon_z = \frac{1+\mu}{E}\sigma_z - \frac{\mu}{E}\sigma_v \quad \varepsilon_{xy} = \frac{1+\mu}{E}\tau_{xy}$$

式中，$\sigma_v = \sigma_x + \sigma_y + \sigma_z$，同一平面上的应变协调方程为：

$$\frac{\partial^2 \varepsilon_x}{\partial y^2} + \frac{\partial^2 \varepsilon_y}{\partial x^2} = \frac{\partial^2 \gamma_{xy}}{\partial x \partial y}$$

将广义胡克定律代入上式，可得：

$$\frac{1+\mu}{E}\frac{\partial^2 \sigma_x}{\partial y^2} - \frac{\mu}{E}\frac{\partial^2 \sigma_v}{\partial y^2} + \frac{1+\mu}{E}\frac{\partial^2 \sigma_y}{\partial x^2} - \frac{\mu}{E}\frac{\partial^2 \sigma_v}{\partial x^2} = \frac{2(1+\mu)}{E}\frac{\partial^2 \tau_{xy}}{\partial x \partial y} \tag{a}$$

$$(1+\mu)\left(\frac{\partial^2 \sigma_x}{\partial y^2} + \frac{\partial^2 \sigma_y}{\partial x^2}\right) - \mu\left(\frac{\partial^2 \sigma_v}{\partial y^2} + \frac{\partial^2 \sigma_v}{\partial x^2}\right) = 2(1+\mu)\frac{\partial^2 \tau_{xy}}{\partial x \partial y} \tag{b}$$

可以类似地得到其他两个方程：

$$(1+\mu)\left(\frac{\partial^2 \sigma_y}{\partial z^2} + \frac{\partial^2 \sigma_z}{\partial y^2}\right) - \mu\left(\frac{\partial^2 \sigma_v}{\partial z^2} + \frac{\partial^2 \sigma_v}{\partial y^2}\right) = 2(1+\mu)\frac{\partial^2 \tau_{yz}}{\partial y \partial z} \tag{c}$$

$$(1+\mu)\left(\frac{\partial^2 \sigma_z}{\partial x^2} + \frac{\partial^2 \sigma_x}{\partial z^2}\right) - \mu\left(\frac{\partial^2 \sigma_v}{\partial x^2} + \frac{\partial^2 \sigma_v}{\partial z^2}\right) = 2(1+\mu)\frac{\partial^2 \tau_{zx}}{\partial z \partial x} \tag{d}$$

另一方面，不同平面上的应变协调方程为：

$$\frac{\partial}{\partial x}\left(-\frac{\partial \varepsilon_{yz}}{\partial x} + \frac{\partial \varepsilon_{zx}}{\partial y} + \frac{\partial \varepsilon_{xy}}{\partial z}\right) = \frac{\partial^2 \varepsilon_x}{\partial y \partial z}$$

将本构方程代入上式，得到：

$$\frac{1+\mu}{E}\frac{\partial}{\partial x}\left(-\frac{\partial \tau_{yz}}{\partial x} + \frac{\partial \tau_{zx}}{\partial y} + \frac{\partial \tau_{xy}}{\partial z}\right) = \frac{1}{E}\left[(1+\mu)\frac{\partial^2 \sigma_x}{\partial y \partial z} - \mu\frac{\partial^2 \sigma_v}{\partial y \partial z}\right] \tag{e}$$

因此，不同平面上的以应力表示的变形协调方程为：

$$(1+\mu)\frac{\partial}{\partial x}\left(-\frac{\partial \tau_{yz}}{\partial x} + \frac{\partial \tau_{zx}}{\partial y} + \frac{\partial \tau_{xy}}{\partial z}\right) = \frac{\partial^2}{\partial y \partial z}\left[(1+\mu)\sigma_x - \mu\sigma_v\right] \tag{f-1}$$

$$(1+\mu)\frac{\partial}{\partial y}\left(\frac{\partial \tau_{yz}}{\partial x} - \frac{\partial \tau_{zx}}{\partial y} + \frac{\partial \tau_{xy}}{\partial z}\right) = \frac{\partial^2}{\partial z \partial x}\left[(1+\mu)\sigma_y - \mu\sigma_v\right] \tag{f-2}$$

$$(1+\mu)\frac{\partial}{\partial z}\left(\frac{\partial \tau_{yz}}{\partial x} + \frac{\partial \tau_{zx}}{\partial y} - \frac{\partial \tau_{xy}}{\partial z}\right) = \frac{\partial^2}{\partial x \partial y}\left[(1+\mu)\sigma_z - \mu\sigma_v\right] \tag{f-3}$$

利用平衡方程，可以简化上面的六个方程，使每个方程中包含一个体积应力 σ_v，一个应力分量和体积力 f，推导如下：

$$\frac{\partial^2 \tau_{yz}}{\partial y \partial z} = \frac{\partial}{\partial z}\left(\frac{\partial \tau_{yz}}{\partial y}\right) = \frac{\partial}{\partial y}\left(\frac{\partial \tau_{yz}}{\partial z}\right)$$

y 和 z 方向的平衡方程为：

$$\frac{\partial \tau_{xy}}{\partial x} + \frac{\partial \sigma_y}{\partial y} + \frac{\partial \tau_{zy}}{\partial z} + f_y = 0$$

$$\frac{\partial \tau_{xz}}{\partial x} + \frac{\partial \tau_{yz}}{\partial y} + \frac{\partial \sigma_z}{\partial z} + f_z = 0$$

这样有：

$$\frac{\partial^2 \tau_{yz}}{\partial y \partial z} = \frac{\partial}{\partial z}\left(-\frac{\partial \sigma_z}{\partial z} - \frac{\partial \tau_{xz}}{\partial x} - f_z\right)$$

$$\frac{\partial^2 \tau_{yz}}{\partial y \partial z} = \frac{\partial}{\partial y}\left(-\frac{\partial \sigma_y}{\partial y} - \frac{\partial \tau_{xy}}{\partial x} - f_y\right)$$

将上式代入应力协调方程式（e），得到：

$$(1 + \mu)\left(\frac{\partial^2 \sigma_y}{\partial z^2} + \frac{\partial^2 \sigma_z}{\partial y^2}\right) - \mu\left(\frac{\partial^2 \sigma_v}{\partial z^2} + \frac{\partial^2 \sigma_v}{\partial y^2}\right)$$

$$= (1 + \mu)\left[\frac{\partial}{\partial z}\left(-\frac{\partial \sigma_z}{\partial z} - \frac{\partial \tau_{xz}}{\partial x} - f_z\right) + \frac{\partial}{\partial y}\left(-\frac{\partial \sigma_y}{\partial y} - \frac{\partial \tau_{xy}}{\partial x} - f_y\right)\right]$$

$$(1 + \mu)\left(\frac{\partial^2}{\partial y^2} + \frac{\partial^2}{\partial z^2}\right)(\sigma_y + \sigma_z) - \mu\left(\frac{\partial^2 \sigma_v}{\partial z^2} + \frac{\partial^2 \sigma_v}{\partial y^2}\right) = -(1 + \mu)\left[\frac{\partial}{\partial x}\left(\frac{\partial \tau_{xy}}{\partial y} + \frac{\partial \tau_{xz}}{\partial z}\right) + \frac{\partial f_z}{\partial z} + \frac{\partial f_y}{\partial y}\right]$$

$$\text{(g)}$$

由平衡方程，得：

$$\frac{\partial \tau_{xy}}{\partial y} + \frac{\partial \tau_{xz}}{\partial z} = -\frac{\partial \sigma_x}{\partial x} - f_x$$

$$(1 + \mu)\left(\frac{\partial^2}{\partial y^2} + \frac{\partial^2}{\partial z^2}\right)(\sigma_y + \sigma_z) - \mu\left(\frac{\partial^2 \sigma_v}{\partial z^2} + \frac{\partial^2 \sigma_v}{\partial y^2}\right) = -(1 + \mu)\left[\frac{\partial}{\partial x}\left(-\frac{\partial \sigma_x}{\partial x} - f_x\right) + \frac{\partial f_z}{\partial z} + \frac{\partial f_y}{\partial y}\right]$$

$$(1 + \mu)\left[\left(\frac{\partial^2}{\partial y^2} + \frac{\partial^2}{\partial z^2}\right)(\sigma_y + \sigma_z) - \frac{\partial^2 \sigma_x}{\partial x^2}\right] - \mu\left(\frac{\partial^2 \sigma_v}{\partial z^2} + \frac{\partial^2 \sigma_v}{\partial y^2}\right) = (1 + \mu)\left(\frac{\partial f_x}{\partial x} - \frac{\partial f_z}{\partial z} - \frac{\partial f_y}{\partial y}\right)$$

$$(1 + \mu)\left[\left(\frac{\partial^2}{\partial y^2} + \frac{\partial^2}{\partial z^2}\right)(\sigma_v - \sigma_x) - \frac{\partial^2 \sigma_x}{\partial x^2}\right] - \mu\left(\frac{\partial^2 \sigma_v}{\partial z^2} + \frac{\partial^2 \sigma_v}{\partial y^2}\right) = (1 + \mu)\left(\frac{\partial f_x}{\partial x} - \frac{\partial f_z}{\partial z} - \frac{\partial f_y}{\partial y}\right)$$

整理得：

$$\left(\frac{\partial^2}{\partial y^2} + \frac{\partial^2}{\partial z^2}\right)\sigma_v - (1 + \mu)\nabla^2 \sigma_x = (1 + \mu)\left(\frac{\partial f_x}{\partial x} - \frac{\partial f_z}{\partial z} - \frac{\partial f_y}{\partial y}\right) \qquad \text{(h-1)}$$

类似地，可以得到其他两个方程：

$$\left(\frac{\partial^2}{\partial z^2} + \frac{\partial^2}{\partial x^2}\right)\sigma_v - (1 + \mu)\nabla^2 \sigma_y = (1 + \mu)\left(\frac{\partial f_y}{\partial y} - \frac{\partial f_x}{\partial x} - \frac{\partial f_z}{\partial z}\right) \qquad \text{(h-2)}$$

$$\left(\frac{\partial^2}{\partial x^2} + \frac{\partial^2}{\partial y^2}\right)\sigma_v - (1 + \mu)\nabla^2 \sigma_z = (1 + \mu)\left(\frac{\partial f_z}{\partial z} - \frac{\partial f_x}{\partial x} - \frac{\partial f_y}{\partial y}\right) \qquad \text{(h-3)}$$

叠加式（h-1）~式（h-3），得到：

$$(1 - \mu) \nabla^2 \sigma_v = -(1 + \mu)\left(\frac{\partial f_x}{\partial x} + \frac{\partial f_y}{\partial y} + \frac{\partial f_z}{\partial z}\right)$$

即

$$\nabla^2 \sigma_v = -\frac{1 + \mu}{1 - \mu}\left(\frac{\partial f_x}{\partial x} + \frac{\partial f_y}{\partial y} + \frac{\partial f_z}{\partial z}\right) \tag{i}$$

由式（i）得到：

$$\left(\frac{\partial^2}{\partial y^2} + \frac{\partial^2}{\partial z^2}\right)\sigma_v = \nabla^2\sigma_v - \frac{\partial^2\sigma_v}{\partial x^2} = -\frac{1 + \mu}{1 - \mu}\left(\frac{\partial f_x}{\partial x} + \frac{\partial f_y}{\partial y} + \frac{\partial f_z}{\partial z}\right) - \frac{\partial^2\sigma_v}{\partial x^2}$$

代入式（h-1），整理得：

$$\nabla^2\sigma_x + \frac{1}{1 + \mu}\frac{\partial^2\sigma_v}{\partial x^2} + \frac{\mu}{1 - \mu}\left(\frac{\partial f_x}{\partial x} + \frac{\partial f_y}{\partial y} + \frac{\partial f_z}{\partial z}\right) + 2\frac{\partial f_x}{\partial x} = 0 \tag{5-15a}$$

类似地，可以得到其他两个式子：

$$\nabla^2\sigma_y + \frac{1}{1 + \mu}\frac{\partial^2\sigma_v}{\partial y^2} + \frac{\mu}{1 - \mu}\left(\frac{\partial f_x}{\partial x} + \frac{\partial f_y}{\partial y} + \frac{\partial f_z}{\partial z}\right) + 2\frac{\partial f_y}{\partial y} = 0 \tag{5-15b}$$

$$\nabla^2\sigma_z + \frac{1}{1 + \mu}\frac{\partial^2\sigma_v}{\partial z^2} + \frac{\mu}{1 - \mu}\left(\frac{\partial f_x}{\partial x} + \frac{\partial f_y}{\partial y} + \frac{\partial f_z}{\partial z}\right) + 2\frac{\partial f_z}{\partial z} = 0 \tag{5-15c}$$

按照类似的方法，还可以得到其他三个应力协调方程：

$$\nabla^2\tau_{yz} + \frac{1}{1 + \mu}\frac{\partial^2\sigma_v}{\partial y\partial z} + \left(\frac{\partial f_y}{\partial z} + \frac{\partial f_z}{\partial y}\right) = 0 \tag{5-15d}$$

$$\nabla^2\tau_{zx} + \frac{1}{1 + \mu}\frac{\partial^2\sigma_v}{\partial z\partial x} + \left(\frac{\partial f_x}{\partial z} + \frac{\partial f_z}{\partial x}\right) = 0 \tag{5-15e}$$

$$\nabla^2\tau_{xy} + \frac{1}{1 + \mu}\frac{\partial^2\sigma_v}{\partial x\partial y} + \left(\frac{\partial f_y}{\partial x} + \frac{\partial f_x}{\partial y}\right) = 0 \tag{5-15f}$$

式（5-15a）~式（5-15f）被称为拜尔脱拉密-密乞尔（Beltrami-Michell）方程。如果不考虑物体的体积力，将式（5-15a）~式（5-15c）相加，得：

$$\nabla^2(\sigma_x + \sigma_y + \sigma_z) + \frac{1}{1 + \mu}\left(\frac{\partial^2}{\partial x^2} + \frac{\partial^2}{\partial y^2} + \frac{\partial^2}{\partial z^2}\right)\sigma_v = 0$$

即

$$\nabla^2\sigma_v = 0 \tag{5-16}$$

这说明，当物体不受体积力作用时，σ_v 是调和函数，同样可得各应力分量也是双调和函数。总之，应力解法是在适当的边界条件下求满足平衡微分方程（5-1）和应力形式的变形协调方程式（5-15a）~式（5-15f）的应力分量 σ_{ij}。求得应力分量之后，由应力应变关系式（5-4）求出应变分量 ε_{ij}，再由几何方程式（5-2）求出位移分量 u_i。

由前面关于弹性力学的边值问题的提法可知，不管是采用位移解法或应力解法，要真正得到一个给定弹性力学问题的解都将是十分困难的。因此，寻求弹性力学问题的各种解法，包括解析方法、数值方法及实验方法，并得到给定弹性力学问题的解将是弹性力学的重要任务之一。一些弹性力学经典问题的解法将在本书后续章节中叙述和应用。接下来，介绍与线性弹性力学有关的基本定理，它们对今后的求解会有许多帮助。

5.5 线弹性力学边值问题的叠加原理

设给定弹性体的体积为 V，所受体力为 $\boldsymbol{f}(f_x, f_y, f_z)$，在表面 S_σ 上的面力为 $\boldsymbol{P}(P_x, P_y, P_z)$，在表面 S_u 上的位移为 $\boldsymbol{u}(u, v, w)$，则弹性力学的叠加原理是：

若弹性体在体力 $\boldsymbol{f}^1(f_x^1, f_y^1, f_z^1)$，表面 S_σ 上的面力 $\boldsymbol{P}^1(P_x^1, P_y^1, P_z^1)$，表面 S_u 上的位移 $\boldsymbol{u}^1(u^1, v^1, w^1)$ 作用下处于平衡时的应力为 σ_{ij}^1，应变为 ε_{ij}^1，位移为 u_i^1。在体力 $\boldsymbol{f}^2(f_x^2, f_y^2, f_z^2)$，表面 S_σ 上的面力 $\boldsymbol{P}^2(P_x^2, P_y^2, P_z^2)$，表面 S_u 上的位移 $\boldsymbol{u}^2(u^2, v^2, w^2)$ 作用下处于平衡时的应力为 σ_{ij}^2，应变为 ε_{ij}^2，位移为 u_i^2。则在这两组载荷同时作用下，处于平衡时，弹性体的应力 σ_{ij}、应变 ε_{ij}、位移 u_i 为这两组力分别作用时应力 σ_{ij}^1 和 σ_{ij}^2、应变 ε_{ij}^1 和 ε_{ij}^2、位移 u_i^1 和 u_i^2 的叠加，即有：

$$\sigma_{ij} = \sigma_{ij}^1 + \sigma_{ij}^2$$
$$\varepsilon_{ij} = \varepsilon_{ij}^1 + \varepsilon_{ij}^2 \tag{5-17}$$
$$u_i = u_i^1 + u_i^2$$

下面对叠加原理进行简单证明。

不论是两组力单独作用还是共同作用，弹性体都处于平衡状态，应力、应变、位移必定满足平衡方程、几何方程、本构方程、应力边界条件和位移边界条件，这样在第一组力作用下的应力、应变、位移满足下列方程：

$$\sigma_{ij,j}^1 + f_i^1 = 0 \qquad 在 V 内 \tag{a-1}$$

$$\sigma_{ij}^1 n_i = P_i^1 \qquad 在 S_\sigma 上 \tag{a-2}$$

$$u_i^1 = \bar{u}_i^1 \qquad 在 S_u 上 \tag{a-3}$$

$$\varepsilon_{ij}^1 = \frac{1}{2}(u_{i,j}^1 + u_{j,i}^1) \tag{a-4}$$

$$\varepsilon_{ij}^1 = \frac{1}{E}\left[(1+\mu)\sigma_{ij}^1 - \mu\sigma_{kk}^1\delta_{ij}\right] \tag{a-5}$$

在第二组力作用下的应力、应变、位移，也满足平衡方程、应力边界条件和位移边界条件，即

$$\sigma_{ij,j}^2 + f_i^2 = 0 \qquad 在 V 内 \tag{b-1}$$

$$\sigma_{ij}^2 n_i = P_i^2 \qquad 在 S_\sigma 上 \tag{b-2}$$

$$u_i^2 = \bar{u}_i^2 \qquad 在 S_u 上 \tag{b-3}$$

$$\varepsilon_{ij}^2 = \frac{1}{2}(u_{i,j}^2 + u_{j,i}^2) \tag{b-4}$$

$$\varepsilon_{ij}^2 = \frac{1}{E}\left[(1+\mu)\sigma_{ij}^2 - \mu\sigma_{kk}^2\delta_{ij}\right] \tag{b-5}$$

当两组共同作用时，体力为：

$$\boldsymbol{f}(f_x, f_y, f_z) = \boldsymbol{f}^1(f_x^1, f_y^1, f_z^1) + \boldsymbol{f}^2(f_x^2, f_y^2, f_z^2) \tag{c}$$

面力为：

$$\boldsymbol{P}(P_x, P_y, P_z) = \boldsymbol{P}^1(P_x^1, P_y^1, P_z^1) + \boldsymbol{P}^2(P_x^2, P_y^2, P_z^2) \tag{d}$$

边界位移：

$$\boldsymbol{u}(u,\ v,\ w) = \boldsymbol{u}^1(u^1,\ v^1,\ w^1) + \boldsymbol{u}^2(u^2,\ v^2,\ w^2) \tag{e}$$

一方面，在这组力作用下，弹性体处于平衡时的应力为 σ_{ij}、ε_{ij}、u_i 满足：

$$\sigma_{ij,j} + f_i = 0 \qquad 在 V 内 \tag{f-1}$$

$$\sigma_{ij} n_i = P_i \qquad 在 S_\sigma 上 \tag{f-2}$$

$$u_i = \bar{u}_i \qquad 在 S_u 上 \tag{f-3}$$

$$\varepsilon_{ij} = \frac{1}{2}(u_{i,j} + u_{j,i}) \tag{f-4}$$

$$\varepsilon_{ij} = \frac{1}{E}\big[(1+\mu)\sigma_{ij} - \mu\sigma_{kk}\delta_{ij}\big] \tag{f-5}$$

另一方面，叠加式（a-1）和式（b-1）可得：

$$(\sigma_{ij,j}^1 + \sigma_{ij,j}^2) + (f_i^1 + f_i^2) = (\sigma_{ij,j}^1 + \sigma_{ij,j}^2) + f_i = 0 \tag{g-1}$$

叠加式（a-2）和式（b-2）可得：

$$(\sigma_{ij,j}^1 + \sigma_{ij,j}^2)n_i = P_i^1 + P_i^2 = P_i \tag{g-2}$$

叠加式（a-3）和式（b-3）可得：

$$(u_i^1 + u_i^2) = (\bar{u}_i^1 + \bar{u}_i^2) = \bar{u}_i \tag{g-3}$$

对比式（g-1）和式（f-1）容易看出：

$$\sigma_{ij}^1 + \sigma_{ij}^2 = \sigma_{ij} \tag{5-17a}$$

叠加式（a-5）和式（b-5）并注意到式（5-17a），可得：

$$\varepsilon_{ij}^1 + \varepsilon_{ij}^2 = \frac{1}{E}\big[(1+\mu)(\sigma_{ij}^1 + \sigma_{ij}^2) - \mu(\sigma_{kk}^1 + \sigma_{kk}^2)\delta_{ij}\big] = \frac{1}{E}\big[(1+\mu)\sigma_{ij} - \mu\sigma_{kk}\delta_{ij}\big] \tag{h}$$

对比式（h）和式（f-5）可得：

$$\varepsilon_{ij} = \varepsilon_{ij}^1 + \varepsilon_{ij}^2 \tag{5-17b}$$

叠加式（a-4）和式（b-4），并注意到式（5-17b），可得：

$$\varepsilon_{ij}^1 + \varepsilon_{ij}^2 = \varepsilon_{ij} = \frac{1}{2}\big[(u_{i,j}^1 + u_{i,j}^2) + (u_{j,i}^1 + u_{j,i}^2)\big] \tag{i}$$

再一方面，对比式（i）和式（f-4），并注意到式（g-3），可得：

$$u_i^1 + u_i^2 = u_i \tag{5-17c}$$

式（5-17）即是由这两组载荷分别产生的应力、应变、位移的叠加，它们也满足几何方程和本构方程。

叠加原理成立的前提是线弹性，对于非线性弹性力学问题叠加原理是不成立的。利用叠加原理，当我们得到了某些简单弹性力学问题的解时，可以由这些解的组合得到同一弹性体受较为复杂的外力作用时的解。

5.6 线弹性力学边值问题解的唯一性定理

设弹性体的体积为 V，表面为 S_Ω，在体积 V 上受体积力 $\boldsymbol{f}(f_x,f_y,f_z)$ 的作用，在表面 S_σ 上受面力 $\boldsymbol{P}(P_x,P_y,P_z)$ 的作用，表面 S_u 上给定位移 $\boldsymbol{u}(u,v,w)$，且 $S_\Omega = S_\sigma + S_u$，则弹性体处于平衡时，体内各点的应力、应变、位移都是唯一的。

为证明该定理，首先证明一个引理。

弹性体在体积力、表面力、表面位移都为 0 的条件下，处于平衡时，体内各点的应力、应变、位移均为 0。

无体积力作用时的平衡方程为：

$$\frac{\partial \sigma_x}{\partial x} + \frac{\partial \tau_{yx}}{\partial y} + \frac{\partial \tau_{zx}}{\partial z} = 0$$

$$\frac{\partial \tau_{xy}}{\partial x} + \frac{\partial \sigma_y}{\partial y} + \frac{\partial \tau_{zy}}{\partial z} = 0 \qquad\qquad (a)$$

$$\frac{\partial \tau_{xz}}{\partial x} + \frac{\partial \tau_{yz}}{\partial y} + \frac{\partial \sigma_z}{\partial z} = 0$$

S_σ 上无边界面力的条件为：

$$\sigma_x l + \tau_{yx} m + \tau_{zx} n = 0$$
$$\tau_{xy} l + \sigma_y m + \tau_{zy} n = 0 \qquad 在 S_\sigma 上 \qquad (b)$$
$$\tau_{xz} l + \tau_{yz} m + \sigma_z n = 0$$

在 S_u 上表面位移为零的条件是：

$$u = 0, \ v = 0, \ w = 0 \quad 在 S_u 上 \qquad\qquad (c)$$

将 u、v、w 分别与式（a）的第一、第二、第三式相乘后，在 V 上积分得到：

$$\int_V \left[\left(\frac{\partial \sigma_x}{\partial x} + \frac{\partial \tau_{yx}}{\partial y} + \frac{\partial \tau_{zx}}{\partial z} \right) u + \left(\frac{\partial \tau_{xy}}{\partial x} + \frac{\partial \sigma_y}{\partial y} + \frac{\partial \tau_{zy}}{\partial z} \right) v + \left(\frac{\partial \tau_{xz}}{\partial x} + \frac{\partial \tau_{yz}}{\partial y} + \frac{\partial \sigma_z}{\partial z} \right) w \right] dV = 0 \quad (d)$$

利用求导法则中莱布尼茨公式，左侧可分解为：

$$\int_V \left[\frac{\partial}{\partial x} (\sigma_x u + \tau_{xy} v + \tau_{xz} w) + \frac{\partial}{\partial y} (\tau_{yx} u + \sigma_y v + \tau_{yz} w) + \frac{\partial}{\partial z} (\tau_{zx} u + \tau_{zy} v + \sigma_z w) \right] dV -$$

$$\int_V (\sigma_x \varepsilon_x + \sigma_y \varepsilon_y + \sigma_z \varepsilon_z + \tau_{xy} \gamma_{xy} + \tau_{yz} \gamma_{yz} + \tau_{zx} \gamma_{zx}) dV = 0 \qquad (e)$$

利用 Gauss 公式，左端的第一个积分可改写为面积分，右端的第二个积分号下的被积函数是应变能，这样上式可以改写为：

$$\int_{S_\sigma + S_u} \left[(\sigma_x u + \tau_{xy} v + \tau_{xz} w) l + (\tau_{xy} u + \sigma_y v + \tau_{yz} w) m + (\tau_{xz} u + \tau_{zy} v + \sigma_z w) n \right] dS -$$

$$2 \int_V W dV = 0 \qquad\qquad (f)$$

重新整理上式，得：

$$\int_{S_\sigma} \left[(\sigma_x u + \tau_{xy} v + \tau_{xz} w) l + (\tau_{xy} u + \sigma_y v + \tau_{yz} w) m + (\tau_{xz} u + \tau_{zy} v + \sigma_z w) n \right] dS +$$

$$\int_{S_u} \left[(\sigma_x u + \tau_{xy} v + \tau_{xz} w) l + (\tau_{xy} u + \sigma_y v + \tau_{yz} w) m + (\tau_{xz} u + \tau_{zy} v + \sigma_z w) n \right] dS -$$

$$2 \int_V W dV = 0$$

由式（b），在 S_σ 边界上面力为零，则：

$$\int_{S_\sigma} \left[(\sigma_x u + \tau_{xy} v + \tau_{xz} w)l + (\tau_{xy} u + \sigma_y v + \tau_{yz} w)m + (\tau_{xz} u + \tau_{zy} v + \sigma_z w)n \right] \mathrm{d}S = 0$$

由式（c），在 S_u 边界上位移为零，这样积分：

$$\int_{S_u} \left[(\sigma_x u + \tau_{xy} v + \tau_{xz} w)l + (\tau_{xy} u + \sigma_y v + \tau_{yz} w)m + (\tau_{xz} u + \tau_{zy} v + \sigma_z w)n \right] \mathrm{d}S = 0$$

这样，从式（f）得到：

$$\int_V W \mathrm{d}V = 0 \tag{g}$$

上式在任意大小的体积内都成立，这意味着被积函数

$$W = 0$$

由第 4 章可知：

$$W = \frac{1}{2} \left[\lambda \varepsilon_v^2 + 2G(\varepsilon_x^2 + \varepsilon_y^2 + \varepsilon_z^2) + G(\gamma_{xy}^2 + \gamma_{xz}^2 + \gamma_{zx}^2) \right]$$

由于 $\lambda > 0$ 和 $G > 0$，上式只有在应变 $\varepsilon_{ij} = 0$ 时才成立。$\varepsilon_{ij} = 0$ 的条件下，由应力应变关系式（5-4）可以推出，此时 $\sigma_{ij} = 0$。从第 3 章关于位移单值连续性的讨论，又可以知道，在这种情况下，位移 u，v，$w = 0$。

现在证明弹性力学边值问题解的唯一性定理。

设在体积力 $\boldsymbol{f} = (f_x, f_y, f_z)$，$S_\sigma$ 上的表面力 $\boldsymbol{P} = (P_x, P_y, P_z)$ 和 S_u 上 $\boldsymbol{u} = (\overline{u}, \overline{v}, \overline{w})$ 作用下，体积为 V 的弹性体，有两组解 σ_{ij}^1、ε_{ij}^1、u_i^1 和 σ_{ij}^2、ε_{ij}^2、u_i^2。这两组解都满足平衡方程和边界条件，即有：

$$
\begin{aligned}
\sigma_{ij,j}^1 + f_i &= 0 && \text{在 } V \text{ 内} \\
\sigma_{ij}^1 n_i &= P_i && \text{在 } S_\sigma \text{ 上} \\
u_i^1 &= \overline{u}_i && \text{在 } S_u \text{ 上}
\end{aligned}
\tag{h}
$$

和

$$
\begin{aligned}
\sigma_{ij,j}^2 + f_i &= 0 && \text{在 } V \text{ 内} \\
\sigma_{ij}^2 n_i &= P_i && \text{在 } S_\sigma \text{ 上} \\
u_i^2 &= \overline{u}_i && \text{在 } S_u \text{ 上}
\end{aligned}
\tag{i}
$$

令式（h）和式（i）的对应方程相减，得到：

$$
\begin{aligned}
(\sigma_{ij,j}^1 - \sigma_{ij,j}^2) &= 0 && \text{在 } V \text{ 内} \\
(\sigma_{ij}^1 - \sigma_{ij}^2) n_i &= 0 && \text{在 } S_\sigma \text{ 上} \\
u_i^1 - u_i^2 &= u_i = 0 && \text{在 } S_u \text{ 上}
\end{aligned}
\tag{j}
$$

若令 $\sigma_{ij,j}^1 - \sigma_{ij,j}^2 = \sigma_{ij,j}$，则式（j）的第一式表明 σ_{ij} 满足无体力时的平衡方程，同时满足了 S_σ 上无面力的边界条件和 S_u 上无位移的边界条件，即满足了引理的所有条件，因此 $\sigma_{ij} = 0$，$\varepsilon_{ij} = 0$，$u_i = 0$。在这种情况下有：

$$\sigma_{ij}^1 = \sigma_{ij}^2, \quad \varepsilon_{ij}^1 = \varepsilon_{ij}^2, \quad u_i^1 = u_i^2 \tag{k}$$

式（k）表明，在给定边界条件下，弹性力学边值问题的解是唯一的。

解的唯一性定理又称克希霍夫（Kirchhoff）唯一性定理，是克希霍夫（Kirchhoff）在 1858 年首先证明的。由唯一性定理可知，若线性弹性力学边值问题有解，则解就是唯一的。

5.7　圣维南原理

弹性力学微分问题的正确提法，要求在边界上逐点应力或逐点位移已知的条件下，求解基本方程。但在实际问题中，往往只知道小部分区域上合力与合力矩的大小，如柱体扭转，只知道扭矩，不知剪力分布。另一方面，有些问题难以给出逐点满足的应力边界条件，如受集中力作用的物体，建立坐标系后，难以准确测定集中力作用点的坐标。这些情况都与弹性力学微分问题的严格提法不完全符合，但实践与理论表明，此时在等效力的边界条件下，也能按照弹性力学的方法得到相应问题的解，除了在给定外力和约束的局部区域内应力分布有所不同之外，在远离这种局部区域的地方，按不同的等效力系计算的应力分布基本上是相同的。

图 5-2（a）~（c）分别给出了某些弹性体在其局部区域内受不同分布方式的外力作用的例子。实践指出，对于图 5-2（a）中不同端部力系作用下的杆，其应力分布只在杆端附近的区域内是不同的，而在离杆端较远处的区域内，其应力分布几乎是相同的，并有

$$\sigma_x = \frac{P}{A}, \ \sigma_y = \sigma_z = \tau_{yz} = \tau_{zx} = \tau_{xy} = 0 \tag{a}$$

式中，A 为截面面积。

对于图 5-2（b）中的梁，实践同样指出，梁在由两个集中力或线性分布力引起的端弯矩 M 作用下，梁内应力分布也只在端部区域附近有显著的不同，而在离端部较远的区域内，应力分布几乎是相同的，并有

$$\sigma_x = \frac{M}{I}y, \ \sigma_y = \sigma_z = \tau_{yz} = \tau_{zx} = \tau_{xy} = 0 \tag{b}$$

式中，I 为截面的惯性矩；y 为距中心轴的距离。

对于图 5-2（c）所示半无限平面的情况，实践指出在离力的作用点稍远处都受着和集中力 P 作用下相同的应力分布。

根据大量的实践，法国学者圣维南总结出如下的原则，称为圣维南原理：作用在物体表面上局部区域内的力系，可以用一个与之静力等效的任意力系来代替，由它们产生的应力分布在力系作用区域的范围内有显著不同，在离开力系作用区域相当远的范围内，其应力分布几乎是相同的。

圣维南原理强调了两点：一是力系作用范围是局部的；二是所作用的力系是静力等效的。因此圣维南原理又被称为力的局部作用原理。

圣维南原理甚至可以推广到更大的范围。橡皮是非线性弹性物质。在一根橡皮杆上加上一对大小相等、方向相反的夹持力，即使变形很大，也仅限于夹持力作用点附近的局部区域，其余部分实际上不受影响。用克丝钳夹铁丝，即使被夹处进入了塑性变形状态，甚至被剪断，铁丝的其余部分依然不受影响。

对于圣维南原理的严格证明至今仍在进行之中。不过已经可以看到，这种局部影响可能和偏微分方程的椭圆性质有关，有学者指出圣维南原理的实质是空间的距离效应（Berglund，1977）。

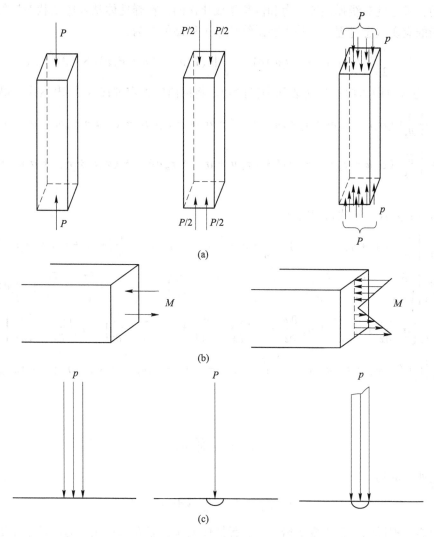

图 5-2 圣维南原理示意图

（a）杆端部受集中力的等效；（b）梁端部受集中力矩的等效；（c）半无限平面受集中力的等效

5.8 应变能定理

设弹性体的体积为 V，表面积为 S，若该弹性体在给定的体积力 $f(f_x,f_y,f_z)$ 和给定的表面力 $P(P_x,P_y,P_z)$ 作用下，处于平衡状态，则该弹性体中蓄积的应变能等于体积力 f 和表面力 P，从弹性体无应变时状态的作用点，运动到弹性体达到最终的平衡状态时新的作用点的路程中所做的功。即

$$\frac{1}{2}\iiint_V (f_x u + f_y v + f_z w)\,\mathrm{d}V + \frac{1}{2}\iint_S (P_x u + P_y v + P_z w)\,\mathrm{d}S = \iiint_V W\mathrm{d}V \tag{5-18}$$

这里假设外力 f 和 P 从零连续地变化到指定值，要求加载过程是准静态的，在整个过程中弹性体都处于平衡状态。应变能定理又称克拉比埃龙（Clapeyron）定理。

　　证明：考虑到对线弹性体，力和位移是成比例的，在弹性体从零应变状态连续变化到最终平衡的应变状态过程中，外力在最终位移上所做的功为：

$$A = \frac{1}{2} \iiint_V (f_x u + f_y v + f_z w)\, dV + \frac{1}{2} \iint_S (P_x u + P_y v + P_z w)\, dS = A_V + A_S \tag{a}$$

式中，A_V 为体力做的功；A_S 为表面力做的功。将柯西应力定理代入 A_S 表达式，得：

$$A_S = \frac{1}{2} \iint_S \left[(\sigma_x l + \tau_{yx} m + \tau_{zx} n) u + (\tau_{xy} l + \sigma_y m + \tau_{zy} n) v + (\tau_{xz} l + \tau_{yz} m + \sigma_z n) w \right] dS$$

$$= \frac{1}{2} \iint_S \left[(\sigma_x u + \tau_{xy} v + \tau_{xz} w) l + (\tau_{yx} u + \sigma_y v + \tau_{zy} w) m + (\tau_{zx} u + \tau_{zy} v + \sigma_z w) n \right] dS \tag{b}$$

　　按 Gauss 公式，上式可以写成

$$A_S = \frac{1}{2} \iiint_V \left[\frac{\partial}{\partial x}(\sigma_x u + \tau_{xy} v + \tau_{xz} w) + \frac{\partial}{\partial y}(\tau_{yx} u + \sigma_y v + \tau_{zy} w) + \frac{\partial}{\partial z}(\tau_{zx} u + \tau_{zy} v + \sigma_z w) \right] dV$$

$$= \frac{1}{2} \iiint_V \left[\left(\frac{\partial \sigma_x}{\partial x} + \frac{\partial \tau_{yx}}{\partial y} + \frac{\partial \tau_{zx}}{\partial z} \right) u + \left(\frac{\partial \tau_{xy}}{\partial x} + \frac{\partial \sigma_y}{\partial y} + \frac{\partial \tau_{zy}}{\partial z} \right) v + \left(\frac{\partial \tau_{xz}}{\partial x} + \frac{\partial \tau_{yz}}{\partial y} + \frac{\partial \sigma_z}{\partial z} \right) w \right] dV +$$

$$\frac{1}{2} \iiint_V \left[\sigma_x \frac{\partial u}{\partial x} + \sigma_y \frac{\partial v}{\partial y} + \sigma_z \frac{\partial w}{\partial z} + \tau_{xy} \left(\frac{\partial v}{\partial x} + \frac{\partial u}{\partial y} \right) + \tau_{yz} \left(\frac{\partial w}{\partial y} + \frac{\partial v}{\partial z} \right) + \tau_{zx} \left(\frac{\partial w}{\partial x} + \frac{\partial u}{\partial z} \right) \right] dV$$

$$= -\frac{1}{2} \iiint_V \left[f_x u + f_y v + f_z w \right] dV + \frac{1}{2} \iiint_V (\sigma_x \varepsilon_x + \sigma_y \varepsilon_y + \sigma_z \varepsilon_z + \tau_{xy} \gamma_{xy} + \tau_{yz} \gamma_{yz} + \tau_{zx} \gamma_{zx})\, dV \tag{c}$$

即

$$A_S = -A_V + \iiint_V W\, dV \tag{d}$$

因此外力的功

$$A = A_V + A_S = \iiint_V W\, dV = U \tag{5-18'}$$

　　应变能定理说明，在小变形情况下，弹性体的应变能 U 可以用内力的功来度量，也可以用外力的功来度量。

5.9　功的互等定理

　　设给定弹性体的体积为 V，表面积为 S，在两组不同外力作用下处于平衡状态。

　　在第一组体积力 $\boldsymbol{f}(f_x, f_y, f_z)$ 和表面力 $\boldsymbol{P}(P_x, P_y, P_z)$ 作用下，产生了应力和位移：

$$\sigma_x,\ \sigma_y,\ \sigma_z,\ \tau_{yz},\ \tau_{zx},\ \tau_{xy},\ u,\ v,\ w$$

由这些位移产生的应变是：

$$\varepsilon_x = \frac{\partial u}{\partial x},\ \varepsilon_y = \frac{\partial v}{\partial y},\ \varepsilon_z = \frac{\partial w}{\partial z}$$

$$\gamma_{xy} = \frac{\partial v}{\partial x} + \frac{\partial u}{\partial y},\ \gamma_{yz} = \frac{\partial v}{\partial z} + \frac{\partial w}{\partial y},\ \gamma_{zx} = \frac{\partial u}{\partial z} + \frac{\partial w}{\partial x}$$

在第二组体力 $\boldsymbol{f}'(f_x', f_y', f_z')$ 和表面力 $\boldsymbol{P}'(P_x', P_y', P_z')$ 作用在该弹性体上，产生的应力和

位移为：

$$\sigma'_x, \ \sigma'_y, \ \sigma'_z, \ \tau'_{xy}, \ \tau'_{yz}, \ \tau'_{zx}, \ u', \ v', \ w'$$

在这组位移下的几何方程为：

$$\varepsilon'_x = \frac{\partial u'}{\partial x}, \ \ \varepsilon'_y = \frac{\partial v'}{\partial y}, \ \ \varepsilon'_z = \frac{\partial w'}{\partial z}$$

$$\gamma'_{xy} = \frac{\partial v'}{\partial x} + \frac{\partial u'}{\partial y}, \ \ \gamma'_{yz} = \frac{\partial v'}{\partial z} + \frac{\partial w'}{\partial y}, \ \ \gamma'_{zx} = \frac{\partial u'}{\partial z} + \frac{\partial w'}{\partial x}$$

则功的互等定理说：第一组力在第二组位移上的功等于第二组力在第一组位移上的功。

功的互等定理用公式表示如下：

设

$$w_{12} = \iiint_V [f_x u' + f_y v' + f_z w'] \mathrm{d}V + \iint_s (P_x u' + P_y v' + P_z w') \mathrm{d}S \tag{a}$$

$$w_{21} = \iiint_V [f'_x u + f'_y v + f'_z w] \mathrm{d}V + \iint_s (P'_x u + P'_y v + P'_z w) \mathrm{d}S \tag{b}$$

则：

$$w_{21} = w_{12} \tag{5-19}$$

现证明如下：

将柯西应力定理代入式（a）右端的第二个积分得：

$$\iint_S (P_x u' + P_y v' + P_z w') \mathrm{d}S$$

$$= \iint_S [(\sigma_x l + \tau_{yx} m + \tau_{zx} n) u' + (\tau_{xy} l + \sigma_y m + \tau_{zy} n) v' + (\tau_{xz} l + \tau_{yz} m + \sigma_z n) w'] \mathrm{d}S$$

$$= \iint_S [(u'\sigma_x + v'\tau_{xy} + w'\tau_{xz}) l + (u'\tau_{yx} + v'\sigma_y + w'\tau_{yz}) m + (u'\tau_{zx} + v'\tau_{zy} + w'\sigma_z) n] \mathrm{d}S$$

$$\tag{c}$$

与前述推导类似，应用 Gauss 定理，上式的面积分变为：

$$\iiint_V \left[\frac{\partial}{\partial x}(u'\sigma_x + v'\tau_{xy} + w'\tau_{xz}) + \frac{\partial}{\partial y}(u'\tau_{xy} + v'\sigma_y + w'\tau_{yz}) + \frac{\partial}{\partial z}(u'\tau_{zx} + v'\tau_{zy} + w'\sigma_z) \right] \mathrm{d}V$$

$$= \iiint_V \left[\left(\frac{\partial \sigma_x}{\partial x} + \frac{\partial \tau_{xy}}{\partial y} + \frac{\partial \tau_{xz}}{\partial z} \right) u' + \left(\frac{\partial \tau_{xy}}{\partial x} + \frac{\partial \sigma_y}{\partial y} + \frac{\partial \tau_{yz}}{\partial z} \right) v' + \left(\frac{\partial \tau_{xz}}{\partial x} + \frac{\partial \tau_{yz}}{\partial y} + \frac{\partial \sigma_z}{\partial z} \right) w' \right] \mathrm{d}V +$$

$$\iiint_V \left[\sigma_x \frac{\partial u'}{\partial x} + \sigma_y \frac{\partial v'}{\partial y} + \sigma_z \frac{\partial w'}{\partial z} + \tau_{xy} \left(\frac{\partial v'}{\partial x} + \frac{\partial u'}{\partial y} \right) + \tau_{yz} \left(\frac{\partial w'}{\partial y} + \frac{\partial v'}{\partial z} \right) + \tau_{zx} \left(\frac{\partial u'}{\partial z} + \frac{\partial w'}{\partial x} \right) \right] \mathrm{d}V$$

$$= -\iiint_V (f_x u' + f_y v' + f_z w') \mathrm{d}V + \iiint_V (\sigma_x \varepsilon'_x + \sigma_y \varepsilon'_y + \sigma_z \varepsilon'_z + \tau_{xy} \gamma'_{xy} + \tau_{yz} \gamma'_{yz} + \tau_{zx} \gamma'_{zx}) \mathrm{d}V \tag{d}$$

将式（d）代入式（a），并将应力-应变关系式代入，可得：

$$w_{12} = \iiint_V (\sigma_x \varepsilon'_x + \sigma_y \varepsilon'_y + \sigma_z \varepsilon'_z + \tau_{xy} \gamma'_{xy} + \tau_{yz} \gamma'_{yz} + \tau_{zx} \gamma'_{zx}) \mathrm{d}V$$

$$= \iiint_V [\lambda \varepsilon_v \varepsilon'_v + 2G(\varepsilon_x \varepsilon'_x + \varepsilon_y \varepsilon'_y + \varepsilon_z \varepsilon'_z) + G(\gamma_{xy} \gamma'_{xy} + \gamma_{yz} \gamma'_{yz} + \gamma_{zx} \gamma'_{zx})] \mathrm{d}V \tag{a'}$$

按同样的方法可得：

$$w_{21} = \iiint_V (\sigma'_x \varepsilon_x + \sigma'_y \varepsilon_y + \sigma'_z \varepsilon_z + \tau'_{xy} \gamma_{xy} + \tau'_{yz} \gamma_{yz} + \tau'_{zx} \gamma_{zx}) \mathrm{d}V$$

$$= \iiint_V \left[\lambda \varepsilon_v \varepsilon'_v + 2G(\varepsilon'_x \varepsilon_x + \varepsilon'_y \varepsilon_y + \varepsilon'_z \varepsilon_z) + G(\gamma'_{xy}\gamma_{xy} + \gamma'_{yz}\gamma_{yz} + \gamma'_{zx}\gamma_{zx}) \right] \mathrm{d}V \tag{b$'$}$$

由式（a$'$）和式（b$'$）可得：

$$w_{21} = w_{12}$$

功的互等定理有许多有趣的应用。在线弹性断裂力学中，常应用功的互等定理，得到基本解。有些按照弹性力学边值问题的微分提法难以求解，甚至不可能求解的问题。可以利用功的互等定理求得基本解。下面是两个例子。

例 5-1　设有一柱形杆，横截面面积为 A，在杆长的中部作用一对大小相等，方向相反的力 P，且这两个力共线，如图 5-3 所示，试求由于 P 引起的杆在长度方向上的伸长量 δ。

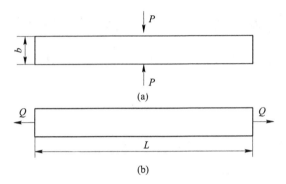

图 5-3　柱形杆应用功的互等定理示意图

为解决这个的问题，考察同一杆在杆的两个纵向端面上受到一对大小相等、方向相反且共线的力 Q 的作用，将杆的后一种受力状态作为第二组力。显然在第二组力作用杆在纵向方向伸长，在横向方向收缩。由于是一维受力状态，则杆的纵向应变为：

$$\sigma = E\varepsilon_L \tag{1}$$

此处，$\sigma = Q/A$，ε_L 为纵向应变，由于泊松效应，横向应变为：

$$\varepsilon_I = -\frac{\mu}{E}\sigma = -\frac{\mu Q}{EA} \tag{2}$$

式中，ε_I 为横向应变，$\varepsilon_I = \dfrac{b'-b}{b}$，$b$ 为杆未变形前的初始宽度，b' 为变形后的宽度。因此杆的横向收缩为 $b'-b$ 为：

$$b' - b = b\varepsilon_I = -\frac{\mu Q}{EA}b \tag{3}$$

按照圣维南原理，在 Q 的作用下，杆的纵向和横向应变和应力除了在杆的两端附近的局部区域，在全部的杆内是均匀的。因此在杆长度的中部，力 P 作用的位置，杆的应变由式（1）确定，应用功的互等定理，并注意到功的正负以力与位移的方向一致为正，相反为负，因此有：

$$P \cdot \frac{\mu Q}{EA}b = Q \cdot \delta \tag{4}$$

式中，δ 为横向力 P 的作用下杆的纵向伸长。从上式可以解出，在一对集中力 P 的作用下

杆的纵向伸长 δ 为：

$$\delta = \frac{\mu b}{EA} \cdot P \tag{5}$$

例 5-2　设有一任意形状的弹性体，受一对大小相等，方向相反且共线的集中力 P 的作用，这一对集中力之间的距离为 L，如图 5-4 所示。试求该弹性体的体积变化量 ΔV。

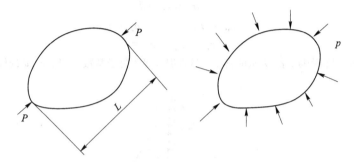

图 5-4　任意形状弹性体应用功的互等定理示意图

弹性体的体积变化量 ΔV 可由下式表示：

$$\Delta V = \int_A \delta \mathrm{d}A \tag{1}$$

式中，δ 为一对集中力 P 作用时，各点的径向位移；A 为弹性体表面积。

考虑同一个弹性体受静水压力 p 的作用。这里 p 是第二组力。由弹性力学的边值问题，在静水压力 p 的作用下，任意方向上的线应变为：

$$\varepsilon = \frac{1}{E}\big[-p - \mu(-p - p)\big] = -\frac{1 - 2\mu}{E}p \tag{2}$$

静水压力 p 引起的集中力 P 的连线的压缩量为：

$$\Delta L = L\varepsilon = -\frac{1 - 2\mu}{E}pL \tag{3}$$

因此这对集中力 P 在静水压力引起的连线收缩量上的功为：

$$P\frac{1 - 2\mu}{E}pL$$

而静水压力 p 在一对集中力 P 引起的径向位移 δ 上的功为：

$$\int_A p\delta \mathrm{d}A$$

因此，按功的互等定理：

$$P\frac{1 - 2\mu}{E}pL = \int_A p\delta \mathrm{d}A = p\Delta V \tag{4}$$

从上式可以求出：

$$\Delta V = \frac{(1 - 2\mu)L}{E}P \tag{5}$$

由上述例子可见，在应用功的互等定理时，关键的问题是选取第二组力系和与之相应的位移、应变和应力。

习   题

5-1 如图 5-5 所示，已求得三角形坝体的应力场为：

$$\sigma_x = ax + by$$

$$\sigma_y = cx + dy$$

$$\tau_{xy} = \tau_{yx} = -dx - ay - \rho gx$$

$$\tau_{xz} = \tau_{yz} = \sigma_z = 0$$

式中，ρ 为坝体材料密度；ρ_1 为水的密度。试根据边界条件求常数 a、b、c、d 的值。

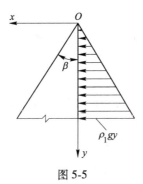

图 5-5

5-2 设有任意形状的等厚度薄板，体力可以不计，在除上、下表面之外的全部边界上（包括孔口边界）受有均匀压力 p，如图 5-6 所示。验证 $\sigma_x = \sigma_y = -p$ 及 $\tau_{xy} = 0$ 能满足平衡微分方程、协调方程及边界条件。

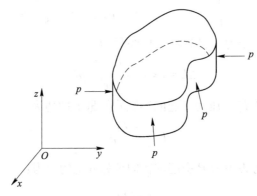

图 5-6

5-3 如图 5-7 所示，线弹性柱体受单轴拉伸，不考虑体力，证明：

$$\sigma_x = \sigma_y = 0, \quad \tau_{yz} = \tau_{zx} = \tau_{xy} = 0, \quad \sigma_z = \frac{N}{A}$$

是该柱体的应力状态并求位移。

5-4 柱体侧面受静水压力 p 的作用，上下端面不受力，体力可以忽略，用逆解法求应力与应变。

5-5 证明 U_1、U_2 是双调和函数：

$$U_1 = xf_1 + g_1; \quad U_2 = yf_2 + g_2; \quad U_3 = r^2 f_3 + g_3$$

式中，f_i、g_i 为函数且满足 $\nabla^2 f_i = 0$，$\nabla^2 g_i = 0$（$i = 1, 2, 3$）。

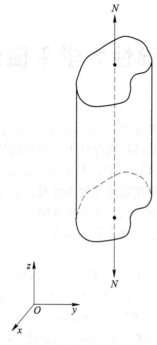

图 5-7

5-6 当体积力为常数时，证明：$\nabla^2 \varepsilon_v = 0$，$\nabla^2 \sigma_m = 0$。

5-7 如图 5-8 所示矩形薄板，一对边均匀受拉，另一对边均匀受压，体力可以忽略，利用叠加原理求薄板的应力、应变和位移。

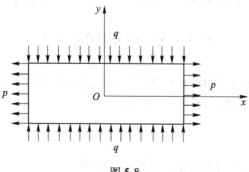

图 5-8

6 弹性力学平面问题的解

严格地讲，任何一个工程中的弹性力学问题都是空间问题，自弹性力学理论建立以来，虽然已有很长的历史，但是能够得到弹性力学解析解的空间问题是很少的。如果结构在某个方向的几何尺寸远大于（或远小于）其他两个方向的尺寸，例如隧道、水坝或一个薄板，当其受力情况和约束条件满足某些限制条件时，则这类问题可以近似地当作平面问题来处理，并可给出足够精确的解，因此研究平面问题是具有重要意义的。本章将系统地论述平面弹性力学问题的基本概念、理论和求解方法，并给出若干经典弹性力学问题的求解示例。

在平面弹性理论的发展过程中，许多学者都曾做过重要的贡献，例如 Папкович（1939）提供了许多经典弹性理论平面问题的解，Sokolnikoff（1956）利用直角坐标张量记号精辟地阐述了平面弹性力学问题的解，Уфлянд（1963）等利用积分变换方法论述了平面弹性力学问题，Timoshenko，Goodier（1970）全面地论述了弹性力学平面问题的基本解法。利用复变函数方法系统阐述平面弹性理论并精美地给出诸多平面弹性力学问题解的作者是以 Мусхелишвили（1954）为首的苏联学派，他们在弹性理论发展过程中所做的贡献，至今仍熠熠生辉。用有限元等数值方法来求解弹性力学问题的代表人物是 Zienkiewicz（1977）以及 Длугач（1964）等。对于需要进一步了解弹性力学平面理论的读者可以阅读上面列出的有关专著及其中的参考文献，复变函数方法在本书中不作介绍。

6.1 平面问题的定义

根据结构的几何形状及受力和约束情况，可以把工程中的弹性力学平面问题近似地抽象成两大类，即平面应力问题与平面应变问题。

6.1.1 平面应力问题

平面应力问题以薄板为研究对象，其基本假设为：

（1）设弹性体的三个特征尺寸 a、b、h 中，有一个尺寸，例如厚度 h 相对于另外两个尺寸是很小的，即 $h \ll \min(a, b)$。这表示我们研究的物体是薄板，并设厚度 h 是常数。平分厚度的平面称为中平面，取坐标系 Oxy 与中平面重合，Oz 轴与 Oxy 垂直，并使 $Oxyz$ 构成右手坐标系，如图 6-1 所示。

（2）设物体所受的力平行于板平面，并沿厚度不变，即体积力为 $(f_x, f_y, 0)$，侧表面力为 $(P_x, P_y, 0)$，且 f_x、f_y、P_x、P_y 只是 x、y 的函数并自成平衡力系。

（3）设物体所受的几何约束条件沿厚度亦是不变的。这样，由三维弹性理论可知，由于板的厚度 h 很小，所以可近似地认为在物体中的所有点都有

$$\sigma_z = 0, \ \tau_{zx} = 0, \ \tau_{zy} = 0$$

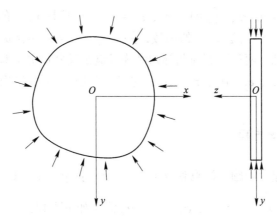

图 6-1　平面应力问题示意图

同时其他几个应力分量 σ_x、$\tau_{xy}=\tau_{yx}$、σ_y 都只是 x、y 的函数。根据本构方程可知，$\gamma_{zx}=\gamma_{zy}=0$，$\varepsilon_x$、$\varepsilon_{xy}=\varepsilon_{yx}$、$\varepsilon_y$ 以及 $\varepsilon_z=-\dfrac{\mu}{E}(\sigma_x+\sigma_y)$ 都只是 x、y 的函数，并且位移 u、v 亦是 x、y 的函数。

6.1.2　平面应变问题

平面应变问题以长的柱体或严格地说以无限长的柱体为研究对象，其基本假设为：

（1）弹性体的三个特征尺寸 a、b、L 中，有一个尺寸，例如物体的长度 L，相对于另外两个尺寸是很大的，即 $L\gg\max(a,b)$。这意味着物体是柱状的。取长度方向为 z 方向，垂直于长度方向的平面称为横截面，取坐标面 Oxy 与柱体的某个横截面重合，并与 Oz 轴构成右手系，如图 6-2 所示。

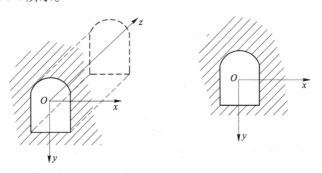

图 6-2　平面应变问题示意图

（2）设作用于柱体上的体积力和侧表面力与横截面平行，并沿长度不变，即有体积力 $(f_x,f_y,0)$，侧表面力 $(P_x,P_y,0)$，这些力的各分量都只是 x、y 的函数，且它们自成平衡力系。

（3）设物体所受的几何约束沿长度不变。由于 $L\gg\max(a,b)$，所以任何一个横截面可视为（或近似视为）对称面，于是有位移

$$w=0,\ u=u(x,y),\ v=v(x,y)$$

从而由几何方程有 $\varepsilon_z = \gamma_{zx} = \gamma_{zy} = 0$，$\varepsilon_x$、$\varepsilon_{xy} = \varepsilon_{yx}$、$\varepsilon_y$ 只是 x、y 的函数。再由本构方程可知，σ_x、$\tau_{xy} = \tau_{yx}$、σ_y 亦只是 x、y 的函数，并且 $\tau_{zx} = \tau_{zy} = 0$，$\sigma_z = \mu(\sigma_x + \sigma_y)$。

由上面的分析可见，两类平面问题都归结为求满足某些微分方程和边界条件的主要未知物理量 u、v、ε_x、ε_{xy}、ε_y、σ_x、τ_{xy}、σ_y，它们都只是 x、y 的函数，下面我们将建立它们的基本边值问题。

6.1.3 平面问题的基本方程

首先，对于平面应力问题，注意到 $\sigma_z = \tau_{zx} = \tau_{zy} = 0$ 及 $\gamma_{zx} = \gamma_{zy} = 0$，$\varepsilon_z = -\dfrac{\mu}{E}(\sigma_x + \sigma_y)$，则 8 个主要物理量 u、v、ε_x、ε_{xy}、ε_y、σ_x、τ_{xy}、σ_y 满足如下方程：

平衡方程为

$$\begin{cases} \dfrac{\partial \sigma_x}{\partial x} + \dfrac{\partial \tau_{xy}}{\partial y} + f_x = 0 \\[3mm] \dfrac{\partial \tau_{xy}}{\partial x} + \dfrac{\partial \sigma_y}{\partial y} + f_y = 0 \end{cases} \tag{6-1}$$

几何方程为

$$\varepsilon_x = \frac{\partial u}{\partial x}$$

$$\varepsilon_y = \frac{\partial v}{\partial y} \tag{6-2}$$

$$\gamma_{xy} = \frac{\partial u}{\partial y} + \frac{\partial v}{\partial x}$$

物理方程为

$$\varepsilon_x = \frac{1}{E}(\sigma_x - \mu\sigma_y)$$

$$\varepsilon_y = \frac{1}{E}(\sigma_y - \mu\sigma_x) \tag{6-3}$$

$$\varepsilon_{xy} = \frac{1}{2G}\tau_{xy}$$

对于平面应变问题，注意到 $\varepsilon_z = \gamma_{zx} = \gamma_{zy} = 0$ 及 $\tau_{zx} = \tau_{zy} = 0$，$\sigma_z = \mu(\sigma_x + \sigma_y)$，则 8 个主要物理量 u、v、ε_x、ε_{xy}、ε_y、σ_x、τ_{xy}、σ_y 满足的平衡方程、几何方程和平面应变问题是一样的，仅在物理方程上略有差异。平面应变的本构方程为：

$$\varepsilon_x = \frac{1}{E}[\sigma_x - \mu(\sigma_y + \sigma_z)]$$

$$\varepsilon_y = \frac{1}{E}[\sigma_y - \mu(\sigma_z + \sigma_x)] \tag{6-4}$$

$$\varepsilon_{xy} = \frac{1}{2G}\tau_{xy}$$

注意到：

$$\sigma_z = \mu(\sigma_x + \sigma_y)$$

利用上式改写物理方程：

$$\varepsilon_x = \frac{1}{E}\{\sigma_x - \mu[\sigma_y + \mu(\sigma_x + \sigma_y)]\} = \frac{1}{E}[(1 - \mu^2)\sigma_x - \mu(1 + \mu)\sigma_y]$$

$$\varepsilon_y = \frac{1}{E}\{\sigma_y - \mu[\sigma_x + \mu(\sigma_x + \sigma_y)]\} = \frac{1}{E}[(1 - \mu^2)\sigma_y - \mu(1 + \mu)\sigma_x]$$

$$\varepsilon_x = \frac{1 - \mu^2}{E}\left(\sigma_x - \frac{\mu}{1 - \mu}\sigma_y\right)$$

$$\varepsilon_y = \frac{1 - \mu^2}{E}\left(\sigma_y - \frac{\mu}{1 - \mu}\sigma_x\right)$$

若令 $E' = \dfrac{E}{1 - \mu^2}$，$\mu' = \dfrac{\mu}{1 - \mu}$，则：

$$\varepsilon_x = \frac{1}{E'}(\sigma_x - \mu'\sigma_y)$$

$$\varepsilon_y = \frac{1}{E'}(\sigma_y - \mu'\sigma_x) \tag{6-4'}$$

$$\varepsilon_{xy} = \frac{1}{2G}\tau_{xy} \quad (G = G')$$

此时协调方程为：

$$\frac{\partial^2 \varepsilon_x}{\partial y^2} + \frac{\partial^2 \varepsilon_y}{\partial x^2} = \frac{\partial^2 \gamma_{xy}}{\partial x \partial y} \tag{6-5}$$

式（6-1）~式（6-5）分别是平面应力问题和平面应变问题基本物理量在物体内所满足的基本方程。并且可见，作替换 E 为 E'、μ 为 μ' 后平面应变问题的基本方程和平面应力问题的基本方程在形式上是相同的。今后除特别声明外，我们不再从数学上区分这两类平面问题。

6.2　平面问题的基本解法

和空间弹性力学问题相类似，平面弹性力学基本边值问题的求解一般有三类方法，即位移解法、应力解法以及混合解法。现简述这些方法的求解框架如下。

6.2.1　位移解法

这种解法中，基本未知量是位移 u、v。由于位移必满足几何方程，所以求解 u、v 的基本方程是平衡微分方程。由几何方程（6-2）及本构方程（6-3），可将应力分量用位移表示出来，再将它们代入平衡方程（6-1）则可得到：

$$\begin{cases} \dfrac{E}{1 - \mu^2}\left(\dfrac{\partial^2 u}{\partial x^2} + \mu\dfrac{\partial^2 v}{\partial x \partial y}\right) + \dfrac{E}{2(1 + \mu)}\left(\dfrac{\partial^2 u}{\partial y^2} + \dfrac{\partial^2 v}{\partial y \partial x}\right) + f_x = 0 \\[3mm] \dfrac{E}{2(1 + \mu)}\left(\dfrac{\partial^2 u}{\partial x \partial y} + \dfrac{\partial^2 v}{\partial x^2}\right) + \dfrac{E}{1 - \mu^2}\left(\dfrac{\partial^2 v}{\partial y^2} + \mu\dfrac{\partial^2 u}{\partial y \partial x}\right) + f_y = 0 \end{cases} \tag{6-6}$$

改写上式得到：

$$\begin{cases} G\,\nabla^2 u + G\,\dfrac{1+\mu}{1-\mu}\dfrac{\partial}{\partial x}\left(\dfrac{\partial u}{\partial x} + \dfrac{\partial v}{\partial y}\right) + f_x = 0 \\[2mm] G\,\nabla^2 v + G\,\dfrac{1+\mu}{1-\mu}\dfrac{\partial}{\partial y}\left(\dfrac{\partial u}{\partial x} + \dfrac{\partial v}{\partial y}\right) + f_y = 0 \end{cases} \tag{6-6'}$$

式（6-6）便是求解位移 u、v 的基本微分方程，有时称为 Lame 方程。为了求解（6-4′）还必须给定由 u、v 表示的边界条件，由柯西应力定理，则边界条件为：

$$P_x = \sigma_x l + \tau_{xy} m, \quad P_y = \tau_{xy} l + \sigma_y m \tag{6-7}$$

利用物性方程（6-3）和几何方程（6-2）可以得到：

$$\begin{cases} P_x = \dfrac{E}{1-\mu^2}\left[l\left(\dfrac{\partial u}{\partial x} + \mu\dfrac{\partial v}{\partial y}\right) + m\,\dfrac{1-\mu}{2}\left(\dfrac{\partial u}{\partial y} + \dfrac{\partial v}{\partial x}\right) \right] \\[3mm] P_y = \dfrac{E}{1-\mu^2}\left[m\left(\dfrac{\partial u}{\partial y} + \mu\,\dfrac{\partial v}{\partial x}\right) + l\,\dfrac{1-\mu}{2}\left(\dfrac{\partial u}{\partial x} + \dfrac{\partial v}{\partial y}\right) \right] \end{cases} \tag{6-7'}$$

6.2.2　应力解法

在这种解法中，基本未知量是应力分量 σ_x、τ_{xy}、σ_y，它们必须满足平衡方程：

$$\begin{cases} \dfrac{\partial \sigma_x}{\partial x} + \dfrac{\partial \tau_{xy}}{\partial y} + f_x = 0 \\[3mm] \dfrac{\partial \tau_{xy}}{\partial x} + \dfrac{\partial \sigma_y}{\partial y} + f_y = 0 \end{cases}$$

但平衡方程只有两个，从数学上来说，它们不足以求解三个应力分量，所以必须再补充一个方程。这个补充方程必须保证物体变形后仍然是连续的，因而，这个补充方程应是变形协调条件或称连续性方程，亦称相容方程。对于平面问题则为：

$$\frac{\partial^2 \varepsilon_x}{\partial y^2} + \frac{\partial^2 \varepsilon_y}{\partial x^2} = \frac{\partial^2 \gamma_{xy}}{\partial x \partial y}$$

将物性方程（6-3）代入应变协调方程（6-5）得到：

$$\frac{\partial}{\partial y^2}\left[\frac{1}{E}(\sigma_x - \mu\sigma_y)\right] + \frac{\partial}{\partial x^2}\left[\frac{1}{E}(\sigma_y - \mu\sigma_x)\right] = \frac{1}{G}\frac{\partial^2 \tau_{xy}}{\partial x \partial y}$$

整理上式得到：

$$\frac{\partial^2 \sigma_x}{\partial y^2} + \frac{\partial^2 \sigma_y}{\partial x^2} - \mu\left(\frac{\partial^2 \sigma_y}{\partial y^2} + \frac{\partial^2 \sigma_x}{\partial x^2}\right) = 2(1+\mu)\frac{\partial^2 \tau_{xy}}{\partial x \partial y}$$

由平衡方程可以得到：

$$2\frac{\partial^2 \tau_{xy}}{\partial x \partial y} = \left[\frac{\partial}{\partial x}\left(-\frac{\partial \sigma_x}{\partial x} - f_x\right) + \frac{\partial}{\partial y}\left(-\frac{\partial \sigma_y}{\partial y} - f_y\right)\right] = \left[-\left(\frac{\partial^2 \sigma_x}{\partial x^2} + \frac{\partial^2 \sigma_y}{\partial y^2}\right) + \left(-\frac{\partial f_x}{\partial x} - \frac{\partial f_y}{\partial y}\right)\right]$$

代入上式，整理后得到：

$$\nabla^2(\sigma_x + \sigma_y) = -(1+\mu)\left(\frac{\partial f_x}{\partial x} + \frac{\partial f_y}{\partial y}\right) \tag{6-8}$$

式中，$\nabla^2 = \dfrac{\partial^2}{\partial x^2} + \dfrac{\partial^2}{\partial y^2}$ 为二维调和算子。式（6-8）联立平衡方程（6-1）即为求解平面应力问

题应力分量 σ_x、τ_{xy}、σ_y 的基本方程。对于平面应变问题只需以 μ' 代替式（6-8）中的 μ 即可得到相应的相容方程。边界条件为：

$$P_x = \sigma_x l + \tau_{xy} m, \quad P_y = \tau_{xy} l + \sigma_y m$$

由式（6-1）、式（6-6）求出 σ_x、τ_{xy}、σ_y 之后，由本构方程（6-3）可得到应变分量 ε_x、ε_{xy}、ε_y，对于单连通域 Ω，再由几何方程，通过积分在相差一个任意的刚性运动范围内可得到单值连续的位移分量 u 和 v。

6.2.3　混合解法

这时基本未知量是位移分量 u 和 v 以及应力分量 σ_x、τ_{xy}、σ_y，它们满足几何方程和平衡方程，并通过本构方程建立起二者的联系，所以其基本方程是式（6-6）或式（6-1）、式（6-8），而边界条件则为式（6-7）。

6.3　应　力　函　数

相对于三维弹性力学而言，平面弹性力学问题要简单很多，但求解仍是十分困难的。因此，在实际求解过程中还必须寻求某些特殊的方法、采取特殊的手段以便获得问题的精确解或近似解。下面将看到，在某些情况下，引入应力函数将会使问题较方便地得到解决。

设弹性体不受体积力，即 $f_x = f_y = 0$。这时物体内的应力分量 σ_x、σ_y 和 τ_{xy} 满足如下方程：

$$\begin{cases} \dfrac{\partial \sigma_x}{\partial x} + \dfrac{\partial \tau_{xy}}{\partial y} = 0 \\[2mm] \dfrac{\partial \tau_{xy}}{\partial x} + \dfrac{\partial \sigma_y}{\partial y} = 0 \\[2mm] \left(\dfrac{\partial^2}{\partial x^2} + \dfrac{\partial^2}{\partial y^2} \right)(\sigma_x + \sigma_y) = 0 \end{cases} \tag{6-9}$$

引入足够光滑的函数 $\varphi(x, y)$，并令

$$\sigma_x = \frac{\partial^2 \varphi}{\partial y^2}, \quad \sigma_y = \frac{\partial^2 \varphi}{\partial x^2}, \quad \tau_{xy} = -\frac{\partial^2 \varphi}{\partial x \partial y} \tag{6-10}$$

则平衡方程自动被满足。将式（6-10）代入式（6-9）的第三式相容方程，则得到 $F(x,y)$ 满足的微分方程：

$$\left(\frac{\partial^2}{\partial x^2} + \frac{\partial^2}{\partial y^2} \right)\left(\frac{\partial^2 \varphi}{\partial y^2} + \frac{\partial^2 \varphi}{\partial x^2} \right) = \frac{\partial^4 \varphi}{\partial x^4} + 2\frac{\partial^4 \varphi}{\partial x^2 \partial y^2} + \frac{\partial^4 \varphi}{\partial y^4} = \nabla^4 \varphi = 0 \tag{6-11}$$

可见，在无体积力作用下的平面弹性力学问题，如果物体所占的区域是单连通的，则存在函数 $\varphi(x,y)$ 使得式（6-9）成立，并且 φ 是一个双调和函数，因此求解弹性力学平面问题归结为求解双调和函数 $\varphi(x,y)$ 的问题。$\varphi(x,y)$ 称为 Airy 应力函数，或简称应力函数，是 Airy 在 1862 年首先引进的，借助于 Airy 应力函数 φ 可以大大拓广平面弹性力学问题的求解。

6.4　极坐标系中的基本方程

在许多工程问题中，都能遇到诸如圆形物、环形物、楔形体、圆弧形曲杆，以及厚壁圆筒等平面弹性力学问题。借助于极坐标 (r,θ) 来求解这种形状的问题通常是比较简单和方便的，为此，我们需要将所有的基本方程通过坐标转换，导出其极坐标形式。

6.4.1　极坐标系中的平衡微分方程

取极坐标系 (r,θ) 与弹性体所占的区域 Ω 相重合，并设物体某点 $P(r,\theta)$ 处在极坐标系中的应力分量为 σ_r、σ_θ 和 $\tau_{r\theta}=\tau_{\theta r}$，现在过该点 $P(r,\theta)$ 从物体中切出一块微小的扇形元素 $PACB$，作用在该元素各面上的应力分量如图 6-3 所示。

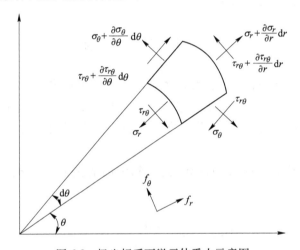

图 6-3　极坐标系下微元体受力示意图

为了方便设厚度 $h=1$。因为 (r,θ) 为曲线坐标，所以各点处的 r 方向和 θ 方向是不相同的。若将作用于微元体上的力在 $\left(r+\dfrac{dr}{2},\theta+\dfrac{d\theta}{2}\right)$ 处的 r 方向和 θ 方向投影，并令其合力为零，则可得到极坐标系中的平衡微分方程。

对 r 方向力的平衡有贡献的力，在 r 面上，有：

$$-\sigma_r r d\theta,\ \left(\sigma_r+\frac{\partial\sigma_r}{\partial r}dr\right)(r+dr)d\theta$$

注意到微元体的 θ 面上所受力与以微元中心为原点的环向坐标方向的夹角，因此在 θ 面上，有：

$$-\sigma_\theta\sin\frac{d\theta}{2}dr,\ -\left(\sigma_\theta+\frac{\partial\sigma_\theta}{\partial\theta}d\theta\right)\sin\frac{d\theta}{2}dr,\ -\tau_{r\theta}\cos\frac{d\theta}{2}dr,\ \left(\tau_{r\theta}+\frac{\partial\tau_{r\theta}}{\partial\theta}d\theta\right)\cos\frac{d\theta}{2}dr$$

体力为：

$$f_r\frac{r+r+dr}{2}d\theta\times dr$$

综合各力的贡献，可以列出 r 方向力的平衡条件：

$$\left(\sigma_r + \frac{\partial\sigma_r}{\partial r}dr\right)(r + dr)d\theta - \sigma_r rd\theta - \left(\sigma_\theta + \frac{\partial\sigma_\theta}{\partial\theta}d\theta\right)\sin\frac{d\theta}{2}dr - \sigma_\theta\sin\frac{d\theta}{2}dr +$$

$$\left(\tau_{r\theta} + \frac{\partial\tau_{r\theta}}{\partial\theta}d\theta\right)\cos\frac{d\theta}{2}dr - \tau_{r\theta}\cos\frac{d\theta}{2}dr + f_r\frac{r + r + dr}{2}d\theta \times dr = 0$$

略去三阶小量，化简后得 r 方向的平衡方程：

$$\frac{\partial\sigma_r}{\partial r} + \frac{\sigma_r - \sigma_\theta}{r} + \frac{1}{r}\frac{\partial\tau_{r\theta}}{\partial\theta} + f_r = 0 \tag{6-12a}$$

对 θ 方向力的平衡有贡献的力，在 r 面上，有：

$$-\tau_{r\theta}rd\theta, \quad \left(\tau_{r\theta} + \frac{\partial\tau_{r\theta}}{\partial r}dr\right)(r + dr)d\theta$$

在 θ 面上，有：

$$-\sigma_\theta\cos\frac{d\theta}{2}dr, \quad \left(\sigma_\theta + \frac{\partial\sigma_\theta}{\partial\theta}d\theta\right)\cos\frac{d\theta}{2}dr, \quad \tau_{r\theta}\sin\frac{d\theta}{2}dr, \quad \left(\tau_{r\theta} + \frac{\partial\tau_{r\theta}}{\partial\theta}d\theta\right)\sin\frac{d\theta}{2}dr$$

体力为：

$$f_\theta\frac{r + r + dr}{2}d\theta dr$$

综合各力的贡献，可以列出 θ 方向力的平衡条件：

$$\left(\tau_{r\theta} + \frac{\partial\tau_{r\theta}}{\partial r}dr\right)(r + dr)d\theta - \tau_{r\theta}rd\theta + \left(\sigma_\theta + \frac{\partial\sigma_\theta}{\partial\theta}d\theta\right)\cos\frac{d\theta}{2}dr - \sigma_\theta\cos\frac{d\theta}{2}dr +$$

$$\tau_{r\theta}\sin\frac{d\theta}{2}dr + \left(\tau_{r\theta} + \frac{\partial\tau_{r\theta}}{\partial\theta}d\theta\right)\sin\frac{d\theta}{2}dr + f_\theta\frac{r + r + dr}{2}d\theta dr = 0$$

化简后得 θ 方向的平衡方程：

$$\frac{\partial\tau_{r\theta}}{\partial r} + \frac{1}{r}\frac{\partial\sigma_\theta}{\partial\theta} + \frac{2\tau_{r\theta}}{r} + f_\theta = 0 \tag{6-12b}$$

极坐标系下，平衡方程汇总如下：

$$\begin{cases} \dfrac{\partial\sigma_r}{\partial r} + \dfrac{1}{r}\dfrac{\partial\tau_{r\theta}}{\partial\theta} + \dfrac{\sigma_r - \sigma_\theta}{r} + f_r = 0 \\[3mm] \dfrac{\partial\tau_{r\theta}}{\partial r} + \dfrac{1}{r}\dfrac{\partial\sigma_\theta}{\partial\theta} + \dfrac{2\tau_{r\theta}}{r} + f_\theta = 0 \end{cases} \tag{6-12}$$

6.4.2 极坐标系中的几何方程

设 u_r 和 u_θ 分别表示弹性体在极坐标系中某点处沿 r 方向和 θ 方向的位移分量，用 ε_r、ε_θ 和 $\varepsilon_{r\theta} = \varepsilon_{\theta r}$ 表示径向正应变、环向正应变以及剪应变（径向和环向两微元线段间直角的改变量），则在小变形假设下，由简单的几何关系不难得到几何方程。事实上，过 $P(r,\theta)$ 点，分别取径向微线段 $PA = dr$，环向微线段 $PB = rd\theta$。变形后它们分别变成 $P'A'$ 及 $P'B'$，则按小应变的定义，分别求出图 6-4 中（a）、（b）两种情况下的正应变、切应变以及相应角度的改变量，然后再叠加，则可得到如下的几何方程。

首先，假定只有径向位移而没有环向位移，如图 6-4（a）所示。由于这个径向位移，

径向线段 PA 移到 $P'A'$，环向线段 PB 移到 $P'B'$，而 P、A、B 三点的位移分别为：

$$PP' = u, \quad AA' = u + \frac{\partial u}{\partial r}\mathrm{d}r, \quad BB' = u + \frac{\partial u}{\partial \theta}\mathrm{d}\theta$$

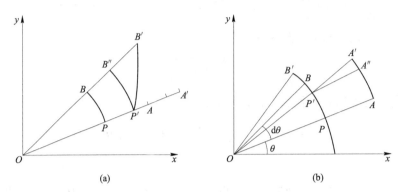

图 6-4　极坐标系下弹性体内微线元的位移描述

（a）只有径向位移；（b）只有切向位移

径向线段 PA 的线应变为：

$$\varepsilon_r = \frac{P'A' - PA}{PA} = \frac{AA' - PP'}{PA} = \frac{\left(u + \dfrac{\partial u}{\partial r}\mathrm{d}r\right) - u}{\mathrm{d}r} = \frac{\partial u}{\partial r} \tag{a}$$

环向线段 PB 的线应变为：

$$\varepsilon_\theta = \frac{P'B'' - PB}{PB} = \frac{(r + u)\,\mathrm{d}\theta - r\mathrm{d}\theta}{r\mathrm{d}\theta} = \frac{u}{r} \tag{b}$$

径向线段 PA 的转角为：

$$\alpha = 0 \tag{c}$$

环向线段 PB 的转角为：

$$\beta = \frac{BB' - PP'}{P'B''} = \frac{\left(u + \dfrac{\partial u}{\partial \theta}\mathrm{d}\theta\right) - u}{(r + u)\,\mathrm{d}\theta} = \frac{1}{r}\frac{\partial u}{\partial \theta} \tag{d}$$

剪应变为：

$$\gamma_{r\theta} = \alpha + \beta = \frac{1}{r}\frac{\partial u}{\partial \theta} \tag{e}$$

其次，假定只有环向位移而没有径向位移，如图 6-4（b）所示。由于这个环向位移，径向线段 PA 移到 $P'A'$，环向线段 PB 移到 $P'B'$，而 P、A、B 三点的位移分别为：

$$PP' = v, \quad AA' = v + \frac{\partial v}{\partial r}\mathrm{d}r, \quad BB' = v + \frac{\partial v}{\partial \theta}\mathrm{d}\theta$$

径向线段 PA 的线应变为：

$$\varepsilon_r = 0 \tag{f}$$

环向线段 PB 的线应变为：

$$\varepsilon_\theta = \frac{P'B' - PB}{PB} = \frac{BB' - PP'}{PB} = \frac{\left(v + \dfrac{\partial v}{\partial \theta}\mathrm{d}\theta\right) - v}{r\mathrm{d}\theta} = \frac{1}{r}\frac{\partial v}{\partial \theta} \tag{g}$$

径向线段 PA 的转角为：

$$\alpha = \frac{AA' - PP'}{PA} = \frac{A'A''}{P'A''} = \frac{\left(v + \frac{\partial v}{\partial r}\mathrm{d}r\right) - v}{\mathrm{d}r} = \frac{\partial v}{\partial r} \tag{h}$$

环向线段 PB 的转角为：

$$\beta = -\angle POP' = -\frac{PP'}{OP} = -\frac{v}{r} \tag{i}$$

切应变为：

$$\gamma_{r\theta} = \alpha + \beta = \frac{\partial v}{\partial r} - \frac{v}{r} \tag{j}$$

将两种情况下的正应变、切应变以及相应角度的改变量叠加，则可得到极坐标系下的几何方程：

$$\begin{cases} \varepsilon_r = \dfrac{\partial u}{\partial r} \\[2mm] \varepsilon_\theta = \dfrac{u}{r} + \dfrac{1}{r}\dfrac{\partial v}{\partial \theta} \\[2mm] \gamma_{r\theta} = \dfrac{1}{r}\dfrac{\partial u}{\partial \theta} + \dfrac{\partial v}{\partial r} - \dfrac{v}{r} \end{cases} \tag{6-13}$$

6.4.3 极坐标系中的物理方程

设弹性体是各向同性的，按照各向同性弹性的定义，本构关系在坐标系的变换下应是形式不变的。这样，借助于式（6-3），直接可得到平面应力问题的应力分量 σ_r、σ_θ、$\tau_{r\theta} = \tau_{\theta r}$ 和应变分量 ε_r、ε_θ、$\varepsilon_{r\theta} = \varepsilon_{\theta r}$ 之间的关系：

$$\begin{cases} \varepsilon_r = \dfrac{1}{E}(\sigma_r - \mu\sigma_\theta) \\[2mm] \varepsilon_\theta = \dfrac{1}{E}(\sigma_\theta - \mu\sigma_r) \\[2mm] \varepsilon_{r\theta} = \dfrac{1}{2G}\tau_{r\theta} \end{cases} \tag{6-14}$$

对于平面应变问题，用 E'、μ' 代替上式中的 E、μ，则有：

$$\begin{cases} \varepsilon_r = \dfrac{1}{E'}(\sigma_r - \mu'\sigma_\theta) \\[2mm] \varepsilon_\theta = \dfrac{1}{E'}(\sigma_\theta - \mu'\sigma_r) \\[2mm] \varepsilon_{r\theta} = \dfrac{1}{2G}\tau_{r\theta} \end{cases} \tag{6-15}$$

6.4.4 极坐标系中的应力函数

为了方便，仍设体积力为零。现在，我们将采用坐标变换的方法给出极坐标中应力函数 $\varphi(r,\theta)$ 与各应力分量 σ_r、σ_θ、$\tau_{r\theta} = \tau_{\theta r}$ 的关系以及相容方程。由应力张量的坐标变换公式，可以得到：

$$\sigma_r = \sigma_x\cos^2\theta + \sigma_y\sin^2\theta + 2\tau_{xy}\cos\theta\sin\theta$$

$$\sigma_\theta = \sigma_x\sin^2\theta + \sigma_y\cos^2\theta - 2\tau_{xy}\cos\theta\sin\theta \qquad (\text{k})$$

$$\tau_{r\theta} = \tau_{\theta r} = (\sigma_y - \sigma_x)\cos\theta\sin\theta + \tau_{xy}(\cos^2\theta - \sin^2\theta)$$

同时，

$$\sigma_x = \sigma_r\cos^2\theta + \sigma_\theta\sin^2\theta - 2\tau_{r\theta}\cos\theta\sin\theta$$

$$\sigma_y = \sigma_r\sin^2\theta + \sigma_\theta\cos^2\theta + 2\tau_{r\theta}\cos\theta\sin\theta \qquad (\text{l})$$

$$\tau_{xy} = \tau_{yx} = (\sigma_r - \sigma_\theta)\cos\theta\sin\theta + \tau_{r\theta}(\cos^2\theta - \sin^2\theta)$$

现在，由直角坐标 (x, y) 和极坐标 (r, θ) 的变换关系来推导应力函数 $\varphi(r,\theta)$ 与 σ_r、σ_θ 和 $\tau_{r\theta}$ 之间的关系以及相容方程。由于

$$x = r\cos\theta, \ y = r\sin\theta$$

则有：

$$\frac{\partial\varphi}{\partial x} = \frac{\partial\varphi}{\partial r}\frac{\partial r}{\partial x} + \frac{\partial\varphi}{\partial\theta}\frac{\partial\theta}{\partial x} = \cos\theta\frac{\partial\varphi}{\partial r} - \frac{\sin\theta}{r}\frac{\partial\varphi}{\partial\theta}$$

$$\frac{\partial\varphi}{\partial y} = \frac{\partial\varphi}{\partial r}\frac{\partial r}{\partial y} + \frac{\partial\varphi}{\partial\theta}\frac{\partial\theta}{\partial y} = \sin\theta\frac{\partial\varphi}{\partial r} + \frac{\cos\theta}{r}\frac{\partial\varphi}{\partial\theta} \qquad (\text{m})$$

从而

$$\sigma_x = \frac{\partial^2\varphi}{\partial y^2} = \frac{\partial}{\partial y}\left(\frac{\partial\varphi}{\partial y}\right) = \left(\sin\theta\frac{\partial}{\partial r} + \frac{\cos\theta}{r}\frac{\partial}{\partial\theta}\right)^2\varphi$$

$$= \sin^2\theta\frac{\partial^2\varphi}{\partial r^2} - 2\frac{\sin\theta\cos\theta}{r^2}\frac{\partial\varphi}{\partial\theta} + 2\frac{\sin\theta\cos\theta}{r}\frac{\partial^2\varphi}{\partial r\partial\theta} + \frac{\cos^2\theta}{r}\frac{\partial\varphi}{\partial r} + \frac{\cos^2\theta}{r^2}\frac{\partial^2\varphi}{\partial\theta^2} \qquad (\text{n})$$

$$\sigma_y = \frac{\partial^2\varphi}{\partial x^2} = \frac{\partial}{\partial x}\left(\frac{\partial\varphi}{\partial x}\right) = \left(\cos\theta\frac{\partial}{\partial r} - \frac{\sin\theta}{r}\frac{\partial}{\partial\theta}\right)^2\varphi$$

$$= \cos^2\theta\frac{\partial^2\varphi}{\partial r^2} + 2\frac{\sin\theta\cos\theta}{r^2}\frac{\partial\varphi}{\partial\theta} - 2\frac{\sin\theta\cos\theta}{r}\frac{\partial^2\varphi}{\partial r\partial\theta} + \frac{\sin^2\theta}{r}\frac{\partial\varphi}{\partial r} + \frac{\sin^2\theta}{r^2}\frac{\partial^2\varphi}{\partial\theta^2} \qquad (\text{o})$$

$$\tau_{xy} = -\frac{\partial^2\varphi}{\partial x\partial y} = -\frac{\partial}{\partial x}\left(\frac{\partial\varphi}{\partial y}\right) = -\left(\cos\theta\frac{\partial}{\partial r} - \frac{\sin\theta}{r}\frac{\partial}{\partial\theta}\right)\left(\sin\theta\frac{\partial}{\partial r} + \frac{\cos\theta}{r}\frac{\partial}{\partial\theta}\right)\varphi$$

$$= -\sin\theta\cos\theta\left(\frac{\partial^2\varphi}{\partial r^2} - \frac{1}{r}\frac{\partial\varphi}{\partial r} - \frac{1}{r^2}\frac{\partial^2\varphi}{\partial\theta^2}\right) + (\cos^2\theta - \sin^2\theta)\left(\frac{1}{r^2}\frac{\partial\varphi}{\partial\theta} - \frac{1}{r}\frac{\partial^2\varphi}{\partial r\partial\theta}\right) \qquad (\text{p})$$

将上式代入极坐标表示的直角坐标系的分量表达式，整理之后得到：

$$
\begin{cases}
\sigma_r = \dfrac{1}{r}\dfrac{\partial\varphi}{\partial r} + \dfrac{1}{r^2}\dfrac{\partial^2\varphi}{\partial\theta^2} \\[4mm]
\sigma_\theta = \dfrac{\partial^2\varphi}{\partial r^2} \\[4mm]
\tau_{r\theta} = \tau_{\theta r} = \dfrac{1}{r^2}\dfrac{\partial\varphi}{\partial\theta} - \dfrac{1}{r}\dfrac{\partial^2\varphi}{\partial r\partial\theta} = -\dfrac{\partial}{\partial r}\left(\dfrac{1}{r}\dfrac{\partial\varphi}{\partial\theta}\right)
\end{cases} \qquad (6\text{-}16)
$$

由式（k）或式（l）还可看到：

$$\sigma_x + \sigma_y = \sigma_r + \sigma_\theta = \frac{\partial^2 \varphi}{\partial r^2} + \frac{1}{r} \frac{\partial \varphi}{\partial r} + \frac{1}{r^2} \frac{\partial^2 \varphi}{\partial \theta^2} = \nabla^2 \varphi$$

因此，极坐标系中的相容方程为：

$$\nabla^2(\sigma_r + \sigma_\theta) = \nabla^4 \varphi = \left(\frac{\partial^2}{\partial r^2} + \frac{1}{r} \frac{\partial}{\partial r} + \frac{1}{r^2} \frac{\partial^2}{\partial \theta^2} \right)^2 \varphi = 0 \tag{6-17}$$

至于极坐标系中的边界条件，一般亦有下面两类。

（1）给定边界外力的情况。设边界 S_σ 上已知外力 $(\overline{F}_r, \overline{F}_\theta)$，则有力的边界条件：

$$\sigma_r l + \tau_{r\theta} m = \overline{F}_r, \quad \tau_{r\theta} l + \sigma_\theta m = \overline{F}_\theta, \quad (r, \theta) \in S_\sigma \tag{6-18}$$

式中，l、m 为边界点 (r, θ) 处的外法线 $\boldsymbol{n}$ 对于该点处 r 方向和 θ 方向的方向余弦；$(\overline{F}_r, \overline{F}_\theta)$ 为边界外力在点 (r, θ) 处沿 r 方向和 θ 方向的投影，它们是边界 S_σ 上点的已知函数。

（2）给定边界位移的情况。设边界 S_u 上已知位移 $(\overline{u}, \overline{v})$，则有位移边界条件：

$$u = \overline{u}, \quad v = \overline{v}, \quad (r, \theta) \in S_u \tag{6-19}$$

式中，$\overline{u}$ 和 $\overline{v}$ 是边界 S_u 上点的已知函数。

有了极坐标系中的基本方程和边界条件，我们可以建立极坐标系中平面弹性力学的基本边值问题。当然，这些边值问题亦可用应力函数 $F(r, \theta)$ 来表示。

6.5 厚壁筒问题

厚壁圆筒在实际工程中是一种常见的结构，例如输油管道、巷道、油缸、炮筒等。这里我们研究图 6-5 所示厚壁圆筒受均布内、外压力作用时的应力和位移。这种情况下，应力分量 σ_r、σ_θ 和 $\tau_{r\theta}$ 亦只是 r 的函数，应力函数 φ 也只是 r 的函数，这是一个典型的轴对称平面应变问题。所谓轴对称，是指物体的形状或某物理量是绕一轴对称的，凡通过对称轴的任何面都是对称面。

由于受均布内、外压力作用，厚壁圆筒只有体积改变，没有形状改变，因此 $\gamma_{r\theta} = 0$，$\tau_{r\theta}$ 亦为 0，受均布内、外压力作用的厚壁圆筒满足的弹性力学基本方程可以进一步简化。

平衡方程为：

$$\frac{\partial \sigma_r}{\partial r} + \frac{\sigma_r - \sigma_\theta}{r} + f_r = 0$$

几何方程为：

$$\varepsilon_r = \frac{\partial u}{\partial r}, \quad \varepsilon_\theta = \frac{u}{r}$$

物性方程为：

$$\begin{cases} \varepsilon_r = \frac{1}{E}(\sigma_r - \mu \sigma_\theta) \\ \varepsilon_\theta = \frac{1}{E}(\sigma_\theta - \mu \sigma_r) \end{cases}$$

协调方程为：

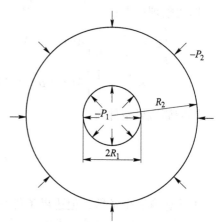

图 6-5 厚壁筒受力示意图

$$\frac{\partial^2 \varepsilon_\theta}{\partial r^2} - \frac{1}{r}\frac{\partial \varepsilon_\theta}{\partial r} + \frac{2}{r}\frac{\partial \varepsilon_\theta}{\partial r} = 0$$

6.5.1 应力函数法

若不计体力，受均布内、外压力作用厚壁筒问题的艾里应力函数 $\varphi(r)$ 满足的方程为：

$$\nabla^4 \varphi = \left(\frac{d^2}{dr^2} + \frac{1}{r}\frac{d}{dr}\right)^2 \varphi = 0 \tag{a}$$

注意到 $\dfrac{d^2}{dr^2} + \dfrac{1}{r}\dfrac{d}{dr} = \dfrac{1}{r}\dfrac{d}{dr}r\dfrac{d}{dr}$，得：

$$\nabla^4 \varphi = \frac{1}{r}\frac{d}{dr}r\frac{d}{dr}\frac{1}{r}\frac{d}{dr}r\frac{d\varphi}{dr} = 0$$

连续积分四次，可得应力函数 $\varphi(r)$ 的通解：

$$\varphi(r) = Ar^2\ln r + B\ln r + Cr^2 + D \tag{b}$$

式中，A、B、C、D 是任意常数，将由边界条件及初始条件确定。

根据应力函数定义，相应应力分量为：

$$\begin{cases} \sigma_r = \dfrac{1}{r}\dfrac{d\varphi}{dr} = A(1 + 2\ln r) + \dfrac{B}{r^2} + 2C \\[2mm] \sigma_\theta = \dfrac{d^2\varphi}{dr^2} = A(3 + 2\ln r) - \dfrac{B}{r^2} + 2C \\[2mm] \tau_{r\theta} = \tau_{\theta r} = -\dfrac{\partial}{\partial r}\left(\dfrac{1}{r}\dfrac{\partial\varphi}{\partial\theta}\right) = 0 \end{cases} \tag{c}$$

根据本构方程，相应应变分量为：

$$\begin{cases} \varepsilon_r = \dfrac{1}{E}(\sigma_r - \mu\sigma_\theta) = \dfrac{1}{E}\left\{A(1 + 2\ln r) + \dfrac{B}{r^2} + 2C - \mu\left[A(3 + 2\ln r) - \dfrac{B}{r^2} + 2C\right]\right\} \\[3mm] \varepsilon_\theta = \dfrac{1}{E}(\sigma_\theta - \mu\sigma_r) = \dfrac{1}{E}\left\{A(3 + 2\ln r) - \dfrac{B}{r^2} + 2C - \mu\left[A(1 + 2\ln r) + \dfrac{B}{r^2} + 2C\right]\right\} \end{cases}$$

简化整理后得：

$$\begin{cases} \varepsilon_r = \dfrac{\partial u}{\partial r} = \dfrac{1}{E}\left[A(1 - 3\mu) + 2A(1 - \mu)\ln r + \dfrac{B}{r^2}(1 + \mu) + 2C(1 - \mu)\right] \\[3mm] \varepsilon_\theta = \dfrac{u}{r} = \dfrac{1}{E}\left[A(3 - \mu) + 2A(1 - \mu)\ln r - \dfrac{B}{r^2}(1 + \mu) + 2C(1 - \mu)\right] \end{cases} \tag{d}$$

厚壁筒边界条件为：

$$r = R_1 \quad \sigma_r = -P_1$$
$$r = R_2 \quad \sigma_r = -P_2$$
$$\tau_{r\theta} = 0$$

上式包含三个常数，但边界条件只有两个，还需要一个条件才能完全确定三个常数。注意到 ε_r、ε_θ 都和 u 有关，因此，对 ε_r 进行积分得：

$$u = \int \varepsilon_r dr = \frac{1}{E}\left[A(1 - 3\mu)r + 2A(1 - \mu)\int \ln r dr - B(1 + \mu)\frac{1}{r} + 2C(1 - \mu)r + D\right]$$

由 ε_{θ} 得:

$$u = \frac{1}{E}\left[A(3-\mu)r + 2A(1-\mu)r\ln r - B(1+\mu)\frac{1}{r} + 2C(1-\mu)r\right]$$

对比以上两式各项,由于位移的唯一性,可以判定:

$$A = 0$$

因此,

$$\begin{cases} \sigma_r = \dfrac{B}{r^2} + 2C \\[2mm] \sigma_{\theta} = -\dfrac{B}{r^2} + 2C \end{cases} \tag{e}$$

利用边界条件得到:

$$\begin{cases} \sigma_r(R_1) = -P_1 = \dfrac{B}{R_1^2} + 2C \\[2mm] \sigma_r(R_2) = -P_2 = \dfrac{B}{R_2^2} + 2C \end{cases}$$

解得:

$$B = \frac{R_1^2 R_2^2 (P_2 - P_1)}{R_2^2 - R_1^2}$$

$$2C = \frac{P_2 R_2^2 - P_1 R_1^2}{R_2^2 - R_1^2}$$

因此,

$$\begin{cases} \sigma_r = \dfrac{R_1^2 R_2^2 (P_2 - P_1)}{R_2^2 - R_1^2}\dfrac{1}{r^2} - \dfrac{P_2 R_2^2 - P_1 R_1^2}{R_2^2 - R_1^2} \\[3mm] \sigma_{\theta} = -\dfrac{R_1^2 R_2^2 (P_2 - P_1)}{R_2^2 - R_1^2}\dfrac{1}{r^2} - \dfrac{P_2 R_2^2 - P_1 R_1^2}{R_2^2 - R_1^2} \end{cases} \tag{6-20}$$

再利用本构方程、几何方程即可得到应变和位移。

6.5.2 位移法

利用几何方程、本构方程等可以得到以位移表示的应力平衡方程:

$$\frac{E}{1-\mu^2}\left(\frac{d^2u}{dr^2} + \frac{\mu}{r}\frac{du}{dr} - \frac{\mu u}{r^2}\right) + \frac{E}{1-\mu^2}\frac{1}{r}\left(\frac{du}{dr} - \mu\frac{du}{dr} + \frac{\mu u}{r} - \frac{u}{r}\right) + f_r = 0$$

若体力不计,则

$$\frac{E}{1-\mu^2}\left(\frac{d^2u}{dr^2} + \frac{\mu}{r}\frac{du}{dr} - \frac{\mu u}{r^2}\right) + \frac{E}{1-\mu^2}\frac{1}{r}\left(\frac{du}{dr} - \mu\frac{du}{dr} + \frac{\mu u}{r} - \frac{u}{r}\right) = 0 \tag{f}$$

简化上式后得到:

$$\frac{d^2u}{dr^2} + \frac{1}{r}\frac{du}{dr} - \frac{u}{r^2} = 0$$

注意到上式可以改写为:

$$\frac{d}{dr}\left(\frac{du}{dr} + \frac{u}{r}\right) = \frac{d}{dr}\frac{1}{r}\frac{d}{dr}(ru) = 0$$

积分两次可得：

$$u = C_1 r + \frac{C_2}{r} \tag{g}$$

利用几何方程，得到以位移表示的本构方程为：

$$\sigma_r = \frac{E}{1-\mu^2}\left[(1+\mu)C_1 - (1-\mu)\frac{C_2}{r^2}\right]$$

$$\sigma_\theta = \frac{E}{1-\mu^2}\left[(1+\mu)C_1 + (1-\mu)\frac{C_2}{r^2}\right] \tag{h}$$

代入边界条件有：

$$\begin{cases} -P_1 = \dfrac{E}{1-\mu^2}\left[(1+\mu)C_1 - (1-\mu)\dfrac{C_2}{R_1^2}\right] \\[3mm] -P_2 = \dfrac{E}{1-\mu^2}\left[(1+\mu)C_1 - (1-\mu)\dfrac{C_2}{R_2^2}\right] \end{cases}$$

解得：

$$C_1 = -\frac{1-\mu}{E}\frac{P_2 R_2^2 - P_1 R_1^2}{R_2^2 - R_1^2}, \quad C_2 = -\frac{1+\mu}{E}(P_2 - P_1)\frac{R_1^2 R_2^2}{R_2^2 - R_1^2}$$

代回得到应力：

$$\begin{cases} \sigma_r = \dfrac{R_1^2 R_2^2 (P_2 - P_1)}{R_2^2 - R_1^2}\dfrac{1}{r^2} - \dfrac{P_2 R_2^2 - P_1 R_1^2}{R_2^2 - R_1^2} \\[3mm] \sigma_\theta = -\dfrac{R_1^2 R_2^2 (P_2 - P_1)}{R_2^2 - R_1^2}\dfrac{1}{r^2} - \dfrac{P_2 R_2^2 - P_1 R_1^2}{R_2^2 - R_1^2} \end{cases} \tag{6-20$'$}$$

位移（注意必须用 E' 和 μ' 代替 E 和 μ）为：

$$u = \left(-\frac{1-\mu'}{E'}\frac{P_2 R_2^2 - P_1 R_1^2}{R_2^2 - R_1^2}\right)r - \left[\frac{1+\mu'}{E'}(P_2 - P_1)\frac{R_1^2 R_2^2}{R_2^2 - R_1^2}\right]\frac{1}{r}$$

$$= \frac{1+\mu}{E}\left[(2\mu - 1)\frac{P_2 R_2^2 - P_1 R_1^2}{R_2^2 - R_1^2}r - (P_2 - P_1)\frac{R_1^2 R_2^2}{R_2^2 - R_1^2}\frac{1}{r}\right] \tag{6-21}$$

以下关于厚壁筒的讨论中，除非特别说明，有关公式是按平面应力问题得到，实际应用时必须用 E' 和 μ' 代替 E 和 μ。

6.5.3 厚壁筒问题讨论及工程意义

根据上述厚壁筒的理论解，可以进一步讨论得到不同的结果。

（1）当 $R_1 = 0$，$P_1 = 0$ 时，厚壁筒退化为外表面受均布压力作用的实心圆柱，如图 6-6

所示，此时有：

$$\begin{cases} \sigma_r = \sigma_\theta = -P_2 \\ u = -\dfrac{(1-\mu)P_2}{E}r \\ \varepsilon_r = \varepsilon_\theta = -\dfrac{(1-\mu)P_2}{E} \end{cases} \qquad (6\text{-}22)$$

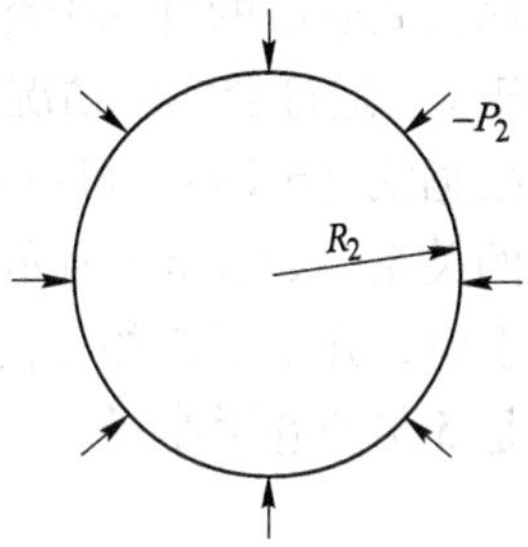

（2）当 $R_2 \to \infty$ 时，若假定地应力场处于静水压力状态，厚壁筒相当于半径为 R_1 的岩石工程的圆形隧道，此时 $P_1 = 0$，应力分量：

图 6-6　厚壁筒退化为实心圆柱

$$\begin{cases} \sigma_r = -P_2 + P_2\dfrac{R_1^2}{r^2} = -P_2\left(1-\dfrac{R_1^2}{r^2}\right) \\ \sigma_\theta = -P_2 - P_2\dfrac{R_1^2}{r^2} = -P_2\left(1+\dfrac{R_1^2}{r^2}\right) \end{cases} \qquad (6\text{-}23)$$

径向位移：

$$u = -\frac{1-\mu}{E}P_2 r - \frac{1+\mu}{E}P_2\frac{R_1^2}{r} \qquad (6\text{-}24)$$

但若按上式 r 越大，u 越大，不符合常识。这主要是因为应力路径不一样，厚壁筒问题是先有内部圆孔，然后再施加载荷，而岩石工程的圆形巷道是在初始地应力场条件下开挖形成，即弹性力学是先开挖后加载，而岩石工程是先加载后开挖。因此，需要减去初始地应力场产生的初始位移，可以通过位移法求得初始位移。

岩石工程未开挖时，由对称性 $r = 0$，$u = 0$，因此 $C_2 = 0$，此时：

$$u = C_1 r$$

应变：

$$\varepsilon_r = C_1, \quad \varepsilon_\theta = C_1$$

代入本构方程，得：

$$\sigma_r = \frac{E}{1-\mu^2}[(1+\mu)C_1 + (1-\mu)C_2] = \frac{E}{1-\mu}C_1 = \text{const}$$

当 $r \to \infty$，$\sigma_r = -P_2$，代入得：

$$\sigma_r = \frac{E}{1-\mu^2}[(1+\mu)C_1 + (1-\mu)C_2] = \frac{E}{1-\mu}C_1 = -P_2$$

解得：

$$C_1 = -\frac{1-\mu}{E}P_2$$

因此，初始位移为：

$$u_0 = -\frac{1-\mu}{E}P_2 r$$

则圆形巷道开挖产生的位移为：

$$u = u_1 - u_0 = -\frac{1+\mu}{E}P_2 R_1^2 \frac{1}{r} \qquad (6\text{-}25)$$

该公式表示的开挖引起的径向位移，在巷道表面最大，随着远离巷道表面逐渐减小，并趋于0，这符合实际情况。

根据式（6-23），可以计算圆形巷道开挖后引起的径向应力、环向应力与初始应力场之间的关系，如表6-1所示。由图6-7可以看出，当与巷道中心的距离达到巷道半径的5倍以上时，开挖引起的径向应力、环向应力已接近于初始应力场，也即巷道开挖的扰动范围约是5倍的巷道半径。

表6-1　圆形巷道围岩内的应力集中系数

$\dfrac{r}{R_1}$	1	2	3	4	5	6
$\dfrac{\sigma_r}{P_2}$	0	-0.75	-0.89	-0.9375	-0.96	-0.972
$\dfrac{\sigma_\theta}{P_2}$	-2	-1.25	-1.11	-1.0625	-1.04	-1.028

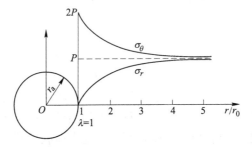

图6-7　圆形硐室周边（围岩内）的二次应力分布特征

6.6　圆孔周围的应力集中

6.6.1　经典问题的解

如图6-8所示，设有一受单向拉伸的矩形板，在其内部具有一半径为 a 的小圆孔，求圆孔附近的应力分布。这个问题称为基尔（Kirsch）问题，是 G. Kirsch 于1898年首先解决的问题。

由于小圆孔的存在，改变了圆孔附近的应力分布，使孔周边的应力值比无孔拉伸平板的应力值高出好几倍，同时离开圆孔较远处，圆孔对应力分布的影响逐渐消失，其应力分布几乎与无孔时拉伸平板的应力状态一样，这种现象称为应力集中。理论分析与实验研究都指出：应力集中现象是局部的，但局部高应力是引起疲劳裂纹或脆性断裂的根源，所以应力集中的计算具有重要的实际意义。

若圆孔的半径 a 远小于矩形板的边长，因而可视矩形板为无限大板。由圣维南原理可知，在远离小孔的地方，孔边局部应力集中的影响将消失。对于无孔板来说，板中应力为：

$$\sigma_x = p, \ \sigma_y = 0, \ \tau_{xy} = 0$$

选用极坐标，板的矩形边界用半径为 b 的同心圆来代替。当 b 足够大时，局部应力已完全衰减，使得在 $r=b$ 的边界上的应力分布与无孔时平板简单拉伸的应力分布相同。利用

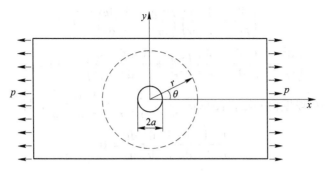

图 6-8 含圆孔的无限大矩形平板单向受拉示意图

平面问题的应力张量坐标变换公式：

$$\begin{pmatrix} \sigma_r & \tau_{r\theta} \\ \tau_{\theta r} & \sigma_\theta \end{pmatrix} = \begin{pmatrix} \cos\theta & \sin\theta \\ -\sin\theta & \cos\theta \end{pmatrix} \begin{pmatrix} \sigma_x & \tau_{xy} \\ \tau_{yx} & \sigma_y \end{pmatrix} \begin{pmatrix} \cos\theta & -\sin\theta \\ \sin\theta & \cos\theta \end{pmatrix}$$

可得在极坐标系中的应力分量：

$$\begin{cases} \sigma_r = \dfrac{\sigma_x + \sigma_y}{2} + \dfrac{\sigma_x - \sigma_y}{2}\cos2\theta + \tau_{xy}\sin2\theta \\[3mm] \sigma_\theta = \dfrac{\sigma_x + \sigma_y}{2} - \dfrac{\sigma_x - \sigma_y}{2}\cos2\theta - \tau_{xy}\sin2\theta \\[3mm] \tau_{r\theta} = -\dfrac{\sigma_x - \sigma_y}{2}\sin2\theta + \tau_{xy}\cos2\theta \end{cases}$$

将均匀应力状态代入上式，得到：

$$\begin{cases} \sigma_r = \dfrac{p}{2} + \dfrac{p}{2}\cos2\theta \\[3mm] \sigma_\theta = \dfrac{p}{2} - \dfrac{p}{2}\cos2\theta \\[3mm] \tau_{r\theta} = -\dfrac{p}{2}\sin2\theta \end{cases} \tag{a}$$

假如已经求出由圆孔引起的应力分布函数，这些函数在无穷远处应该满足上面的应力分布形式。由此可知，无穷远处的应力分布由两部分组成，一部分与角度 2θ 无关，另一部分与角度 2θ 有关。无穷远处的应力分布启示我们，可以将应力函数写成分离变量的形式，即

$$\varphi(r,\theta) = g(r) + f(r)\cos2\theta \tag{b}$$

极坐标下的应力函数满足：

$$\left(\frac{\partial^2}{\partial r^2} + \frac{1}{r}\frac{\partial}{\partial r} + \frac{1}{r^2}\frac{\partial^2}{\partial \theta^2}\right)\left(\frac{\partial^2}{\partial r^2} + \frac{1}{r}\frac{\partial}{\partial r} + \frac{1}{r^2}\frac{\partial^2}{\partial \theta^2}\right)\varphi = 0$$

即

$$\left(\frac{d^2}{dr^2} + \frac{1}{r}\frac{d}{dr}\right)\left(\frac{d^2g}{dr^2} + \frac{1}{r}\frac{dg}{dr}\right) + \left(\frac{\partial^2}{\partial r^2} + \frac{1}{r}\frac{d}{dr} - \frac{4}{r^2}\right)\left(\frac{d^2f}{dr^2} + \frac{1}{r}\frac{df}{dr} - \frac{4f}{r^2}\right)\cos2\theta = 0$$

因上式对所有的 θ 均应满足，故有：

$$\left(\frac{\mathrm{d}^2}{\partial r^2} + \frac{1}{r}\frac{\mathrm{d}}{\mathrm{d}r}\right)\left(\frac{\mathrm{d}^2 g}{\partial r^2} + \frac{1}{r}\frac{\mathrm{d}g}{\mathrm{d}r}\right) = 0$$

$$\left(\frac{\mathrm{d}^2}{\partial r^2} + \frac{1}{r}\frac{\mathrm{d}}{\mathrm{d}r} - \frac{4}{r^2}\right)\left(\frac{\mathrm{d}^2 f}{\partial r^2} + \frac{1}{r}\frac{\mathrm{d}f}{\mathrm{d}r} - \frac{4f}{r^2}\right)\cos 2\theta = 0$$

（c）

对第一式，类似厚壁筒问题，注意到 $\dfrac{\mathrm{d}^2}{\mathrm{d}r^2} + \dfrac{1}{r}\dfrac{\mathrm{d}}{\mathrm{d}r} = \dfrac{1}{r}\dfrac{\mathrm{d}}{\mathrm{d}r}r\dfrac{\mathrm{d}}{\mathrm{d}r}$，即

$$\frac{1}{r}\frac{\mathrm{d}}{\mathrm{d}r}r\frac{\mathrm{d}}{\mathrm{d}r}\frac{1}{r}\frac{\mathrm{d}}{\mathrm{d}r}r\frac{\mathrm{d}g}{\mathrm{d}r} = 0$$

解得：

$$g(r) = C_1 r^2 \ln r + C_2 \ln r + C_3 r^2 + C_4$$

（d）

对于第二式，等价于：

$$\left(\frac{\mathrm{d}^2}{\partial r^2} + \frac{1}{r}\frac{\mathrm{d}}{\mathrm{d}r} - \frac{4}{r^2}\right)\left(\frac{\mathrm{d}^2 f}{\partial r^2} + \frac{1}{r}\frac{\mathrm{d}f}{\mathrm{d}r} - \frac{4f}{r^2}\right) = 0$$

写成连续微分的形式：

$$r\frac{\mathrm{d}}{\mathrm{d}r}\frac{1}{r^3}\frac{\mathrm{d}}{\mathrm{d}r}r^3\frac{\mathrm{d}}{\mathrm{d}r}\frac{1}{r^3}\frac{\mathrm{d}}{\mathrm{d}r}(r^2 f) = 0$$

解得：

$$f(r) = C_5 r^4 + C_6 r^2 + \frac{C_7}{r^2} + C_8$$

（e）

因此该类问题的应力函数为：

$$\varphi(r,\theta) = C_1 r^2 \ln r + C_2 \ln r + C_3 r^2 + C_4 + \left(C_5 r^4 + C_6 r^2 + \frac{C_7}{r^2} + C_8\right)\cos 2\theta$$

（f）

根据式（6-16），则应力分量：

$$\begin{cases}\sigma_r = C_1(1 + 2\ln r) + \dfrac{C_2}{r^2} + 2C_3 - \left(2C_6 + \dfrac{6C_7}{r^4} + \dfrac{4C_8}{r^2}\right)\cos 2\theta \\[2mm] \sigma_\theta = C_1(3 + 2\ln r) - \dfrac{C_2}{r^2} + 2C_3 + \left(12C_5 r^2 + 2C_6 + \dfrac{6C_7}{r_4}\right)\cos 2\theta \\[2mm] \tau_{r\theta} = \tau_{\theta r} = \left(6C_5 r^2 + 2C_6 - \dfrac{6C_7}{r^4} - \dfrac{2C_8}{r^2}\right)\sin 2\theta\end{cases}$$

（g）

上式的 7 个常数，应根据下列条件确定：

（1）当 $r \to \infty$ 时，应力应保持有限；

（2）当 $r = a$ 时，$\sigma_r = \tau_{r\theta} = 0$。

由第一个条件，因当 $r \to \infty$ 时，以 C_1、C_5 为系数的项无限增长，故 $C_1 = C_5 = 0$。

由第二个条件，当 $r = a$ 时，$\sigma_r = 0$，有：

$$\frac{C_2}{a^2} + 2C_3 = 0, \quad 2C_6 + \frac{6C_7}{a^4} + \frac{4C_8}{a^2} = 0$$

当 $r = a$ 时，$\tau_{r\theta} = 0$，有：

$$2C_6 - \frac{6C_7}{a^4} - \frac{2C_8}{a^2} = 0$$

因为 b 足够大，当 $r=b$ 时，有：

$$\begin{cases} \sigma_r = \dfrac{p}{2} + \dfrac{p}{2}\cos2\theta \\[3mm] \sigma_\theta = \dfrac{p}{2} - \dfrac{p}{2}\cos2\theta \\[3mm] \tau_{r\theta} = -\dfrac{p}{2}\sin2\theta \end{cases} \qquad (h)$$

以上要求即在 $r\to\infty$ 的条件下，式（g）应与式（h）相等。则有：

$$2C_6 = -\frac{p}{2}, \quad 2C_3 = \frac{p}{2}$$

联立求得：

$$C_1 = 0, \quad C_2 = -\frac{pa^2}{2}, \quad C_3 = \frac{p}{4}, \quad C_5 = 0, \quad C_6 = -\frac{p}{4}, \quad C_7 = -\frac{pa^4}{4}, \quad C_8 = \frac{pa^2}{2}$$

代入式（g）得，应力分量为：

$$\begin{cases} \sigma_r = \dfrac{p}{2}\left(1 - \dfrac{a^2}{r^2}\right) + \dfrac{p}{2}\left(1 - \dfrac{4a^2}{r^2} + \dfrac{3a^4}{r^4}\right)\cos2\theta \\[3mm] \sigma_\theta = \dfrac{p}{2}\left(1 + \dfrac{a^2}{r^2}\right) - \dfrac{p}{2}\left(1 + \dfrac{3a^4}{r^4}\right)\cos2\theta \\[3mm] \tau_{r\theta} = \tau_{\theta r} = -\dfrac{p}{2}\left(1 + \dfrac{2a^2}{r^2} - \dfrac{3a^4}{r^4}\right)\sin2\theta \end{cases} \qquad (6\text{-}26)$$

由式（6-26）可得到在孔边（$r=a$）的应力分布为：

$$\sigma_\theta = p(1 - 2\cos2\theta), \quad \sigma_r = \tau_{r\theta} = 0$$

当 $\theta = 0$，π 时，$\sigma_\theta = -p$，而当 $\theta = \pm\dfrac{\pi}{2}$ 时，$\sigma_\theta = 3p$。

这意味着，由于小圆孔的存在，在与拉伸方向垂直的直径上，有 3 倍于无孔板简单拉伸时的应力 σ_θ，这就是应力集中现象。通常称 $(\sigma_\theta)_{max}$ 与无孔时的均匀应力状态的 p 之比为应力集中系数 k，这里 $k=3$。在孔边附近的应力分布如图 6-9 所示。

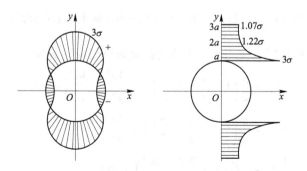

图 6-9　圆孔表面与孔边附近垂直于外载荷方向的应力集中情况

6.6.2　双向受力情况

弹性力学往往只能给出个别典型问题的解答。在应用时，要善于把实际问题分解成若干典型问题，然后利用叠加原理去简捷地求解。以小圆孔应力集中问题为例，利用上述矩形薄板等向拉伸（或压缩）和等值拉压两种典型解答，可以解决一大批工程实际问题。

如图 6-10 所示，开孔板在无穷远处受二向不等的拉应力情况，可以分解成如图 6-11 所示两种单向拉伸的情况。

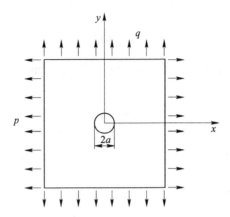

图 6-10　含圆孔的无限大矩形平板双向受拉示意图

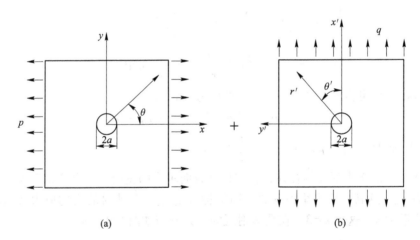

(a)　　　　　　　　　　　　　　(b)

图 6-11　含圆孔的双向受拉平板应力求解叠加过程示意图

对图 6-11（a）的情况，应用 6.6.1 节的经典解可得应力分量：

$$
\begin{cases}
\sigma_r^{\mathrm{a}} = \dfrac{p}{2}\left(1 - \dfrac{a^2}{r^2}\right) + \dfrac{p}{2}\left(1 - \dfrac{4a^2}{r^2} + \dfrac{3a^4}{r^4}\right)\cos 2\theta \\[2mm]
\sigma_\theta^{\mathrm{a}} = \dfrac{p}{2}\left(1 + \dfrac{a^2}{r^2}\right) - \dfrac{p}{2}\left(1 + \dfrac{3a^4}{r^4}\right)\cos 2\theta \\[2mm]
\tau_{r\theta}^{\mathrm{a}} = -\dfrac{p}{2}\left(1 + \dfrac{2a^2}{r^2} - \dfrac{3a^4}{r^4}\right)\sin 2\theta
\end{cases}
\tag{i}
$$

对于图 6-11（b）的情况，约定坐标如图所示，则也可以应用 6.6.1 节的经典解可得应力分量为：

$$
\begin{cases}
\sigma_r^b = \dfrac{q}{2}\left(1 - \dfrac{a^2}{r^2}\right) + \dfrac{q}{2}\left(1 + 3\dfrac{a^4}{r^4} - 4\dfrac{a^2}{r^2}\right)\cos2\theta' \\[3mm]
\sigma_\theta^b = \dfrac{q}{2}\left(1 + \dfrac{a^2}{r^2}\right) - \dfrac{q}{2}\left(1 + 3\dfrac{a^4}{r^4}\right)\cos2\theta' \\[3mm]
\tau_{r\theta}^b = -\dfrac{q}{2}\left(1 - 3\dfrac{a^4}{r^4} + 2\dfrac{a^2}{r^2}\right)\sin2\theta'
\end{cases}
\tag{j}
$$

注意到 $\theta' = \dfrac{\pi}{2} + \theta$ ，因此：

$$
\cos2\theta' = \cos2\left(\dfrac{\pi}{2} + \theta\right) = -\cos2\theta
$$

$$
\sin2\theta' = \sin2\left(\dfrac{\pi}{2} + \theta\right) = -\sin2\theta
$$

代入式（j）得：

$$
\begin{cases}
\sigma_r^b = \dfrac{q}{2}\left(1 - \dfrac{a^2}{r^2}\right) - \dfrac{q}{2}\left(1 + 3\dfrac{a^4}{r^4} - 4\dfrac{a^2}{r^2}\right)\cos2\theta \\[3mm]
\sigma_\theta^b = \dfrac{q}{2}\left(1 + \dfrac{a^2}{r^2}\right) + \dfrac{q}{2}\left(1 + 3\dfrac{a^4}{r^4}\right)\cos2\theta \\[3mm]
\tau_{r\theta}^b = \dfrac{q}{2}\left(1 - 3\dfrac{a^4}{r^4} + 2\dfrac{a^2}{r^2}\right)\sin2\theta
\end{cases}
$$

因此，叠加式（i）和式（j），得到无穷远处受到不等拉伸的开圆孔板周围的应力分量：

$$
\begin{cases}
\sigma_r = \sigma_r^a + \sigma_r^b = \dfrac{p+q}{2}\left(1 - \dfrac{a^2}{r^2}\right) + \dfrac{p-q}{2}\left(1 - \dfrac{4a^2}{r^2} + \dfrac{3a^4}{r^4}\right)\cos2\theta \\[3mm]
\sigma_\theta = \sigma_\theta^a + \sigma_\theta^b = \dfrac{p+q}{2}\left(1 + \dfrac{a^2}{r^2}\right) - \dfrac{p-q}{2}\left(1 + \dfrac{3a^4}{r^4}\right)\cos2\theta \\[3mm]
\tau_{r\theta} = \tau_{r\theta}^a + \tau_{r\theta}^b = -\dfrac{p-q}{2}\left(1 + \dfrac{2a^2}{r^2} - \dfrac{3a^4}{r^4}\right)\sin2\theta
\end{cases}
\tag{6-27}
$$

6.7 半无限平面边界受集中力的作用

考虑一半无限大的均质弹性体，在 x 和 y 方向趋向无穷，其中 x 是垂直流面方向。z 轴指向下为正。在 z 轴的正向也趋于无穷，$z=0$ 是其边界，如图 6-12 所示。本问题称为布西涅斯克（Boussinesq）问题。

6.7.1 受垂直集中力作用

在边界面上受一集中的线载荷，载荷作用线平行于 x 轴，若应力、应变、位移与 x 无关，则是平面问题。从理论上在集中力作用的 O 点应力是无限的。实际上，力的作用总有一定的面积，因此应力不会是无限的。在 O 点以外的区域，按圣维南原理，集中力的数学

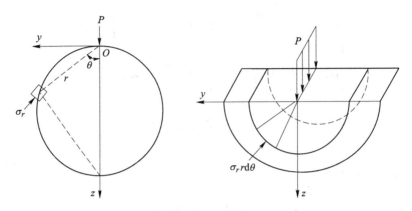

图 6-12　半无限大平板受垂直集中力作用

解与实际情况相差不大。

可以推断，任一点的应力应该与集中力的距离成反比，而且与该点到 O 点连线与 z 轴的夹角有关。采用逆解法，满足这个关系的最简函数是：

$$\sigma_r = -k\frac{\cos\theta}{r}, \quad \sigma_\theta = 0, \quad \tau_{r\theta} = 0 \tag{a}$$

其中 k 是常数。极坐标系下的平衡方程是：

$$\begin{cases} \dfrac{\partial \sigma_r}{\partial r} + \dfrac{\sigma_r - \sigma_\theta}{r} + \dfrac{1}{r}\dfrac{\partial \tau_{r\theta}}{\partial \theta} + f_r = 0 \\[3mm] \dfrac{1}{r}\dfrac{\partial \sigma_\theta}{\partial \theta} + \dfrac{\partial \tau_{r\theta}}{\partial r} + \dfrac{2\tau_{r\theta}}{r} + f_\theta = 0 \end{cases}$$

假设体力为零，则上面假设的应力自动满足第二个方程，可以证明它们也满足第一个方程。采用应力法求解，所得到的应力还应该满足变形协调方程 $\nabla^2(\sigma_r + \sigma_\theta) = 0$，极坐标下的 ∇^2 算子为：

$$\left(\frac{\partial^2}{\partial r^2} + \frac{1}{r}\frac{\partial}{\partial r} + \frac{1}{r^2}\frac{\partial^2}{\partial \theta^2}\right)(\sigma_r + \sigma_\theta) = 0$$

将假设的应力分量代入上式，可以证明：

$$\left(\frac{\partial^2}{\partial r^2} + \frac{1}{r}\frac{\partial}{\partial r} + \frac{1}{r^2}\frac{\partial^2}{\partial \theta^2}\right)\left(-k\frac{\cos\theta}{r}\right) = 0 \tag{b}$$

所假设的应力既满足平衡方程，又满足变形协调方程，因此它们就是所求问题的解。

现在来确定常数 k。如上面的讨论，在 O 点边界应力 σ_r 是不确定的。而以 O 点为圆心，做一个半圆，在半圆表面元 $r\mathrm{d}\theta$ 上的径向力为：

$$F_r = \sigma_r r \mathrm{d}\theta$$

该力可以分解为平行 y 轴的力和平行于 z 轴的力，由于对 z 轴的对称性，所有面元的合力在 y 方向上的投影是自动平衡的（即相互抵消），而在 z 方向的合力应该与 P 平衡。这样可以得到：

$$\int_{-\frac{\pi}{2}}^{\frac{\pi}{2}} \sigma_r \cos\theta r \mathrm{d}\theta = \int_{-\frac{\pi}{2}}^{\frac{\pi}{2}}\left(-k\frac{\cos\theta}{r}\right)\cos\theta r \mathrm{d}\theta = P \tag{c}$$

上式可以求出：

$$k = \frac{2P}{\pi}$$

这样所求的应力为：

$$\sigma_r = -\frac{2P}{\pi}\frac{\cos\theta}{r}, \quad \sigma_\theta = 0, \quad \tau_{r\theta} = 0 \tag{6-28}$$

如果以 Oz 轴上的一段长度 d 为直径，作一个圆，并令圆通过 O 点，如图 6-13 所示。从该图可知：

$$\cos\theta = \frac{r}{OD} = \frac{r}{d}$$

因此，

$$\sigma_r = -\frac{2P}{\pi}\frac{\cos\theta}{r} = -\frac{2P}{\pi d}$$

上式表明，在该图上的径向应力相等，因此等应力线是与 O 点相切的圆。

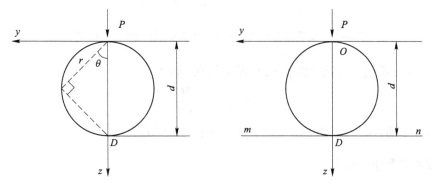

图 6-13　受垂直集中力作用半无限大平板内截面应力分析

现在求与边界面平行的平面上的法向应力和切向应力。该面距边界面的距离为 d，只要将上面的应力变换到直角坐标中，就可以得到该面上的应力 σ_z、τ_{zy}，还可以得到 σ_y，如图 6-14 所示。根据直角坐标系和极坐标系的坐标变换关系：

$$\begin{pmatrix} \sigma_x & \tau_{xy} \\ \tau_{yx} & \sigma_y \end{pmatrix} = \begin{pmatrix} \sin\theta & -\cos\theta \\ \cos\theta & \sin\theta \end{pmatrix} \begin{pmatrix} \sigma_r & \tau_{r\theta} \\ \tau_{\theta r} & \sigma_\theta \end{pmatrix} \begin{pmatrix} \sin\theta & \cos\theta \\ -\cos\theta & \sin\theta \end{pmatrix}$$

可以得到：

$$\begin{cases} \sigma_y = \sigma_r \sin^2\theta = -\frac{2P}{\pi}\frac{\cos\theta}{r}\sin^2\theta = -\frac{2P}{\pi}\frac{zy^2}{(z^2+y^2)^2} \\[2mm] \sigma_z = \sigma_r \cos^2\theta = -\frac{2P}{\pi}\frac{\cos\theta}{r}\cos^2\theta = -\frac{2P}{\pi}\frac{z^3}{(z^2+y^2)^2} \\[2mm] \tau_{yz} = \sigma_r \sin\theta\cos\theta = -\frac{2P}{\pi}\frac{\cos^2\theta}{r}\sin\theta = -\frac{2P}{\pi}\frac{yz^2}{(z^2+y^2)^2} \end{cases} \tag{6-29}$$

令 $z=d$，就得到距离边界面为 d 的平面上一点的应力：

$$\begin{cases} \sigma_y = -\dfrac{2P}{\pi} \dfrac{dy^2}{(d^2 + y^2)^2} \\[2ex] \sigma_z = -\dfrac{2P}{\pi} \dfrac{d^3}{(d^2 + y^2)^2} \\[2ex] \tau_{yz} = -\dfrac{2P}{\pi} \dfrac{yd^2}{(d^2 + y^2)^2} \end{cases}$$

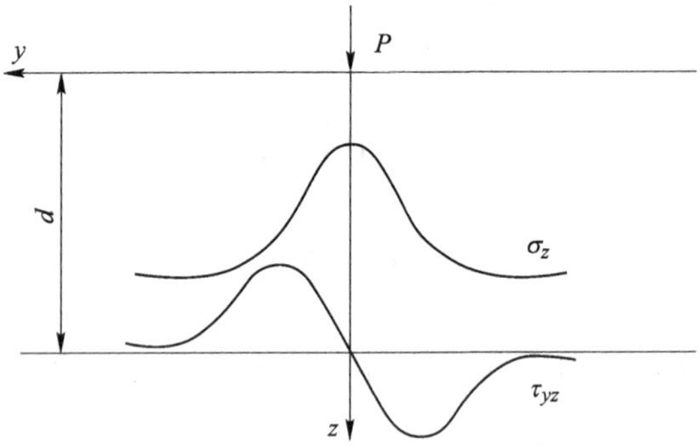

图 6-14　受垂直集中力作用半无限大平板内截面应力分布

从上式可以看到，在该平面上 σ_z 的最大值在 z 轴上：

$$(\sigma_z)_{\max} = -\frac{2P}{\pi d}$$

且 σ_z 对称于 z 轴，而 τ_{zy} 反对称于 z 轴，在 z 轴上的剪应力 $\tau_{zy} = 0$。

6.7.2　受水平集中力作用

对于 O 点变一水平集中力的情况，如图 6-15 所示，应力也应该与从 O 点出发的距离 r 成反比，但现在应该反对称于 z 轴，考虑这两种情况的最简函数是：

$$\sigma_r = -k \frac{\sin\theta}{r}, \ \sigma_\theta = 0, \ \tau_{r\theta} = 0 \tag{d}$$

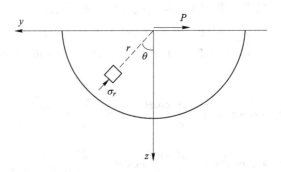

图 6-15　半无限大平板受水平集中力作用

这样定义的函数满足平衡方程，也满足变形协调方程。现在求常数 k，在半径为 r 的半圆上，应力合力在 y 方向的投影应该与水平集中力 $-P$ 平衡，这样可以得到：

$$\int_{-\frac{\pi}{2}}^{\frac{\pi}{2}} \sigma_r \sin\theta r \mathrm{d}\theta = \int_{-\frac{\pi}{2}}^{\frac{\pi}{2}} \left(-k\frac{\sin\theta}{r} \right) \sin\theta r \mathrm{d}\theta = -P$$

从上式可以得到：

$$k = \frac{2P}{\pi}$$

这样所求的应力为：

$$\sigma_r = -\frac{2P}{\pi}\frac{\sin\theta}{r},\ \sigma_\theta = 0,\ \tau_{r\theta} = 0 \tag{6-30}$$

现在检验上面规定的应力是否满足 z 方向上合力为零的条件：

$$\int_{-\frac{\pi}{2}}^{\frac{\pi}{2}} \sigma_r \cos\theta r \mathrm{d}\theta = \int_{-\frac{\pi}{2}}^{\frac{\pi}{2}} \left(-k\frac{\sin\theta}{r} \right) \cos\theta r \mathrm{d}\theta = 0$$

因此由式所确定的也满足边界条件，因此就是所求问题的解答。

6.7.3 受连续分布的垂直载荷作用

上面讨论的布西涅斯克问题可以推广到边界面上有分布垂直载荷的情况。假如分布载荷为 $P(y)$，则在一个极小间隔 $\mathrm{d}y$ 范围内，$P(y)\mathrm{d}y$ 可以看作集中力，则由这个分布载荷产生的应力，可以看作是若干个集中力 $P(y_i)\mathrm{d}y_i$ 产生的应力的叠加，如图 6-16 所示。

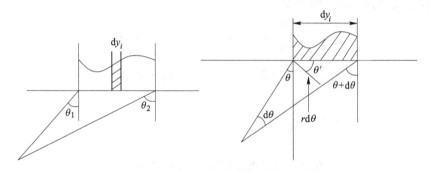

图 6-16 半无限大平板受垂直分布力作用

将 $P(y_i)\mathrm{d}y_i$ 变换到极坐标中：若 $\mathrm{d}y_i \to 0$，则 $\mathrm{d}\theta \to 0$，在这种情况下，$\theta' \to \theta$。弧 $r\mathrm{d}\theta$ 趋近于弦 $\overline{r\mathrm{d}\theta}$。这样从图 6-16 可以看出：

$$\frac{r\mathrm{d}\theta}{\mathrm{d}y_i} = \cos\theta$$

因此有：

$$\mathrm{d}y_i = \frac{r\mathrm{d}\theta}{\cos\theta}$$

这样集中力：

$$P(y_i)\mathrm{d}y_i = P\frac{r\mathrm{d}\theta}{\cos\theta}$$

由这个集中力得到应力分量为：

$$\Delta\sigma_r = -\frac{2}{\pi}P\frac{r\mathrm{d}\theta}{\cos\theta}\frac{\cos\theta}{r} = -\frac{2P}{\pi}\mathrm{d}\theta \tag{e}$$

由它产生的

$$\begin{cases} \Delta\sigma_z = -\dfrac{2P}{\pi}\cos^2\theta\mathrm{d}\theta \\[2mm] \Delta\sigma_y = -\dfrac{2P}{\pi}\sin^2\theta\mathrm{d}\theta \\[2mm] \Delta\tau_{yz} = -\dfrac{2P}{\pi}\sin\theta\cos\theta\mathrm{d}\theta \end{cases}$$

若从 r 点看起来，分布载荷的分布角从 θ_1 变化到 θ_2，则它所产生的应力只要将上式从 θ_1 到 θ_2 积分即可，

$$\sigma_r = -\frac{2P}{\pi}\int_{\theta_1}^{\theta_2}\mathrm{d}\theta$$

$$\sigma_z = -\int_{\theta_1}^{\theta_2}\frac{2P}{\pi}\cos^2\theta\mathrm{d}\theta$$

$$\sigma_y = -\int_{\theta_1}^{\theta_2}\frac{2P}{\pi}\sin^2\theta\mathrm{d}\theta$$

$$\tau_{yz} = -\int_{\theta_1}^{\theta_2}\frac{2P}{\pi}\sin\theta\cos\theta\mathrm{d}\theta$$

若载荷分布是均匀的，则 P 是常量，积分结果是：

$$\begin{cases} \sigma_z = -\dfrac{P}{2\pi}(2\theta_2 - 2\theta_1 + \sin2\theta_2 - \sin2\theta_1) \\[2mm] \sigma_y = -\dfrac{P}{2\pi}(2\theta_2 - 2\theta_1 - \sin2\theta_2 + \sin2\theta_1) \\[2mm] \tau_{yz} = \dfrac{P}{2\pi}(\cos2\theta_2 - \cos2\theta_1) \end{cases} \qquad (6\text{-}31)$$

6.8   巴西圆盘内应力分布

巴西圆盘劈裂试验是一种间接测定岩石抗拉强度的试验方法，利用了岩石抗拉强度比抗压强度低很多的特点。采用巴西圆盘试验方法获得岩石抗拉强度的理论基础是巴西圆盘在对称线荷载压缩作用下的应力分布，如图 6-17 所示。

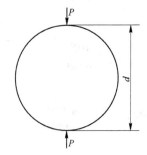
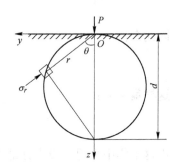

图 6-17   巴西盘受力与西涅斯克问题相似性

　　巴西盘问题与布西涅斯克问题有相似性，如图 6-17 所示。因此，巴西盘可以看成是一个上面受集中力作用的半无限大平面和一个下面受集中力作用的半无限大平面叠加，且两个集中力共线、相向作用，叠加宽度和巴西盘直径相等，同时解除巴西盘周边应力，这三种工况的线性叠加即可求得巴西盘内应力分布的解析解，如图 6-18 所示。

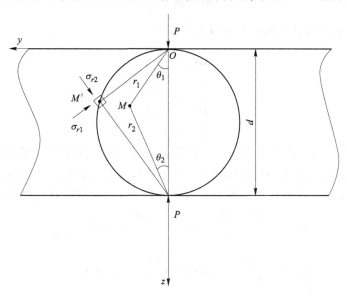

图 6-18　受垂直集中力作用的半无限大平板相向叠加示意图

　　由公式（6-28）得到，共线作用的一对集中荷载 P 在公共区域中任一点 M 处产生的应力分量分别为：

$$\sigma_{r1} = -\frac{2P}{\pi}\frac{\cos\theta_1}{r_1}$$

$$\sigma_{r2} = -\frac{2P}{\pi}\frac{\cos\theta_2}{r_2}$$

（a）

　　为了便于应用叠加原理，将极坐标系的应力分量转化为直角坐标系的应力分量，则任一点 M 的应力状态，根据公式（6-29）可以表示为：

$$\begin{cases} \sigma_y = \sigma_{r1}\sin^2\theta_1 + \sigma_{r2}\sin^2\theta_2 \\ \sigma_z = \sigma_{r1}\cos^2\theta_1 + \sigma_{r2}\cos^2\theta_2 \\ \tau_{yz} = \sigma_{r1}\sin\theta_1\cos\theta_1 - \sigma_{r2}\sin\theta_2\cos\theta_2 \end{cases}$$

（b）

将式（a）代入，得：

$$\begin{cases} \sigma_y = -\frac{2P}{\pi}\left(\frac{\cos\theta_1}{r_1}\sin^2\theta_1 + \frac{\cos\theta_2}{r_2}\sin^2\theta_2\right) \\ \sigma_z = -\frac{2P}{\pi}\left(\frac{\cos\theta_1}{r_1}\cos^2\theta_1 + \frac{\cos\theta_2}{r_2}\cos^2\theta_2\right) \\ \tau_{yz} = -\frac{2P}{\pi}\left(\frac{\cos\theta_1}{r_1}\sin\theta_1\cos\theta_1 - \frac{\cos\theta_2}{r_2}\sin\theta_2\cos\theta_2\right) \end{cases}$$

（c）

当 M 点位于直径与巴西盘直径 D 相等的圆周上，即 M' 点时，有：

$$\frac{\cos\theta_1}{r_1} = \frac{\cos\theta_2}{r_2} = \frac{1}{d}$$

$$\theta_1 + \theta_2 = \frac{\pi}{2}$$

代入式（c），得直径为 d 的圆周上的应力状态为：

$$\begin{cases} \sigma_y = -\dfrac{2P}{\pi d} \\[2mm] \sigma_z = -\dfrac{2P}{\pi d} \\[2mm] \tau_{yz} = 0 \end{cases} \qquad\qquad (\text{d})$$

式（d）说明，与巴西盘直径相等的圆周上受到周围区域对圆盘区域的作用，而受集中力作用的巴西圆盘的边界是自由的，只有将周围区域对圆盘的作用解除，才能完全满足巴西圆盘的边界条件。因此，根据叠加原理，圆盘内任一点应力状态可表示为：

$$\begin{cases} \sigma_y = -\dfrac{2P}{\pi}\left(\dfrac{\cos\theta_1}{r_1}\sin^2\theta_1 + \dfrac{\cos\theta_2}{r_2}\sin^2\theta_2\right) + \dfrac{2P}{\pi d} \\[3mm] \sigma_z = -\dfrac{2P}{\pi}\left(\dfrac{\cos\theta_1}{r_1}\cos^2\theta_1 + \dfrac{\cos\theta_2}{r_2}\cos^2\theta_2\right) + \dfrac{2P}{\pi d} \\[3mm] \tau_{yz} = -\dfrac{2P}{\pi}\left(\dfrac{\cos\theta_1}{r_1}\sin\theta_1\cos\theta_1 - \dfrac{\cos\theta_2}{r_2}\sin\theta_2\cos\theta_2\right) \end{cases} \qquad (6\text{-}32)$$

这里需要指出的是，如图 6-18 所示的状态，当 θ_1 相对 P 的方向位于左侧取正值时，θ_2 是相对 P 的方向位于右侧的，应该取负值。由式（b）可知，θ_1 和 θ_2 的正、负取值对 σ_y 和 σ_z 无影响，但会影响 τ_{yz}。因此在应用叠加原理时，式（b）的第三式写成两个工况的差形式，就考虑了取值的影响。同时为便于应用，规定当 M 点位于力的右侧时 θ_1、θ_2 都取正值，在左侧时都取为负值。

另外，式（6-32）是按平面问题推导得出的，在应用时还要考虑巴西盘的厚度 t，即

$$\begin{cases} \sigma_y = -\dfrac{2P}{\pi t}\left(\dfrac{\cos\theta_1}{r_1}\sin^2\theta_1 + \dfrac{\cos\theta_2}{r_2}\sin^2\theta_2\right) + \dfrac{2P}{\pi d t} \\[3mm] \sigma_z = -\dfrac{2P}{\pi t}\left(\dfrac{\cos\theta_1}{r_1}\cos^2\theta_1 + \dfrac{\cos\theta_2}{r_2}\cos^2\theta_2\right) + \dfrac{2P}{\pi d t} \\[3mm] \tau_{yz} = -\dfrac{2P}{\pi t}\left(\dfrac{\cos\theta_1}{r_1}\sin\theta_1\cos\theta_1 - \dfrac{\cos\theta_2}{r_2}\sin\theta_2\cos\theta_2\right) \end{cases} \qquad (6\text{-}33)$$

当 M 点位于一对集中荷载 P 的作用线上时，$\theta_1 = \theta_2 = 0$，因此巴西盘轴线上应力分量为：

$$\begin{cases} \sigma_y = \dfrac{2P}{\pi d t} \\[3mm] \sigma_z = -\dfrac{2P}{\pi t}\left(\dfrac{1}{r_1} + \dfrac{1}{r_2}\right) + \dfrac{2P}{\pi d t} \\[3mm] \tau_{yz} = 0 \end{cases} \qquad\qquad (6\text{-}34)$$

可以看出，巴西盘轴线上处于主应力状态，且水平应力是拉应力，处于受拉状态。容易求得，在巴西盘中心点处，有：

$$\frac{\sigma_z}{\sigma_y} = 1 - \left(\frac{d}{r_1} + \frac{d}{r_2}\right) = -3$$

结合岩石抗压而不抗拉的特点，巴西盘容易从中心位置产生拉伸断裂，因此间接求得岩石抗拉强度。另外，为方便起见，可将直角坐标系 yOz 的原点 O 平移至圆盘中心，根据极坐标和直角坐标变换关系，并结合几何关系，巴西盘内应力分量如式（6-35）所示，感兴趣的读者可以自己推导变换过程。

$$\begin{cases} \sigma_y = -\dfrac{2P}{\pi t}\left\{ \dfrac{\left(\dfrac{d}{2}+z\right)y^2}{\left[\left(\dfrac{d}{2}+z\right)^2+y^2\right]^2} + \dfrac{\left(\dfrac{d}{2}-z\right)y^2}{\left[\left(\dfrac{d}{2}-z\right)^2+y^2\right]^2} - \dfrac{1}{d} \right\} \\[4mm] \sigma_z = -\dfrac{2P}{\pi t}\left\{ \dfrac{\left(\dfrac{d}{2}+z\right)^3}{\left[\left(\dfrac{d}{2}+z\right)^2+y^2\right]^2} + \dfrac{\left(\dfrac{d}{2}-z\right)^3}{\left[\left(\dfrac{d}{2}-z\right)^2+y^2\right]^2} - \dfrac{1}{d} \right\} \\[4mm] \tau_{yz} = -\dfrac{2P}{\pi t}\left\{ \dfrac{\left(\dfrac{d}{2}+z\right)^2 y}{\left[\left(\dfrac{d}{2}+z\right)^2+y^2\right]^2} - \dfrac{\left(\dfrac{d}{2}-z\right)^2 y}{\left[\left(\dfrac{d}{2}-z\right)^2+y^2\right]^2} \right\} \end{cases} \quad (6-35)$$

习　题

6-1　试导出位移分量的坐标变换式：

$$u_r = u\cos\theta + v\sin\theta, \ u_\theta = -u\sin\theta + v\cos\theta$$

$$u = u_r\cos\theta - u_\theta\sin\theta, \ v = u_r\sin\theta + u_\theta\cos\theta$$

6-2　求图 6-19 中给出的圆弧曲梁内的应力分布（提示：①选用极坐标；②应力函数取 $\varphi_r = f(r)\sin\theta$）。

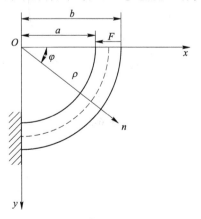

图 6-19

6-3 设有内半径 a 而外半长为 b 的圆筒受内压力 q，试求内半径及外半径的改变，并求圆筒厚度的改变。

6-4 设有一刚体，具有半径为 b 的圆柱形孔道，孔道内放置外半径为 b 而内半径为 a 的圆筒，受内压力 q，试求筒壁的应力。

6-5 在距地面深为 h 处，挖一直径为 d 的圆形长孔，孔道与地面平行。已知岩石密度为 ρ，弹性模量为 E，泊松比为 μ，试求圆孔周围的应力。

6-6 矩形薄板受纯剪作用，剪力强度为 q，设距板边缘较远的地方有一小圆孔，孔的半径为 a，试求板内的周向应力分布。

6-7 一半无限大均质弹性体，在边界上受两个集中力 T_1 和 T_2 的作用，如图 6-20 所示，求体内一点 M 的应力（注：a 是已知的距离，体力可以忽略）。

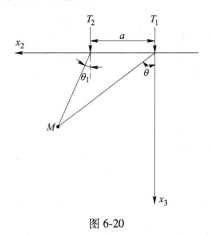

图 6-20

6-8 一半无限大均质各向同性弹性体，在坐标原点受一集中力 T 的作用，若体力可以忽略，如图 6-21 所示，用逆解法求质点 M 的应力（注：$\overline{OM}$ 长为 r）。

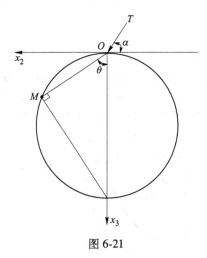

图 6-21

7 弹性力学空间问题的解

虽然第 5 章建立了弹性力学问题的位移解法和应力解法，但对一般三维弹性力学问题，位移分量或应力函数是两个或三个坐标的函数，要直接求解这样的微分方程是非常困难的，只有某些特殊问题才能得到解析解。对于工程中大量的弹性力学问题，只能根据问题的特殊性质，将问题进行简化，例如平面问题、轴对称问题等，再求简化问题的解。在计算机和大规模科学计算技术日益发展的今天，弹性力学的数值计算已成为分析和求解弹性力学问题的重要方法，并已得到了许多重要的成果，其中最具代表性的是数值计算方法，例如有限元方法、边界元方法、数值流形方法以及近年发展起来的无网格方法等。为此，本章仅介绍一些特殊三维弹性力学问题及其求解过程。

7.1 半空间体受重力及均布压力

设有半无限大的物体，即所谓半空间体，容重为 γ，在水平边界上受均布压力 q 作用，如图 7-1 所示。以边界面为 xy 面，z 轴铅直向下。这样，体力分量就是 $f_x = f_y = 0$，$f_z = \gamma$。

由于对称（任一铅直平面都是对称面），试假设：

$$u = 0, \ v = 0, \ w = w(z)$$

这样就得到：

$$\varepsilon_v = \frac{\partial u}{\partial x} + \frac{\partial v}{\partial y} + \frac{\partial w}{\partial z} = \frac{\mathrm{d}w}{\mathrm{d}z}$$

$$\frac{\partial \varepsilon_v}{\partial x} = 0, \ \frac{\partial \varepsilon_v}{\partial y} = 0, \ \frac{\partial \varepsilon_v}{\partial z} = \frac{\mathrm{d}^2 w}{\mathrm{d}z^2}$$

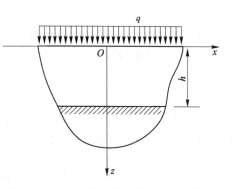

图 7-1 半空间体受重力及均布压力作用

代入以位移表示的平衡微分方程中，即式（5-11）中，可见前两式自然满足，而第三式成为：

$$\frac{E}{2(1+\mu)}\left(\frac{1}{1-2\mu}\frac{\mathrm{d}^2 w}{\mathrm{d}z^2} + \frac{\mathrm{d}^2 w}{\mathrm{d}z^2}\right) + \gamma = 0 \tag{a}$$

简化以后得：

$$\frac{\mathrm{d}^2 w}{\mathrm{d}z^2} = -\frac{(1+\mu)(1-2\mu)\gamma}{E(1-\mu)}$$

积分两次得：

$$w = -\frac{(1+\mu)(1-2\mu)\gamma}{2E(1-\mu)}(z+A)^2 + B \tag{b}$$

式中，A 和 B 为任意常数。

现在，试根据边界条件来确定常数 A 和 B。将以上的结果代入本构方程，得：

$$\begin{cases} \sigma_x = \sigma_y = -\dfrac{\mu}{1-\mu}\gamma(z+A) \\ \sigma_z = -\gamma(z+A) \\ \tau_{yz} = \tau_{zx} = \tau_{xy} = 0 \end{cases} \qquad (c)$$

在边界上，$l=m=0$，$n=-1$，$p_x=p_y=0$，$p_z=q$，所以应力边界条件式（5-15）中的前两式自然满足，而第三式要求 $z=0$ 时，$-\sigma_z=q$。代入上式得：$-q=-\gamma A$，即：

$$A = \frac{q}{\gamma}$$

再代回式（c），即得应力分量为：

$$\begin{cases} \sigma_x = \sigma_y = -\dfrac{\mu}{1-\mu}(\gamma z + q) \\ \sigma_z = -(\gamma z + q) \\ \tau_{yz} = \tau_{zx} = \tau_{xy} = 0 \end{cases} \qquad (7\text{-}1)$$

在式（7-1）中，σ_x 和 σ_y 是铅直截面上的水平正应力，σ_z 是水平截面上的铅直正应力，而它们的比值是：

$$\frac{\sigma_x}{\sigma_z} = \frac{\sigma_y}{\sigma_z} = \frac{\mu}{1-\mu} \qquad (7\text{-}2)$$

这个比值在岩石力学或土力学中称为侧压力系数。

由式（b）得铅直位移为：

$$w = -\frac{(1+\mu)(1-2\mu)\gamma}{2E(1-\mu)}\left(z+\frac{q}{\gamma}\right)^2 + B$$

为了确定常数 B，必须利用位移边界条件。假定半空间体在距边界为 h 处没有铅直位移，如图 7-1 所示，则有位移边界条件：当 $z=h$ 时，$w=0$，代入上式得：

$$B = \frac{(1+\mu)(1-2\mu)\gamma}{2E(1-\mu)}\left(h+\frac{q}{\gamma}\right)^2$$

再代回式（b），简化以后，得：

$$w = \frac{(1+\mu)(1-2\mu)}{E(1-\mu)}\left[q(h-z)+\frac{\gamma}{2}(h^2-z^2)\right] \qquad (7\text{-}3)$$

现在，应力分量和位移分量都已经完全确定，并且所有一切条件都已经满足，可见式（a）所示的假设完全正确，而所得的应力和位移就是正确解答。

7.2　空心圆球受均布压力

对于空心球体内外受压的问题，显然，采用球面坐标 (r, θ, φ) 来讨论将会是方便的。设有空心圆球，其内半径为 a，外半径为 b，内部受均布力为 q_a，外表面受均压为 q_b，不计体力。对于球对称问题，应力、应变、位移仅和 r 有关，仅存在的非零分量为径向位移 u、ε_r、ε_θ、ε_φ、σ_r、σ_θ、σ_φ，其中：

$$\begin{cases} \varepsilon_r = \dfrac{\mathrm{d}u}{\mathrm{d}r} \\[2mm] \varepsilon_\theta = \varepsilon_\varphi = \dfrac{u}{r} \\[2mm] \sigma_\theta = \sigma_\varphi \end{cases} \tag{a}$$

且 $u = u(r)$。将上述应力分量代入平衡方程（式（2-32）），这时平衡方程中仅有一式需讨论，即：

$$\frac{\mathrm{d}\sigma_r}{\mathrm{d}r} + \frac{2}{r}(\sigma_r - \sigma_\theta) = 0 \tag{b}$$

用位移表示上式为：

$$\lambda\left(\frac{\mathrm{d}^2 u}{\mathrm{d}r^2} + \frac{2}{r}\frac{\mathrm{d}u}{\mathrm{d}r} - \frac{2u}{r^2}\right) + 2G\frac{\mathrm{d}^2 u}{\mathrm{d}r^2} + \frac{2}{r}2G\left(\frac{\mathrm{d}u}{\mathrm{d}r} - \frac{u}{r}\right) = 0$$

整理后得：

$$\frac{\mathrm{d}^2 u}{\mathrm{d}r^2} + \frac{2}{r}\frac{\mathrm{d}u}{\mathrm{d}r} - \frac{2}{r^2}u = 0 \tag{c}$$

上式微分方程的解为：

$$u = Ar + \frac{B}{r^2} \tag{d}$$

式中，A、B 为积分常数。

将它代入本构方程，得应力分量为：

$$\sigma_r = \lambda\varepsilon_v + 2G\varepsilon_r = \lambda\left(\frac{\mathrm{d}u}{\mathrm{d}r} + \frac{2u}{r}\right) + 2G\frac{\mathrm{d}u}{\mathrm{d}r} = \lambda\left(A - \frac{2B}{r^3} + 2A + \frac{2B}{r^3}\right) + 2G\left(A - \frac{2B}{r^3}\right)$$

$$= (3\lambda + 2G)A - \frac{4G}{r^3}B \tag{e}$$

边界条件为：

$$(\sigma_r)_{r=a} = -q_a, (\sigma_r)_{r=b} = -q_b$$

代入上式，求得：

$$A = \frac{q_b b^3 - q_a a^3}{(3\lambda + 2G)(a^3 - b^3)}, \quad B = \frac{(q_b - q_a)a^3 b^3}{4G(a^3 - b^3)}$$

代入位移表达式得：

$$u = \frac{q_b b^3 - q_a a^3}{(3\lambda + 2G)(a^3 - b^3)}r + \frac{(q_b - q_a)a^3 b^3}{4G(a^3 - b^3)}\frac{1}{r^2} \tag{7-4}$$

由几何方程和本构方程可得到应力分量：

$$\sigma_r = \frac{1}{a^3 - b^3}\left[(q_b b^3 - q_a a^3) - (q_b - q_a)\frac{a^3 b^3}{r^3}\right]$$

$$\sigma_\theta = \frac{1}{a^3 - b^3}\left[(q_b b^3 - q_a a^3) + (q_b - q_a)\frac{a^3 b^3}{2r^3}\right] \tag{7-5}$$

若只有内压，$q_a = q$，而 $q_b = 0$，则上两式化为：

$$\sigma_r = \frac{qa^3}{b^3 - a^3}\left(1 - \frac{b^3}{r^3}\right)$$

$$\sigma_\theta = \frac{qa^3}{b^3 - a^3}\left(1 + \frac{b^3}{2r^3}\right)$$

显然，在内表面处，$r = a$，σ_θ 有最大拉应力，而 σ_r 除在外表面上为零外，均为压应力。

σ_θ 的最大值为：

$$\sigma_{max} = (\sigma_\theta)_{r=a} = \frac{2a^3 + b^3}{2(b^3 - a^3)}q$$

当 $b \to \infty$ 时，σ_{max} 将趋于 $q/2$，它是内孔边的切向张应力，q 值很大时将会引起内孔边的材料开裂。

若 $b \to \infty$ 时，空心球相当于岩石工程中半径为 a 的球形硐室，其中 $q_b = q$，$q_a = 0$，此时应力分量为：

$$\sigma_r = -q\left(1 - \frac{a^3}{r^3}\right)$$

$$\sigma_\theta = -q\left(1 + \frac{a^3}{2r^3}\right) \tag{7-6}$$

硐壁上有最大环向应力 $(\sigma_\theta)_{r=a} = -\dfrac{3q}{2}$。

7.3　空间轴对称问题的解法

若物体的几何形状、受力状态以及约束情况关于某一个轴（称为对称轴）是对称的，则在这种情况下，物体的应力分布也是对称的。为了方便，可取空间柱坐标系（r，θ，z），其中，Oz 为对称轴。这时，非零的应力分量为 σ_r、σ_θ、σ_z、$\tau_{rz} = \tau_{zr}$，它们都只是 r、z 的函数。这些应力分量必须满足如下平衡方程

$$\begin{cases} \dfrac{\partial \sigma_r}{\partial r} + \dfrac{\sigma_r - \sigma_\theta}{r} + \dfrac{\partial \tau_{rz}}{\partial z} + f_r = 0 \\[3mm] \dfrac{\partial \sigma_z}{\partial z} + \dfrac{\partial \tau_{rz}}{\partial r} + \dfrac{\tau_{rz}}{r} + f_z = 0 \end{cases} \tag{7-7}$$

式中，f_r 和 f_z 为体力 f 在 r 方向和 z 方向的分量。

下面给出轴对称情况下应力形式的变形协调方程。直角坐标系（x，y，z）和柱坐标系（r，θ，z）之间有如下关系：

$$x = r\cos\theta, \ y = r\sin\theta, \ z = z$$

$$\begin{cases} \dfrac{\partial}{\partial x} = \cos\theta \dfrac{\partial}{\partial r} - \dfrac{\sin\theta}{r} \dfrac{\partial}{\partial \theta} \\[3mm] \dfrac{\partial}{\partial y} = \sin\theta \dfrac{\partial}{\partial r} + \dfrac{\cos\theta}{r} \dfrac{\partial}{\partial \theta} \end{cases} \tag{a}$$

$$
\begin{cases}
\dfrac{\partial^2}{\partial x^2} = \cos^2\theta\,\dfrac{\partial}{\partial r^2} - \dfrac{2\sin\theta\cos\theta}{r}\,\dfrac{\partial^2}{\partial r\partial\theta} + \dfrac{\sin^2\theta}{r}\,\dfrac{\partial}{\partial r} + \dfrac{2\sin\theta\cos\theta}{r^2}\,\dfrac{\partial}{\partial\theta} + \dfrac{\sin^2\theta}{r^2}\,\dfrac{\partial^2}{\partial\theta^2} \\[2mm]
\dfrac{\partial^2}{\partial y^2} = \sin^2\theta\,\dfrac{\partial}{\partial r^2} + \dfrac{2\sin\theta\cos\theta}{r}\,\dfrac{\partial^2}{\partial r\partial\theta} + \dfrac{\cos^2\theta}{r}\,\dfrac{\partial}{\partial r} - \dfrac{2\sin\theta\cos\theta}{r^2}\,\dfrac{\partial}{\partial\theta} + \dfrac{\cos^2\theta}{r^2}\,\dfrac{\partial^2}{\partial\theta^2} \\[2mm]
\dfrac{\partial^2}{\partial x\partial y} = \cos\theta\sin\theta\,\dfrac{\partial}{\partial r^2} + \dfrac{\cos^2\theta - \sin^2\theta}{r}\,\dfrac{\partial^2}{\partial r\partial\theta} - \dfrac{\sin\theta\cos\theta}{r}\,\dfrac{\partial}{\partial r} - \dfrac{\cos^2\theta - \sin^2\theta}{r^2}\,\dfrac{\partial}{\partial\theta} - \\[2mm]
\qquad\qquad \dfrac{\sin\theta\cos\theta}{r^2}\,\dfrac{\partial^2}{\partial\theta^2}
\end{cases} \tag{b}
$$

利用坐标变换，可将直角坐标系中的拜尔脱拉密-密歇尔方程转换成柱坐标的形式。例如，式（5-15a）可转变为：

$$
\nabla^2\sigma_x + \frac{1}{1+\mu}\,\frac{\partial^2\sigma_v}{\partial x^2} = -\frac{1}{1-\mu}\left[(2-\mu)\frac{\partial f_x}{\partial x} + \mu\left(\frac{\partial f_y}{\partial y} + \frac{\partial f_z}{\partial z}\right)\right] \tag{c}
$$

式中，σ_x 为应力分量；f_x、f_y 为体力 f 在 x 方向和 y 方向的分量。

$$
\begin{cases}
\sigma_x = \sigma_r\cos^2\theta + \sigma_\theta\sin^2\theta \\
f_x = f_r\cos\theta,\quad f_y = f_r\sin\theta
\end{cases} \tag{d}
$$

注意到 $\sigma_v = \sigma_x + \sigma_y + \sigma_z = \sigma_r + \sigma_\theta + \sigma_z$，为非变量，它仅是 r、z 的函数，而：

$$
\nabla^2 = \frac{\partial^2}{\partial x^2} + \frac{\partial^2}{\partial y^2} + \frac{\partial^2}{\partial z^2} = \frac{\partial^2}{\partial r^2} + \frac{1}{r}\,\frac{\partial}{\partial r} + \frac{1}{r^2}\,\frac{\partial^2}{\partial\theta^2} + \frac{\partial^2}{\partial z^2} \tag{e}
$$

于是，利用上述微分算子，可以将式（c）化成为：

$$
\left[\nabla^2\sigma_r - \frac{2}{r^2}(\sigma_r - \sigma_\theta) + \frac{1}{1+\mu}\,\frac{\partial^2}{\partial r^2}\sigma_v\right]\cos^2\theta + \left[\nabla^2\sigma_\theta + \frac{2}{r^2}(\sigma_r - \sigma_\theta) + \frac{1}{1+\mu}\,\frac{1}{r}\,\frac{\partial}{\partial r}\sigma_v\right]\sin^2\theta
$$

$$
= -\frac{1}{1-\mu}\left[(2-\mu)\frac{\partial f_r}{\partial r} + \mu\,\frac{f_r}{r}\right]\cos^2\theta - \frac{\mu}{1-\mu}\,\frac{\partial f_z}{\partial z} - \frac{1}{1-\mu}\left[(2-\mu)\frac{\partial f_r}{\partial r} + \mu\,\frac{f_r}{r}\right]\sin^2\theta
$$

此式对任意的 (r,θ,z) 都成立。特别地，若令 $\theta = 0$ 和 $\theta = \dfrac{\pi}{2}$，则分别得到：

$$
\nabla^2\sigma_r - \frac{2}{r^2}(\sigma_r - \sigma_\theta) + \frac{1}{1+\mu}\,\frac{\partial^2}{\partial r^2}\sigma_v = -\frac{1}{1-\mu}\left[(2-\mu)\frac{\partial f_r}{\partial r} + \mu\left(\frac{f_r}{r} + \frac{\partial f_z}{\partial z}\right)\right] \tag{7-8a}
$$

$$
\nabla^2\sigma_\theta + \frac{2}{r^2}(\sigma_r - \sigma_\theta) + \frac{1}{1+\mu}\,\frac{1}{r}\,\frac{\partial}{\partial r}\sigma_v = -\frac{1}{1-\mu}\left[(2-\mu)\frac{\partial f_r}{\partial r} + \mu\left(\frac{f_r}{r} + \frac{\partial f_z}{\partial z}\right)\right] \tag{7-8b}
$$

此两式是两个完全独立的方程。若对第二式进行类似的变换，则所得到的方程与此两式完全相同。

对于式（5-15c）：

$$
\nabla^2\sigma_z + \frac{1}{1+\mu}\,\frac{\partial^2\sigma_v}{\partial z^2} = -\frac{1}{1-\mu}\left[(2-\mu)\frac{\partial f_z}{\partial z} + \mu\left(\frac{\partial f_y}{\partial y} + \frac{\partial f_x}{\partial x}\right)\right]
$$

注意到 σ_z 与 θ 无关，所以变换后有：

$$
\nabla^2\sigma_z + \frac{1}{1+\mu}\,\frac{\partial^2\sigma_v}{\partial z^2} = -\frac{1}{1-\mu}\left[(2-\mu)\frac{\partial f_z}{\partial z} + \mu\left(\frac{\partial f_r}{\partial r} + \frac{f_r}{r}\right)\right] \tag{7-8c}
$$

对于式（5-15d）：

$$\nabla^2 \tau_{yz} + \frac{1}{1+\mu} \frac{\partial^2 \sigma_v}{\partial y \partial z} = -\left(\frac{\partial f_y}{\partial z} + \frac{\partial f_z}{\partial y} \right)$$

注意到：

$$\tau_{yz} = \tau_{rz} \sin\theta$$

$$\nabla^2 \tau_{yz} = \left(\nabla^2 \tau_{rz} - \frac{\tau_{rz}}{r^2} \right) \sin\theta$$

$$\frac{\partial^2 \sigma_v}{\partial y \partial z} = \sin\theta \frac{\partial^2}{\partial r \partial z} \sigma_v$$

$$\frac{\partial f_z}{\partial y} = \sin\theta \frac{\partial f_z}{\partial r}, \quad \frac{\partial f_y}{\partial z} = \sin\theta \frac{\partial f_r}{\partial z}$$

将其代入式（5-15d）则得到：

$$\nabla^2 \tau_{rz} - \frac{\tau_{rz}}{r^2} + \frac{1}{1+\mu} \frac{\partial^2 \sigma_v}{\partial r \partial z} = -\left(\frac{\partial f_r}{\partial z} + \frac{\partial f_z}{\partial r} \right) \tag{7-8d}$$

同样对式（5-15e）进行变换，由于 τ_{xz} 和 τ_{yz} 相对 τ_{rz} 是一样的，因此变换后则得到与上式一样的结果。式（5-15f）经变换后所得的方程为式（7-8a）和式（7-8b）之差，因而不是独立的。因此，得到的轴对称问题中用柱坐标 (r, θ, z) 表示的四个应力形式的变形协调方程为

$$\begin{cases} \nabla^2 \sigma_r - \dfrac{2}{r^2}(\sigma_r - \sigma_\theta) + \dfrac{1}{1+\mu} \dfrac{\partial^2}{\partial r^2} \sigma_v = -\dfrac{1}{1-\mu}\left[(2-\mu)\dfrac{\partial f_r}{\partial r} + \mu\left(\dfrac{f_r}{r} + \dfrac{\partial f_z}{\partial z} \right) \right] \\[3mm] \nabla^2 \sigma_\theta + \dfrac{2}{r^2}(\sigma_r - \sigma_\theta) + \dfrac{1}{1+\mu} \dfrac{1}{r} \dfrac{\partial}{\partial r} \sigma_v = -\dfrac{1}{1-\mu}\left[(2-\mu)\dfrac{\partial f_r}{\partial r} + \mu\left(\dfrac{f_r}{r} + \dfrac{\partial f_z}{\partial z} \right) \right] \\[3mm] \nabla^2 \sigma_z + \dfrac{1}{1+\mu} \dfrac{\partial^2 \sigma_v}{\partial z^2} = -\dfrac{1}{1-\mu}\left[(2-\mu)\dfrac{\partial f_z}{\partial z} + \mu\left(\dfrac{\partial f_r}{\partial r} + \dfrac{f_r}{r} \right) \right] \\[3mm] \nabla^2 \tau_{rz} - \dfrac{\tau_{rz}}{r^2} + \dfrac{1}{1+\mu} \dfrac{\partial^2 \sigma_v}{\partial r \partial z} = -\left(\dfrac{\partial f_r}{\partial z} + \dfrac{\partial f_z}{\partial r} \right) \end{cases} \tag{7-8}$$

因此，空间轴对称问题的应力解法是在柱坐标系 (r, θ, z) 中求解应力分量 σ_r、σ_θ、σ_z、τ_{rz}，它们是 r、z 的函数，使式（7-7）、式（7-8）以及给定的边界条件被满足。式（7-7）、式（7-8）的解也由两部分组合，即特解与齐次方程的通解之和。为了求齐次方程的通解，由齐次平衡方程引入应力函数 $\varphi(r, z)$，使得：

$$\begin{cases} \sigma_r = \dfrac{\partial}{\partial z}\left(\mu \nabla^2 \varphi - \dfrac{\partial^2 \varphi}{\partial r^2} \right) \\[3mm] \sigma_\theta = \dfrac{\partial}{\partial z}\left(\mu \nabla^2 \varphi - \dfrac{1}{r} \dfrac{\partial \varphi}{\partial r} \right) \\[3mm] \sigma_r = \dfrac{\partial}{\partial z}\left[(2-\mu) \nabla^2 \varphi - \dfrac{\partial^2 \varphi}{\partial z^2} \right] \\[3mm] \tau_{rz} = \dfrac{\partial}{\partial r}\left[(1-\mu) \nabla^2 \varphi - \dfrac{\partial^2 \varphi}{\partial z^2} \right] \end{cases} \tag{7-9}$$

检验可知，当 φ 满足空间轴对称双调和方程时，即

$$\nabla^4 \varphi = \nabla^2 \nabla^2 \varphi = 0$$

成立时，式（7-7）、式（7-8）中所有的齐次方程都将被满足。因此，将空间轴对称问题归结为求双调和函数 φ，使式（7-9）和边界条件成立。

在柱面坐标系下，轴对称问题的某些双调和函数有：

五次幂：$r^2z(3r^2 - 4z^2)$，$z^3(5r^2 - 2z^2)$

四次幂：$r^2(r^2 - 4z^2)$，$z^2(3r^2 - 2z^2)$

三次幂：r^2z，z^3，$z^3\ln r$

二次幂：$z^2\ln r$

一次幂：$\sqrt{r^2 + z^2}$，$z\ln r$，$z\ln(\sqrt{r^2 + z^2})$，$z\ln\left(\dfrac{\sqrt{r^2 + z^2} - z}{\sqrt{r^2 + z^2} + z}\right)$

零次幂：$\dfrac{z}{\sqrt{r^2 + z^2}}$，$\ln r$，$\ln(\sqrt{r^2 + z^2} + z)$

负一次幂：$\dfrac{1}{\sqrt{r^2 + z^2}}$

负二次幂：$\dfrac{z}{(\sqrt{r^2 + z^2})^3}$

因此，可通过分析空间问题的特点，选用合适的双调和函数或其组合，构造应力函数，求解某些空间轴对称问题。

7.4 半空间体边界上受法向集中力

设有半空间体，沿水平边界作用垂直于边界的集中力 P（如图7-2所示），略去体力不计，试求体内的应力和位移。根据弹性体的几何形状及载荷特点，这是一个空间轴对称问题，可采用柱坐标系（r，θ，z），坐标原点置于载荷作用点，z轴向下，r、θ坐标如图所示，在弹性体径向截平面内任一点（r，z），令 $R = \sqrt{r^2 + z^2}$ 为该点至原点的矢径。问题的应力边界条件可表示如下。

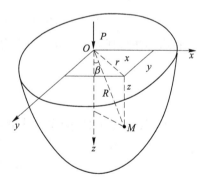

图7-2 半空间体受法向集中力作用

在力 P 作用点以外的表面边界（$z = 0$）上，有：

$$\sigma_z\big|_{\substack{z=0\\r\neq0}} = 0, \quad \tau_{rz}\big|_{\substack{z=0\\r\neq0}} = 0$$

另外，用任意一个水平截面将弹性体截开，可以列写一个沿 z 方向的平衡条件 $\sum F_z = 0$，即：

$$\int_0^\infty \sigma_z 2\pi r\,\mathrm{d}r + P = 0 \tag{a}$$

对于无穷远点，还应有条件：

$$\sigma_r\big|_{R\to\infty} = 0, \quad \tau_{rz}\big|_{R\to\infty} = 0, \quad \sigma_z\big|_{R\to\infty} = 0$$

采用应力函数法求解该问题。首先选择应力双调和函数 φ，它可由因次法或应力的特点作出初步设定，因为应力分量是力 P 与坐标 r、z 负二次幂相乘的因次，即：

$$\sigma_{ij} = f\left(\frac{P}{r^2},\ \frac{P}{z^2},\ \frac{P}{rz}\right) \tag{b}$$

根据式（7-9）推测，应力函数 φ 的表达式应为 P 与坐标 r、z 的正一次幂相乘的形式，于是，初步设定应力函数 φ 由上节所述的双调和函数的一次幂组合而成，即初选 φ 为：

$$\varphi(r,z) = C_1 z \ln r + C_2 \sqrt{r^2 + z^2} + C_3 z \ln\left(\frac{\sqrt{r^2 + z^2} - z}{\sqrt{r^2 + z^2} + z}\right) \tag{c}$$

式中，C_1、C_2、C_3 为待定的常数。

按式（7-9），求出应力分量为：

$$\begin{cases}
\sigma_r = \dfrac{C_1}{r^2} + C_2\left[(1 - 2\mu)z(r^2 + z^2)^{-3/2} - 3r^2 z(r^2 + z^2)^{-5/2}\right] + \\
\qquad C_3\left[4\mu z(r^2 + z^2)^{-3/2} + \dfrac{2z}{r^2}(r^2 + z^2)^{-1/2} + 6r^2 z(r^2 + z^2)^{-5/2}\right] \\[2mm]
\sigma_\theta = -\dfrac{C_1}{r^2} + C_2\left[(1 - 2\mu)z(r^2 + z^2)^{-3/2}\right] + \\
\qquad C_3\left[4\mu z(r^2 + z^2)^{-3/2} - \dfrac{2z}{r^2}(r^2 + z^2)^{-1/2} - 2z(r^2 + z^2)^{-3/2}\right] \\[2mm]
\sigma_z = C_2\left[-(1 - 2\mu)z(r^2 + z^2)^{-3/2} - 3z^3(r^2 + z^2)^{-5/2}\right] + \\
\qquad C_3\left[-4\mu z(r^2 + z^2)^{-3/2} + 6z^3(r^2 + z^2)^{-5/2}\right] \\[2mm]
\tau_{rz} = C_2\left[-(1 - 2\mu)r(r^2 + z^2)^{-3/2} - 3rz^2(r^2 + z^2)^{-5/2}\right] + \\
\qquad C_3\left[-4\mu r(r^2 + z^2)^{-3/2} + 6rz^2(r^2 + z^2)^{-5/2}\right]
\end{cases} \tag{d}$$

将边界条件代入式（d）的应力分量 τ_{rz}，得

$$C_3 = -\frac{1 - 2\mu}{4\mu}C_2$$

将 C_3 代入式（d）的应力分量 σ_z，得：

$$\sigma_z = -\frac{3}{2\mu}C_2 z^3 (r^2 + z^2)^{-5/2} \tag{e}$$

将上式代入平衡条件式（a），得：

$$-\frac{3\pi}{\mu}C_2 \int_0^\infty z^3 (r^2 + z^2)^{-5/2} r\mathrm{d}r = -P \tag{f}$$

由此求出：

$$C_2 = \frac{\mu}{\pi}P$$

代入式（e），得：

$$C_3 = \frac{1 - 2\mu}{4\pi} P$$

再应用边界条件式: $z \to \infty$, $\sigma_r = 0$, 得:

$$C_1 = -2C_3 = \frac{1 - 2\mu}{2\pi} P$$

将常数 C_1、C_2、C_3 代入式 (d), 最后求得应力分量为:

$$\begin{cases} \sigma_r = \dfrac{P}{2\pi}\left[\dfrac{1 - 2\mu}{R(R + z)} - \dfrac{3zr^2}{R^5}\right] \\[2mm] \sigma_\theta = \dfrac{P}{2\pi}(1 - 2\mu)\left[-\dfrac{1}{R(R + z)} + \dfrac{z}{R^3}\right] \\[2mm] \sigma_z = -\dfrac{3P}{2\pi}\dfrac{z^3}{R^5} \\[2mm] \tau_{rz} = -\dfrac{3P}{2\pi}\dfrac{rz^2}{R^5} \end{cases} \qquad (7\text{-}10)$$

由应力法解题的过程可以看出, 其关键是如何设定合适的应力函数 φ, 只要确定之后, 其他计算可按部就班进行。下面分析应力分布的一些特征。

(1) 在离载荷作用点非常远处, 应力趋于零, 表示载荷的影响很小。

(2) 在离载荷作用点很近处, 应力趋于无限大, 表明载荷作用点附近, 应力集中程度高, 该处不可避免地要发生塑性变形。

(3) 在物体内任意点 $M(r, z)$, 因为

$$\frac{\tau_{rz}}{\sigma_z} = \frac{r}{z} = \tan\beta$$

β 是 M 点矢径和 z 轴所成夹角 (如图 7-2 所示)。可见, 过弹性体内任一点作水平面, 其上的全应力 F 沿着该点的矢径且指向载荷作用点 O, 大小等于:

$$F = \sqrt{\sigma_z^2 + \tau_{rz}^2} = \frac{3P}{2\pi}\frac{z^2}{(r^2 + z^2)^2}$$

(4) 如果作一个与 O 点相切、直径为 d 的球, 则沿球面上各点, 其水平面上的全应力相等。因为

$$d^2 = \frac{R^2}{\cos^2\beta} = \frac{(r^2 + z^2)^2}{z^2}$$

代入上式, 全应力为:

$$F = \sqrt{\sigma_z^2 + \tau_{rz}^2} = \frac{3P}{2\pi d^2}$$

求出应力分量后, 通过物理方程就可以求出位移分量, 以 z 方向位移分量为例:

$$\varepsilon_z = \frac{\partial w}{\partial z} = \frac{1}{E}[\sigma_z - \mu(\sigma_r + \sigma_\theta)] = \frac{1}{E}\left\{-\frac{3P}{2\pi}\frac{z^3}{R^5} - \frac{\mu P}{2\pi}\left[\frac{z(1 - 2\mu)}{R^3} - \frac{3zr^2}{R^5}\right]\right\}$$

$$(g)$$

则:

$$w = \frac{P}{2\pi E} \int \left[-\frac{3z^3}{R^5} - \frac{\mu(1-2\mu)z}{R^3} + \frac{3\mu zr^2}{R^5} \right] \mathrm{d}z$$

$$= \frac{P}{2\pi E} \left[\frac{2r^2 + 3z^2}{R^3} + \frac{\mu(1-2\mu)}{R} - \frac{\mu r^2}{R^3} \right] + C$$

$$= \frac{(1+\mu)P}{2\pi ER} \left[2(1-\mu) + \frac{z^2}{R^3} \right] + C \tag{h}$$

当 $R \to \infty$ 时，$w = 0$，代入上式得，$C = 0$，因此：

$$w = \frac{(1+\mu)P}{2\pi ER} \left[2(1-\mu) + \frac{z^2}{R^3} \right] \tag{7-11}$$

在工程中，感兴趣的是确定水平边界上任意点的垂直位移，即确定地表沉陷量的问题，可在式（7-11）中令 $z = 0$，得到：

$$w\big|_{z=0} = \frac{(1-\mu^2)P}{\pi Er} \tag{7-12}$$

上面的方法和结果，可用来研究一些采矿问题，如钻具钻孔时破碎岩石的机理问题、高压水射流破岩时在岩层中产生的应力问题等。

7.5   竖直井筒围岩的应力

如图 7-3 所示，在弹性岩体中开凿一个圆形的竖直井筒，半径为 a，深度认为是无限长，求井筒围岩的应力。为使问题简化，不考虑支护作用。

假定水平地应力是静水压力，因此，可认为井筒围岩的应力呈轴对称分布，把问题看成是一个空间轴对称问题。取柱坐标系如图 7-3 所示。在求围岩的应力时，往往是将其分解成两部分，一部分是初始应力，它是在开挖井筒前，由于岩体的自重所引起的，用上标"0"来标明。如 σ_r^0、σ_θ^0、σ_z^0、τ_{rz}^0，相应的初始位移记为 u^0、w^0；另一部分是附加应力，它是在开凿井筒后由于应力重分布而产生的，用上标"1"来标明，如 σ_r^1、σ_θ^1、σ_z^1、τ_{rz}^1，相应的位移记 u^1、w^1，井筒围岩的应力是两部分之和，即：

$$\begin{cases} \sigma_r = \sigma_r^0 + \sigma_r^1 \\ \sigma_\theta = \sigma_\theta^0 + \sigma_\theta^1 \\ \sigma_z = \sigma_z^0 + \sigma_z^1 \\ \tau_{rz} = \tau_{rz}^0 + \tau_{rz}^1 \end{cases} \tag{a}$$

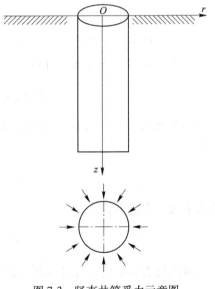

图 7-3   竖直井筒受力示意图

初始应力及位移的大小，已在 7.1 节中求出，这里，将结果重写如下：

$$\begin{cases} \sigma_r^0 = \sigma_\theta^0 = -\dfrac{\mu}{1-\mu}\gamma z \\[2mm] \sigma_z = -\gamma z \\[2mm] \tau_{rz} = 0 \\[2mm] u^0 = 0, \; w = -\dfrac{(1+\mu)(1-2\mu)\gamma}{2E(1-\mu)}z^2 + B \end{cases} \tag{b}$$

式中，B 为待定的常数；γ 为岩石的容重；μ 为岩石的泊松比。

附加应力和位移，按下述方法求出。

（1）问题的边界条件及应力设定。在距地表 z 的任意一个横截面，沿井筒周边的应力分布如图 7-3 所示，另外，在变形过程中，还认为横截平面保持为平面。于是，问题的边界条件为：

在上表面（$z=0$）：

$$\sigma_z\big|_{z=0} = 0 \; , \; \tau_{rz}\big|_{z=0} = 0$$

在井筒表面（$r=a$）：

$$\sigma_r\big|_{r=a} = 0 \; , \; \tau_{rz}\big|_{r=a} = 0$$

在无穷远处（$r\to\infty$）：

$$\sigma_r\big|_{r\to\infty} = \sigma_r^0 \, , \; \sigma_\theta\big|_{r\to\infty} = \sigma_\theta^0 \, , \; \tau_{rz}\big|_{r\to\infty} = \tau_{rz}^0 = 0$$

因为应力随 z 的增大而增大，因而可设定附加应力的表达式为：

$$\begin{cases} \sigma_r^1(r,\, z) = z f_1(r) \\[1mm] \sigma_\theta^1(r,\, z) = z f_2(r) \\[1mm] \sigma_z^1(r,\, z) = z f_3(r) \\[1mm] \tau_{rz}^1(r,\, z) = z f_4(r) \end{cases} \tag{c}$$

式中，$f_1(r) \sim f_4(r)$ 是变量 r 的未定函数，它们可以通过位移解法来确定。

（2）确定 $f_1(r) \sim f_4(r)$。在计算附加应力时，不再考虑岩石的自重，因此，平衡微分方程简化为：

$$\begin{cases} \dfrac{\partial \sigma_r}{\partial r} + \dfrac{\sigma_r - \sigma_\theta}{r} + \dfrac{\partial \tau_{rz}}{\partial z} = 0 \\[3mm] \dfrac{\partial \sigma_z}{\partial z} + \dfrac{\partial \tau_{rz}}{\partial r} + \dfrac{\tau_{rz}}{r} = 0 \end{cases}$$

将式（c）代入上式，得：

$$\begin{cases} z\left[\dfrac{\partial f_1(r)}{\partial r} + \dfrac{f_1(r) - f_2(r)}{r}\right] + f_4(r) = 0 \\[3mm] f_3(r) + z\left[\dfrac{\partial f_4(r)}{\partial r} + \dfrac{f_4(r)}{r}\right] = 0 \end{cases} \tag{d}$$

要使该方程对变量 r、z 为任意值时都成立，则必有：

$$\begin{cases} \dfrac{\mathrm{d}f_1(r)}{\partial r} + \dfrac{f_1(r) - f_2(r)}{r} = 0 \\[2mm] f_3(r) = 0 \\[2mm] f_4(r) = 0 \end{cases} \tag{e}$$

由于附加应力在 r、z 方向引起的位移为 u^1、w^1，通过空间轴对称问题的物理方程，得：

$$\begin{cases} \varepsilon_r^1 = \dfrac{1}{E}\left[\sigma_r^1 - \mu(\sigma_\theta^1 + \sigma_z^1)\right] = z\,\dfrac{f_1(r) - \mu f_2(r)}{E} = \dfrac{\partial u^1}{\partial r} \\[3mm] \varepsilon_\theta^1 = \dfrac{1}{E}\left[\sigma_\theta^1 - \mu(\sigma_r^1 + \sigma_z^1)\right] = z\,\dfrac{f_2(r) - \mu f_1(r)}{E} = \dfrac{u^1}{r} \\[3mm] \varepsilon_z^1 = \dfrac{1}{E}\left[\sigma_z^1 - \mu(\sigma_\theta^1 + \sigma_r^1)\right] = -z\mu\,\dfrac{f_1(r) - f_2(r)}{E} = \dfrac{\partial w^1}{\partial z} \\[3mm] \varepsilon_{rz}^1 = \dfrac{\tau_{rz}^1}{2G} = \dfrac{\partial u^1}{\partial z} + \dfrac{\partial w^1}{\partial r} = 0 \end{cases} \tag{f}$$

由式（f）可以看出，位移由含有 z 和 r 的相对独立的两部分组合而成，为消去变量 z，可设定：

$$\begin{aligned} u^1(r,\ z) &= zu_1(r) \\ w^1(r,\ z) &= w_0(r) + z^2 w_2(r) \end{aligned} \tag{g}$$

将式（g）代入式（f），得到关于 r 的微分方程：

$$\frac{\mathrm{d}u_1(r)}{\mathrm{d}r} = \frac{1}{E}\left[f_1(r) - \mu f_2(r)\right] \tag{h}$$

$$\frac{u_1(r)}{r} = \frac{1}{E}\left[f_2(r) - \mu f_1(r)\right] \tag{i}$$

$$w_2(r) = -\frac{\mu}{2E}\left[f_1(r) + f_2(r)\right] \tag{j}$$

$$u_1(r) + \frac{\mathrm{d}w_0(r)}{\mathrm{d}r} + z^2\,\frac{\mathrm{d}w_2(r)}{\mathrm{d}r} = 0 \tag{k}$$

由式（h）和式（i）可以解出 f_1、f_2，即：

$$\begin{aligned} f_1(r) &= \frac{E}{1-\mu^2}\left[\frac{\mathrm{d}u_1(r)}{\mathrm{d}r} + \mu\,\frac{u_1(r)}{r}\right] \\[2mm] f_2(r) &= \frac{E}{1-\mu^2}\left[\frac{u_1(r)}{r} + \mu\,\frac{\mathrm{d}u_1(r)}{\mathrm{d}r}\right] \end{aligned} \tag{l}$$

将式（l）代入式（e），得到关于 $u_1(r)$ 的微分方程：

$$\frac{\mathrm{d}^2 u_1(r)}{\mathrm{d}r^2} + \frac{1}{r}\,\frac{\mathrm{d}u_1(r)}{\mathrm{d}r} - \frac{u_1(r)}{r^2} = 0$$

其通解为：

$$u_1(r) = C_0 r + \frac{C_1}{r} \tag{m}$$

式中，C_0、C_1 是待定的积分常数。

将式 (m) 代入式 (l), 得:

$$f_1(r) = \frac{E}{1-\mu^2}\left[C_0(1+\mu) - C_1\frac{1-\mu}{r^2}\right]$$

$$f_2(r) = \frac{E}{1-\mu^2}\left[C_0(1+\mu) + C_1\frac{1-\mu}{r^2}\right]$$

(n)

将式 (n) 代入式 (j), 得:

$$w_2(r) = -\frac{\mu}{1-\mu}C_0$$

(o)

将式 (o) 和式 (m) 代入式 (k), 可求得:

$$w_0(r) = -\frac{1}{2}C_0 r^2 - C_1 \ln r + C_2$$

(p)

式中, C_2 是待定的积分常数。

(3) 应力分量。将式 (n) 代入式 (c), 求出附加应力分量为:

$$\begin{cases} \sigma_r^1 = \frac{Ez}{1-\mu^2}\left[C_0(1+\mu) - C_1\frac{1-\mu}{r^2}\right] = z\left(\frac{EC_0}{1-\mu} - \frac{EC_1}{1+\mu}\frac{1}{r^2}\right) \\ \sigma_\theta^1 = \frac{Ez}{1-\mu^2}\left[C_0(1+\mu) + C_1\frac{1-\mu}{r^2}\right] = z\left(\frac{EC_0}{1-\mu} + \frac{EC_1}{1+\mu}\frac{1}{r^2}\right) \\ \sigma_z^1 = 0 \\ \tau_{rz}^1 = 0 \end{cases}$$

(q)

为确定待定常数 C_0、C_1, 先求出总应力。按式 (a), 总应力为:

$$\begin{cases} \sigma_r = -\frac{\mu}{1-\mu}\gamma z + \left(\frac{EC_0}{1-\mu} - \frac{EC_1}{1+\mu}\frac{1}{r^2}\right)z \\ \sigma_\theta = -\frac{\mu}{1-\mu}\gamma z + \left(\frac{EC_0}{1-\mu} + \frac{EC_1}{1+\mu}\frac{1}{r^2}\right)z \\ \sigma_z = -\gamma z \\ \tau_{rz} = 0 \end{cases}$$

(r)

由井筒表面和无穷远处的边界条件, 得:

$$-\frac{\mu}{1-\mu}\gamma + \left(\frac{EC_0}{1-\mu} - \frac{EC_1}{1+\mu}\frac{1}{a^2}\right) = 0$$

$$-\frac{\mu}{1-\mu}\gamma = -\frac{\mu}{1-\mu}\gamma + \left(\frac{EC_0}{1-\mu} - \frac{EC_1}{1+\mu}\frac{1}{\infty^2}\right)$$

联合求解, 得:

$$C_0 = 0, \quad C_1 = -\frac{\mu(1+\mu)}{E(1-\mu)}\gamma a^2$$

将 C_0、C_1 的值代入式 (r), 最后求得竖井井筒围岩的应力为:

$$
\begin{cases}
\sigma_r = -\dfrac{\mu}{1-\mu}\left(1-\dfrac{a^2}{r^2}\right)\gamma z \\[3mm]
\sigma_\theta = -\dfrac{\mu}{1-\mu}\left(1+\dfrac{a^2}{r^2}\right)\gamma z \\[3mm]
\sigma_z = -\gamma z \\[3mm]
\tau_{rz} = 0
\end{cases}
\tag{7-13}
$$

下面求竖井井筒围岩的位移。

在实际工程中，井筒开挖是在自重产生初始位移场的基础上开挖的。因此，井筒开挖产生的位移即是附加应力场对应的位移（简称附加位移）u^1、w^1。

将 C_0、C_1 的值代入式（m），再代入式（g），得：

$$
u^1 = zu_1(r) = -\frac{\mu(1+\mu)}{E(1-\mu)}\gamma z\frac{a^2}{r}
\tag{7-14}
$$

将 C_0、C_1 的值代入式（o）和式（p），再代入式（g），得：

$$
w^1 = w_0(r) + z^2 w_2(r) = -\frac{\mu(1+\mu)}{E(1-\mu)}\gamma a^2 \ln r + C_2
\tag{7-15}
$$

式中，C_2 由位移边界条件确定。

习　　题

7-1　均匀各向同性的线弹性体，受静水压力 $-p$ 的作用，并且体积力可以忽略，证明应力 $\sigma_x = \sigma_y = \sigma_z = -p$，$\tau_{xy} = \tau_{yz} = \tau_{zx} = 0$ 确实是所求问题的解答，并求位移。

7-2　半空间体在边界平面的一个圆面积上受均布压力 q。设圆的半径为 a，试求圆心下方距边界为 h 处的位移。

7-3　一空心圆球，内半径为 a，外半径为 b，内面受均布压力 q，外面被固定，试求最大径向位移和最大切向拉应力。

7-4　在轴对称问题中，设位移分量给定为：

$$
u_r - \frac{1}{2G}\frac{\partial^2\psi}{\partial r\partial z}, \quad w = \frac{1}{2G}\left[2(1-v)\nabla^2 - \frac{\partial}{\partial z^2}\right]\psi
$$

式中，$\nabla^2 = \dfrac{\partial^2}{\partial r^2} + \dfrac{1}{r}\dfrac{\partial}{\partial r} + \dfrac{\partial^2}{\partial z^2}$，$\psi(r,z)$ 为位移函数，试证明 ψ 满足双调和方程 $\nabla^4\psi = 0$，且应力分量为：

$$
\sigma_r = \frac{\partial}{\partial z}\left(v\nabla^2 - \frac{\partial^2}{\partial r^2}\right)\psi
$$

$$
\sigma_\theta = \frac{\partial}{\partial z}\left(v\nabla^2 - \frac{1}{r}\frac{\partial}{\partial r}\right)\psi
$$

$$
\sigma_z = \frac{\partial}{\partial z}\left[(2-v)\nabla^2 - \frac{\partial^2}{\partial z^2}\right]\psi
$$

$$
\tau_{zr} = \frac{\partial}{\partial z}\left[(1-v)\nabla^2 - \frac{\partial^2}{\partial r^2}\right]\psi
$$

8 能量原理与变分方法

从数学的角度而言，在许多情况中，对于特定边界条件，求一个泛函的极值问题和在适定条件下求解一个微分方程的边值问题是等价的，这个微分方程就是欧拉方程，而这些边界条件就是基本边界条件和自然边界条件。当求解微分方程遇到困难时，常常采用一些近似方法来求这个泛函的极值，这就是所谓的变分法，也是数学物理方程中的直接法，是工程实际中广泛采用的一种有效的近似方法。

前面由微元体出发所建立的弹性力学的边值问题与从整个物体在平衡时某些泛函的极值问题是等价的，这就是弹性力学的变分原理。因为这些泛函在力学上具有明确的物理意义——能量，所以将弹性力学的边值问题用相应泛函的极值问题来表述并求解的方法，也常被称为弹性力学的能量方法。

弹性力学的变分方法是一种基本方法，有关弹性力学的变分原理种类已有很多，但最基本的是最小势能原理和最小余能原理。特别需要指出的是，以著名科学家钱伟长、胡海昌为代表的我国学者在变分法应用固体力学（包括弹性力学、塑性力学等）方面做出了光辉的成就，引起了世人的瞩目。1954 年，胡海昌建立的三类变量广义变分原理已被国内外公认，并成为有限单元法的理论基础。20 世纪 80 年代初，钱伟长系统地将 Lagrange 乘子法引入固体力学中的变分原理，并给出了各种广义变分原理中相应泛函的构造方法，使变分原理提到了一个新的水平，这是中国科学家对固体力学的重要贡献。变分原理不仅可以帮助人们由泛函的驻值条件得到相应的微分方程和边界条件（Euler 方程和自然边界条件），而且也提供了寻求近似解的一条有效的途径。20 世纪 60 年代初迅速发展起来的有限单元法已越来越广泛地应用于固体力学的各个分支，它的理论基础正是固体力学中的各类变分原理。因此，本章的内容对于广大的读者是十分有用的。

8.1 变分法的有关基本概念

高等数学对函数以及函数的连续性、函数的极值等有详细的介绍，这里，为了便于未学过变分法的读者后续理解弹性力学的变分原理，本节将简略地介绍一些与泛函的有关的基本概念，起到一种引导作用。

8.1.1 泛函与泛函的变分

8.1.1.1 泛函

如果对于变量 x 的某一区域中的每一个 x 值，都按一定的法则有一个与之对应的 y 值，则称变量 y 是变量 x 的函数，可表示为 $y = y(x)$。如果对某一类函数 $\{y(x)\}$ 中的每一个函数 $y(x)$，都按一定的法则有一个与之对应的值 Π，则称变量 Π 是函数 $y(x)$ 的泛函，可表示为 $\Pi = \Pi[y(x)]$，并称 $y(x)$ 为泛函 Π 的宗量，而称 $\{y(x)\}$ 为泛函 Π 的允许函数类或定义域。一般根据一个特定的物理问题，$\{y(x)\}$ 可以是具有满足某些连续可微性及端部条件的函数类。

例如，求过平面上 A、B 两点的曲线 $y(x)$，使其具有长度最短，这是一个最简单的短程线问题。与这个问题相应的泛函为：

$$L = L[y(x)] = \int_a^b \sqrt{1 + y'^2(x)}\,\mathrm{d}x$$

要求 $y(x)$ 使 L 具有最小值。为使积分存在，需要求允许函数 $y(x)$ 是区间 $[a, b]$ 上的连续可微函数，并且在端点 $x = a$ 和 $x = b$ 处，具有给定值 $y(a)$ 和 $y(b)$。因此，泛函 $L[y(x)]$ 的允许函数类为 $\{y(x)\} = \{y(x) \in C^1[a, b]$，且 $y(a)$ 和 $y(b)$ 给定$\}$。求一个泛函的极值，必须在该泛函的允许函数类中去求函数 $y = y_0(x)$，使得 $L[y_0(x)]$ 取极值，这里使 $L[y_0(x)]$ 取极小值。

8.1.1.2 函数的变分

由上面的简单例子看到，泛函 Π 的极值是在该泛函的允许函数类 $\{y(x)\}$ 中某一个函数 $y_0(x)$ 的"邻域内"进行比较。当 $y_0(x)$ 的增量很小时将其称为 $y_0(x)$ 变分，记为 $\delta y(x)$ 或 δy。因此，$\delta y(x)$ 是指和 $y_0(x)$ 相接近的 $y(x)$ 与 $y_0(x)$ 之差，即：

$$\delta y(x) = y(x) - y_0(x)$$

需要注意的是，$\delta y(x)$ 亦是 x 的函数，同时 $\delta y(x)$ 在允许函数类 $\{y(x)\}$ ——泛函 Π 的定义域中是小量，并且 $y(x)$ 在与 $y_0(x)$ 接近的允许函数类 $\{y(x)\}$ 中是任意变化的。

这里需要搞清楚的是，什么是两个函数 $y(x)$ 和 $y_0(x)$ 是"接近"的？若函数 $y(x)$ 和 $y_0(x)$ 满足如下条件：

$$\max_{x \in (a,b)} |y(x) - y_0(x)| < \delta_0$$

$$\max_{x \in (a,b)} |y'(x) - y'_0(x)| < \delta_1$$

$$\vdots$$

$$\max_{x \in (a,b)} |y^{(k)}(x) - y_0^{(k)}(x)| < \delta_k$$

其中，$\delta_i(i = 0, 1, \cdots, k)$ 均为小量，则称 $y(x)$ 与 $y_0(x)$ 具有 k 阶接近度。显然，k 越大，两函数的接近度越高。但如果允许函数类本身是 C^0 类函数，则只要求 $y(x)$ 和 $y_0(x)$ 具有零阶接近度就够了；在允许函数类是 C^1 类函数，则要求 $y(x)$ 和 $y_0(x)$ 具有一阶接近度，而所有与 $y_0(x)$ 具有零阶或一阶接近度的函数将构成 $y_0(x)$ 的邻域。总认为 $\delta y(x)$，$\delta y'(x)$，$\cdots$，$\delta y^{(k)}(x)$ 都是同阶微量。

8.1.1.3 泛函的变分

将函数 $y(x)$ 的变分 $\delta y(x)$ 所引起的泛函 Π 的增量 $\Delta \Pi$ 定义为：

$$\Delta \Pi = \Pi[y(x) + \delta y(x)] - \Pi[y(x)]$$

因为 $\delta y(x)$ 是小量，可按 $\delta y(x)$ 展开得到：

$$\Delta \Pi = L[y(x), \delta y(x)] + N[y(x), \delta y(x)] \cdot \max|\delta y(x)|$$

其中，$L[y(x), \delta y(x)]$ 是关于 $\delta y(x)$ 的线性泛函项，而 $N[y(x), \delta y(x)]$ 是关于 $\delta y(x)$ 的同阶量或高阶小量，并且，当 $\max|\delta y(x)| \to 0$ 时，$N[y(x), \delta y(x)] \cdot \max|\delta y(x)| \to 0$。因而，当 $\max|\delta y(x)| \to 0$ 时，称 $L[y(x), \delta y(x)]$ 为泛函 Π 的变分，用 $\delta \Pi$ 表示，即：

$$\delta II = L[y(x), \delta y(x)]$$

因此，泛函 II 的变分 δII 是泛函增量 ΔII 的线性主部，它关于 $\delta y(x)$ 是线性的，也称 δII 是泛函 II 的一阶变分。

类似地可以定义泛函 II 的高阶变分。若令

$$II[y(x)] = \int_a^b F(x, y, y', \cdots, y^{(k)}) \,\mathrm{d}x$$

可以看出，由函数 $y(x)$ 的变分 $\delta y(x)$ 引起的被积函数的增量为：

$$\Delta F = F[x, y + \delta y, y' + \delta y', \cdots, y^{(k)} + \delta y^{(k)}] -$$
$$F[x, y, y', \cdots, y^{(k)}]$$

因为 δy、$\delta y'$、$\cdots$、$\delta y^{(k)}$ 为同阶微量，不妨设 $\delta y(x) = \varepsilon \eta(x)$，$\varepsilon$ 为小量，于是 $\delta y'(x) = \varepsilon \eta'(x)$，$\cdots$，$\delta y^{(k)} = \varepsilon \eta^{(k)}(x)$，将它们代入 ΔF 中，并作 Taylor 展开，则得到：

$$\Delta F = \varepsilon \left[\eta \frac{\partial}{\partial y} + \eta' \frac{\partial}{\partial y'} + \cdots + \eta^{(k)} \frac{\partial}{\partial y^{(k)}} \right] F +$$
$$\frac{\varepsilon^2}{2} \left[\eta \frac{\partial}{\partial y} + \eta' \frac{\partial}{\partial y'} + \cdots + \eta^{(k)} \frac{\partial}{\partial y^{(k)}} \right]^2 F + \cdots +$$
$$\frac{\varepsilon^k}{k!} \left[\eta \frac{\partial}{\partial y} + \eta' \frac{\partial}{\partial y'} + \cdots + \eta^{(k)} \frac{\partial}{\partial y^{(k)}} \right]^k F + O(\varepsilon^{k+1})$$
$$\equiv \delta F + \frac{1}{2} \delta^2 F + \cdots + \frac{1}{k!} \delta^k F + O(\varepsilon^{k+1})$$

因此，泛函的增量 ΔII 可表示为：

$$\Delta II = \int_a^b \Delta F \mathrm{d}x$$
$$= \int_a^b \delta F \mathrm{d}x + \frac{1}{2} \int_a^b \delta^2 F \mathrm{d}x + \cdots + \frac{1}{k!} \int_a^b \delta^k F \mathrm{d}x + O(\varepsilon^{k+1})$$
$$= \delta II + \delta^2 II + \cdots + \delta^k II + O(\varepsilon^{k+1})$$

并依次称 δII、$\delta^2 II$、$\cdots$、$\delta^k II$ 为泛函 II 的一阶变分、二阶变分、$\cdots$、k 阶变分。特别需要指出的是，δII 是 ΔII 的主要线性部分，因此是与 ε 同阶的量，而其余各阶变分都是 ε 的高阶小量。这样：

$$\delta II = \delta \int_a^b F[x, y, y', \cdots, y^{(k)}] \mathrm{d}x$$
$$= \int_a^b \delta F[x, y, y', \cdots, y^{(k)}] \mathrm{d}x$$

可见，变分和积分的运算次序是可以变换的，而由 δy、$\delta y'$ 等的定义可知，$\delta y' = (\delta y)'$，$\cdots$，$\delta y^{(k)} = (\delta y)^{(k)}$，这表示微分和变分的次序也是可以变换的。

8.1.2 泛函的极值

如果泛函 $II[y(x)]$ 在任何与 $y = y_0(x)$ 接近的允许函数 $y(x)$ 上所取的值均不大于（或均不小于）$II[y_0(x)]$，则称泛函 $II[y(x)]$ 在 $y = y_0(x)$ 上取极大（或极小）值；如果泛函

II 同时在某几个允许函数上取极值，则比较这些值的大小就可得到泛函 *II* 的最大值与最小值。可用数学语言来表述泛函极值的定义，如果对一切与 $y(x)$ 接近的允许函数 $\delta y(x)$，有：

$$\Delta II = II[y + \delta y] - II[y] \leqslant 0$$

则称 *II* 在 y 上取极大值；同理，若：

$$\Delta II = II[y + \delta y] - II[y] \geqslant 0$$

则称 *II* 在 y 上取极小值。注意到 ΔII 的表达式中，一阶变分 δII 是与 ε 同阶的小量，而其余各阶变分均为 ε 的高阶小量，因此，当泛函 $II[y(x)]$ 在 y 上取极值时必有：

$$\delta II = 0$$

称 $\delta II = 0$ 为泛函极值的必要条件，又称为驻值条件，亦称为泛函 *II* 的变分方程。显然，为了判别泛函 $II[y(x)]$ 是极大值还是极小值，还必须考察 $II[y(x)]$ 的二阶变分。与函数的极大值和极小值条件相类似，若函数 y 使泛函 *II* 取极大值，则有：

$$\delta II = 0, \ \delta^2 II \leqslant 0$$

若函数 y 使泛函 *II* 取极小值，则有：

$$\delta II = 0, \ \delta^2 II \geqslant 0$$

8.1.3 欧拉方程与自然边界条件

从泛函的驻值条件 $\delta II = 0$ 出发，可以导出与之等价的微分方程和边界条件，这些方程称为欧拉方程，并称由 $\delta II = 0$ 导出的边界条件为自然边界条件。顺便指出，允许函数事先满足的边界条件称为基本边界条件，显然，自然边界条件和基本边界条件是不同的。为了今后的需要，这里不加证明地引入变分学的基本预备定理。

如果函数 $F(x)$ 在区间 (a, b) 上连续，且对只满足某些一般性条件的任意函数 $\delta y(x)$，有：

$$\int_a^b F(x) \delta y(x) \mathrm{d}x = 0$$

则在区间 (a, b) 上，有：

$$F(x) \equiv 0$$

所谓对于 $\delta y(x)$ 满足的一般性条件是指：（1）$\delta y(x)$ 一阶或直到若干阶连续可微；（2）在区间 (a, b) 的端点处 $\delta y(x)$ 或其直到若干阶导数的值为零，即 $\delta y(a) = \delta y(b) = 0$ 或 $\delta y(a) = \delta y(b) = 0, \delta y'(a) = \delta y'(b) = 0$ 等；（3）$|\delta y(x)| < \varepsilon$ 或 $|\delta y(x)| < \varepsilon$，$|\delta y'(x)| < \varepsilon$ 等。

对于多变元（例如二变元）的问题，也有类似的变分学基本预备定理。

如果函数 $F(x, y)$ 在平面区域 Ω 内连续，设任意 $\delta z(x, y)$ 在 Ω 区域的边界 $\partial\Omega$ 上为零，而且 $|\delta z| < \varepsilon$，$|\delta z_x| < \varepsilon$，$|\delta z_y| < \varepsilon$，此外，$\delta z(x, y)$ 还具有一阶连续的偏导数，若对这样的 $\delta z(x, y)$，有：

$$\iint_\Omega F(x, y) \delta z(x, y) \mathrm{d}x\mathrm{d}y = 0$$

则在区域 Ω 内，有：

$$F(x, y) \equiv 0$$

现在，将上述基本预备定理应用于泛函：

$$II[y(x)] = \int_a^b F(x, y, y') \, dx$$

及

$$II[w(x,y)] = \iint_\Omega F(x, y, w, w_x, w_y) \, dxdy$$

并给出它们的欧拉方程。

首先，由泛函 $II[y(x)]$ 的极值条件得：

$$\delta II = \delta \int_a^b F(x, y, y') \, dx = \int_a^b \delta F(x, y, y') \, dx = 0$$

注意到，δF 是由增量 δy 和 $\delta y'$ 所引起的，即：

$$\delta F = \frac{\partial F}{\partial y} \delta y + \frac{\partial F}{\partial y'} \delta y'$$

代入 $\delta II = 0$ 的表达式，并利用分部积分得：

$$\delta II = \int_a^b \left(\frac{\partial F}{\partial y} \delta y + \frac{\partial F}{\partial y'} \delta y' \right) dx = \frac{\partial F}{\partial y'} \delta y \Big|_a^b + \int_a^b \left[\frac{\partial F}{\partial y} - \frac{d}{dx} \left(\frac{\partial F}{\partial y'} \right) \right] \delta y \, dx = 0$$

因为，$\delta y(a) = \delta y(b) = 0$，由于 δy 在 (a, b) 上是任意连续可微函数，故由变分学的基本预备定理得欧拉方程：

$$\frac{\partial F}{\partial y} - \frac{d}{dx} \left(\frac{\partial F}{\partial y'} \right) = 0$$

考察第二个泛函 $II[w(x, y)]$，由极值条件得：

$$\delta II = \iint_\Omega \delta F(x, y, w, w_x, w_y) \, dxdy = 0$$

注意到，δF 是由 δw、δw_x、δw_y 引起的，故：

$$\delta II = \iint_\Omega \delta F(x, y, w, w_x, w_y) \, dxdy$$

$$= \iint_\Omega \left(\frac{\partial F}{\partial w} \delta w + \frac{\partial F}{\partial w_x} \delta w_x + \frac{\partial F}{\partial w_y} \delta w_y \right) dxdy = 0$$

因为，

$$\delta w_x = \delta \left(\frac{\partial w}{\partial x} \right) = \frac{\partial}{\partial x} \delta w, \quad \delta w_y = \delta \left(\frac{\partial w}{\partial y} \right) = \frac{\partial}{\partial y} \delta w$$

故：

$$\frac{\partial F}{\partial w_x} \delta w_x + \frac{\partial F}{\partial w_y} \delta w_y = \frac{\partial}{\partial x} \left(\frac{\partial F}{\partial w_x} \delta w \right) + \frac{\partial}{\partial y} \left(\frac{\partial F}{\partial w_y} \delta w \right) - \frac{\partial}{\partial x} \left(\frac{\partial F}{\partial w_x} \right) \delta w - \frac{\partial}{\partial y} \left(\frac{\partial F}{\partial w_y} \right) \delta w$$

将其代入 $\delta II = 0$ 的表达式中，即：

$$\delta II = \iint_\Omega \left[\frac{\partial F}{\partial w} \delta w + \frac{\partial}{\partial x} \left(\frac{\partial F}{\partial w_x} \delta w \right) + \frac{\partial}{\partial y} \left(\frac{\partial F}{\partial w_y} \delta w \right) - \frac{\partial}{\partial x} \left(\frac{\partial F}{\partial w_x} \right) \delta w - \frac{\partial}{\partial y} \left(\frac{\partial F}{\partial w_y} \right) \delta w \right] dxdy = 0$$

利用格林公式得：

$$\delta II = \iint_{\Omega} \left[\frac{\partial F}{\partial w} - \frac{\partial}{\partial x}\left(\frac{\partial F}{\partial w_x}\right) - \frac{\partial}{\partial y}\left(\frac{\partial F}{\partial w_y}\right) \right] \delta w \mathrm{d}x\mathrm{d}y +$$

$$\oint_{\partial\Omega} \left(\frac{\partial F}{\partial w_x}l + \frac{\partial F}{\partial w_y}m \right) \delta w \mathrm{d}s = 0$$

注意到 δw 在边界 $\partial\Omega$ 上取零值，同时 δw 是完全任意的，于是由变分学的基本预备定理得欧拉方程：

$$\frac{\partial F}{\partial w} - \frac{\partial}{\partial x}\left(\frac{\partial F}{\partial w_x}\right) - \frac{\partial}{\partial y}\left(\frac{\partial F}{\partial w_y}\right) = 0$$

8.2 弹性力学中有关变分原理的基本概念

为了推导公式简便，本章采用张量记号，扼要地重复一下弹性力学的基本公式。记空间直角坐标系 $Oxyz$ 为 $Ox_1x_2x_3$，设弹性体的体积为 V，表面积为 S，受给定体积力 f_i，在物体表面 S_σ 上受表面力 $\overline{X}_i$ 的作用，在 $S_u = S - S_\sigma$ 指定位移 $\overline{u}_i$，当物体处于平衡时，体内的应力分量 σ_{ij}、应变分量 ε_{ij}、位移分量 u_i 应满足如下的方程：

平衡方程：

$$\sigma_{ij,j} + f_i = 0 \quad (i = 1, \ 2, \ 3) \tag{8-1}$$

几何方程：

$$\varepsilon_{ij} = \frac{1}{2}(u_{i,j} + u_{j,i}) \quad (i, \ j = 1,2,3) \tag{8-2}$$

物理方程：

$$\sigma_{ij} = \lambda\varepsilon_{kk}\delta_{ij} + 2G\varepsilon_{ij} \quad (i, \ j = 1, \ 2, \ 3) \tag{8-3}$$

或其等价形式：

$$\varepsilon_{ij} = \frac{\lambda}{2G(3\lambda + 2G)}\sigma_{ij}\delta_{ij} + \frac{1}{2G}\sigma_{ij} \quad (i, \ j = 1, \ 2, \ 3) \tag{8-3'}$$

式中，λ 和 G 为拉梅常数。

此外，还需满足边界条件：

$$\sigma_{ij}n_j = \overline{X}_i \quad 在 S_\sigma 上 \quad (i = 1,2,3) \tag{8-4}$$

$$u_i = \overline{u}_i \quad 在 S_u = S - S_\sigma 上 \quad (i = 1, \ 2, \ 3) \tag{8-5}$$

式中，$n_j(j = 1, \ 2, \ 3)$ 为 S_σ 上外法线 n 的方向余弦。

现在，我们介绍与弹性力学中变分原理有关的一些基本概念。

（1）真实位移、真实应变和真实应力。如果 u_i 不仅满足几何连续性条件（式（8-2）和式（8-5）），而且与之对应的应力 σ_{ij} 还满足平衡条件（式（8-1）和式（8-3'）），称 u_i 为弹性体的真实位移。与真实位移 u_i 对应的应变 ε_{ij} 称为真实应变，同时与真实应变对应

的应力 σ_{ij} 称为真实应力。因此，真实位移 u_i、真实应变 ε_{ij} 以及真实应力 σ_{ij} 构成给定弹性体平衡问题的解，故它们满足平衡微分方程（式（8-1））、几何方程（式（8-2））、应力应变关系（式（8-3））以及边界条件（式（8-4）和式（8-5））。

（2）可能位移、可能应变。如果 u_i^k 满足物体内部的连续性条件（式（8-2））及 S_u 上的位移边界条件（式（8-5）），称 u_i^k 为弹性体的可能位移或允许位移。与可能位移 u_i^k 相对应的应变 ε_{ij}^k 称为可能应变或允许应变，因此：

$$\varepsilon_{ij}^k = \frac{1}{2}(u_{i,j}^k + u_{j,i}^k) \tag{8-6}$$

可能位移 u_i^k 与真实位移 u_i 的区别在于，前者只对应一个连续的位移场，但它并不一定对应一个平衡的应力状态，即与 ε_{ij}^k 相对应的应力不一定满足平衡微分方程（式（8-1））和 S_σ 上的应力边界条件（式（8-4））。然而，真实位移 u_i 则必定对应一个平衡的应力状态，即与之对应的应力 σ_{ij} 满足平衡微分方程（式（8-1））和 S_σ 上的应力边界条件（式（8-4））。

（3）可能应力。如果 σ_{ij}^k 满足平衡微分方程（式（8-1））以及 S_σ 上的应力边界条件（式（8-3′）），称 σ_{ij}^k 为弹性体的可能应力或允许应力。因此，可能应力 σ_{ij}^k 是与弹性体给定的体积力 f 和 S_σ 上给定的表面外力 $\bar{F}$ 相平衡的应力状态。它与真实应力 σ_{ij} 的区别在于，与 σ_{ij}^k 相应的应变和位移并不一定满足变形协调方程和 S_u 上的位移边界条件，因而不保证物体内有单值连续的位移场存在。但真实的应力 σ_{ij} 由于满足变形协调方程和位移边界条件，因而物体内必存在与之对应的单值位移场。

（4）虚位移、虚应变。弹性体的虚位移是指弹性体平衡位置附近几何约束条件所允许的微小位移，记为 δu_i，显然：

$$u_i^k = u_i + \delta u_i \tag{8-7}$$

于是，虚位移满足几何方程：

$$\delta \varepsilon_{ij} = \frac{1}{2}(\delta u_{i,j} + \delta u_{j,i}) \tag{8-8}$$

和 S_u 上的齐次边界条件：

$$\delta u_i = 0 \, (在 \, S_u \, 上) \tag{8-9}$$

一般地，取虚位移为 x_i 的连续可微函数，则式（8-8）自然成立。称由式（8-8）给定的应变 $\delta \varepsilon_{ij}$ 为虚应变，它与虚位移 δu_i 相对应。

（5）虚应力。弹性体的虚应力是指弹性体平衡位置附近平衡条件所允许的微小应力状态，记为 $\delta \sigma_{ij}$，显然：

$$\sigma_{ij}^k = \sigma_{ij} + \delta \sigma_{ij} \tag{8-10}$$

因此，虚应力 $\delta \sigma_{ij}$ 在弹性体内满足无体积力的平衡微分方程：

$$\delta \sigma_{ij,j} = 0 \tag{8-11}$$

同时，在 S_σ 上满足无外力的边界条件：

$$\delta \sigma_{ij} n_j = 0 \, (在 \, S_\sigma \, 上) \tag{8-12}$$

必须注意，在 S_u 上，$\delta \sigma_{ij}$ 将引起一个允许的表面力 δX_i，即：

$$\delta \sigma_{ij} n_j = \delta X_i \, (在 \, S_u \, 上) \tag{8-13}$$

8.3　虚功原理

8.3.1　虚位移原理

设弹性体的体积为 V，表面积为 S，受给定体积力 f_i 和表面力 $\overline{X}_i$ 的作用，则由能量转化与守恒定律，外力在可能位移 u_i^k 所做的功等于可能应力 σ_{ij}^k 在与可能位移 u_i^k 相应的可能应变 ε_{ij}^k 上所做的功，即：

$$\iiint_V f_i u_i^k \mathrm{d}V + \iint_S \overline{X}_i u_i^k \mathrm{d}S = \iiint_V \sigma_{ij}^k \varepsilon_{ij}^k \mathrm{d}V \qquad (8\text{-}14)$$

这就是弹性体的广义虚功原理。应该指出的是，在可能应变 ε_{ij}^k 与可能应力 σ_{ij}^k 之间不满足任何关系。

现在，由广义虚功原理出发来推导弹性力学的虚位移原理。为此，设 u_i 为弹性体平衡时的真实位移，δu_i 为约束所允许的任何微小的虚位移，因而，可能位移 u_i^k 可表示为：

$$u_i^k = u_i + \delta u_i$$

其中，δu_i 满足式（8-8）和式（8-9）。

在式（8-14）中，取 σ_{ij}^k 为真实应力 σ_{ij}，并注意到 δu_i 和 $\delta \varepsilon_{ij}$ 亦可认为是一种可能位移和可能应变，同时，f_i，$\overline{X}_i$，σ_{ij} 都是作用于弹性体内质点上的主动力。于是，由式（8-14）得到虚位移原理：

$$\iiint_V \sigma_{ij} \delta \varepsilon_{ij} \mathrm{d}V = \iiint_V f_i \delta u_i \mathrm{d}V + \iint_S \overline{X}_i \delta u_i \mathrm{d}S \qquad (8\text{-}15)$$

或

$$\iiint_V \sigma_{ij} \delta \varepsilon_{ij} \mathrm{d}V - \left(\iiint_V f_i \delta u_i \mathrm{d}V + \iint_S \overline{X}_i \delta u_i \mathrm{d}S \right) = 0 \qquad (8\text{-}15')$$

若在式（8-15'）中，令 δA^e 和 δA^i 分别表示外力的虚功和内力的虚功，即：

$$\delta A^e = \iiint_V f_i \delta u_i \mathrm{d}V + \iint_S \overline{X}_i \delta u_i \mathrm{d}S$$

$$\delta A^i = - \iiint_V \sigma_{ij} \delta \varepsilon_{ij} \mathrm{d}V$$

则式（8-15'）可以改写成

$$\delta A = \delta A^e + \delta A^i = 0 \qquad (8\text{-}16)$$

因此，弹性体的虚位移原理也可表述为：当物体在给定外力作用下处于平衡时，则作用在弹性体上的外力和内力在任何虚位移上所做虚功的总和为零。

利用应力应变关系（式（8-3）），式（8-15）中第一个积分的被积函数可以写成：

$$\sigma_{ij} \delta \varepsilon_{ij} = (\lambda \varepsilon_{kk} \delta_{ij} + 2G \varepsilon_{ij}) \delta \varepsilon_{ij} = \lambda \varepsilon_v \delta \varepsilon_v + 2G \varepsilon_{ij} \delta \varepsilon_{ij}$$

$$= \delta(\lambda \varepsilon_v \varepsilon_v + 2G \varepsilon_{ij} \varepsilon_{ij}) = \delta W$$

这样，式（8-15'）可以写成

$$\iiint_V \delta W \mathrm{d}V - \left(\iiint_V f_i \delta u_i \mathrm{d}V + \iint_S \overline{X}_i \delta u_i \mathrm{d}S \right) = 0 \qquad (8\text{-}17)$$

式中，第一项为应变能的变化，它是由 $\delta \varepsilon_{ij}$ 引起的，而括号中的积分分别代表给定体积力

f_i，和表面力 $\overline{X}_i$ 在虚位移上所做的虚功。因此，弹性体的虚位移原理还可以叙述为：当弹性体在外力作用下处于平衡时，弹性体在任何虚位移过程中，外力所做虚功的总和等于弹性体内应变能的变化。

8.3.2 虚应力原理

虚应力原理是与虚位移原理相对应的。为此，设想弹性体在真实变形状态下，其应力状态发生了平衡条件所允许的微小改变，因而得到了虚应力 $\delta\sigma_{ij}$，并且对应的体积力与 S_σ 上的表面力亦将有个相应的变化，记为 δf_i 和 $\delta\overline{X}_i$。于是，有如下关系：

$$(\delta\sigma_{ij})_{,j} + \delta f_i = 0$$

$$\delta\sigma_{ij}n_j = \delta\overline{X}_i$$

现在，在式（8-14）中，取 u_i^k 为真实位移，ε_{ij}^k 为真实应变，并取 σ_{ij}^k 为虚应力 $\delta\sigma_{ij}$，同时注意到 $\delta\sigma_{ij}$ 亦是一种允许应力，于是得到弹性体的虚应力原理：

$$\iiint_V \delta\sigma_{ij}\varepsilon_{ij}\mathrm{d}V - \left(\iiint_V \delta f_i u_i\mathrm{d}V + \iint_S \delta\overline{X}_i u_i\mathrm{d}S\right) = 0 \tag{8-18}$$

若令：

$$\delta\overline{A}^e = \iiint_V \delta f_i u_i\mathrm{d}V + \iint_S \delta\overline{X}_i u_i\mathrm{d}S$$

$$\delta\overline{A}^i = -\iiint_V \delta\sigma_{ij}\varepsilon_{ij}\mathrm{d}V$$

则可看到 $\delta\overline{A}^e$ 表示虚外力在真实位移上的余虚功，而 $\delta\overline{A}^i$ 表示虚应力在真实变形上的余虚功，于是，式（8-18）可写成：

$$\delta\overline{A} = \delta\overline{A}^e + \delta\overline{A}^i = 0 \tag{8-19}$$

因此，弹性体的虚应力原理可以叙述为：当弹性体处于协调的变形状态时，对于任何的虚应力和虚外力的余虚功总和为零。不难看到，由式（8-3）可知，式（8-18）亦可写成

$$\iiint_V \delta W^c\mathrm{d}V - \left(\iiint_V \delta f_i u_i\mathrm{d}V + \iint_S \delta\overline{X}_i u_i\mathrm{d}S\right) = 0 \tag{8-20}$$

式中，左端的积分为由 $\delta\sigma_{ij}$ 引起的弹性体的余能的变化。因此，弹性体的虚应力原理亦可叙述为：当弹性体处于协调变形状态时，虚外力在真实位移上所做的余功总和等于弹性体内余能的变化。

8.4 最小总势能原理

设给定弹性体的体积为 V，表面积为 S，并受体积力 f_i 和边界 S_σ 上表面力 $\overline{X}_i$ 的作用，同时在 S_u 给定位移约束 $\overline{u}_i$，定义弹性体的总势能为：

$$\mathit{\Pi}[u_i] = \iiint_V W\mathrm{d}V - \left(\iiint_V f_i u_i^k\mathrm{d}V + \iint_S \overline{X}_i u_i^k\mathrm{d}S\right) \tag{8-21}$$

其中，W 为应变能密度，因而 $\iiint_V W\mathrm{d}V$ 表示物体的总应变能，而 $-\left(\iiint_V f_i u_i^k\mathrm{d}V + \iint_S \overline{X}_i u_i^k\mathrm{d}S\right)$

表示外力的势能。

　　总势能的物理意义可以这样理解：设物体在外力作用下的变形过程是准静态的，即在整个变形的每一步都可以看成是静力平衡的，这种情况下，动能和热效应均可忽略不计。于是，在这种变形过程中，外力所做的功全部以应变能的形式贮存于物体内。若取参考状态为物体变形前的状态，并取参考位置的势能为0，则弹性体的总势能可以看成是从物体的已变形状态恢复到参考状态过程中，物体对外界所做的总功。

　　最小总势能原理：设位移分量 u_i、应变分量 ε_{ij} 和应力分量 σ_{ij} 分别为给定弹性体平衡问题的解，并设 u_i^k 和 ε_{ij}^k 为可能位移和可能应变，则在一切可能位移 u_i^k 中，真实的位移 u_i 使弹性体的总势能 $\mathit{\Pi}$ 取最小值，即：

$$\delta \mathit{\Pi} = 0, \quad \delta^2 \mathit{\Pi} \geqslant 0 \qquad (8\text{-}22)$$

最小总势能原理证明：

　　令平衡状态附近的虚位移为 δu_i，于是可能位移：

$$u_i^k = u_i + \delta u_i$$

由弹性体总势能 $\mathit{\Pi}$ 的定义式（8-21），得到与 u_i^k 和 ε_{ij}^k 相应的总势能：

$$\mathit{\Pi}[u_i^k] = \iiint_V W(\varepsilon_{ij}^k)\,\mathrm{d}V - \left(\iiint_V f_i u_i^k \mathrm{d}V + \iint_S \overline{X}_i u_i^k \mathrm{d}S \right)$$

式中，$W(\varepsilon_{ij}^k)$ 为与 $\varepsilon_{ij}^k = \varepsilon_{ij} + \delta\varepsilon_{ij}$ 相应的应变能密度，对于各向同性线性弹性材料，由式（4-14）有：

$$
\begin{aligned}
W(\varepsilon_{ij}^k) &= \frac{1}{2}\lambda(\varepsilon_v + \delta\varepsilon_v)^2 + G(\varepsilon_{ij} + \delta\varepsilon_{ij})(\varepsilon_{ij} + \delta\varepsilon_{ij}) \\
&= \frac{1}{2}\lambda\varepsilon_v^2 + G\varepsilon_{ij}\varepsilon_{ij} + \lambda\varepsilon_v\delta\varepsilon_v + 2G\varepsilon_{ij}\delta\varepsilon_{ij} + \frac{1}{2}\lambda(\delta\varepsilon_v)^2 + G\delta\varepsilon_{ij}\delta\varepsilon_{ij} \\
&= W(\varepsilon_{ij}) + \delta W + \delta^2 W
\end{aligned}
$$

总势能的增量为：

$$
\begin{aligned}
\Delta\mathit{\Pi} = \mathit{\Pi}[u_i^k] - \mathit{\Pi}[u_i] &= \iiint_V W(\varepsilon_{ij}^k)\,\mathrm{d}V - \left(\iiint_V f_i u_i^k \mathrm{d}V + \iint_S \overline{X}_i u_i^k \mathrm{d}S \right) - \\
&\quad \left[\iiint_V W(\varepsilon_{ij})\,\mathrm{d}V - \left(\iiint_V f_i u_i \mathrm{d}V + \iint_S \overline{X}_i u_i \mathrm{d}S \right) \right] \\
&= \iiint_V \delta W \mathrm{d}V - \left(\iiint_V f_i \delta u_i \mathrm{d}V + \iint_S \overline{X}_i \delta u_i \mathrm{d}S \right) + \iiint_V \delta^2 W \mathrm{d}V \\
&= \delta\mathit{\Pi} + \delta^2\mathit{\Pi}
\end{aligned}
$$

　　由虚位移原理（式（8-15））可知，上式中 $\delta\mathit{\Pi} = 0$，而 $\delta^2\mathit{\Pi}$ 中的被积函数 $\delta^2 W$ 是与 $\delta u_i(\delta\varepsilon_{ij})$ 对应的应变能密度，故由应变能密度的恒正性可知，$\delta^2 W \geqslant 0$，而 $\delta^2 W = 0$ 的充分必要条件是 $\delta\varepsilon_{ij} = 0$，在这种情况下：

$$\varepsilon_{ij}^k = \varepsilon_{ij}, \quad u_i^k = u_i$$

从而：

$$\Delta\mathit{\Pi} = \iiint_V \delta^2 W \mathrm{d}V = \delta^2\mathit{\Pi} \geqslant 0$$

即
$$II[u_i^k] \geqslant II[u_i] \tag{8-23}$$

这便证明了最小总势能原理。

事实上，由变分方程 $\delta II = 0$ 可以推出平衡方程（式（8-1））和 S_σ 上的应力边界条件（式（8-4）），可以认为最小总势能原理是弹性体平衡条件的变分表达式，这一点可以证明。因为：

$$\delta II = \iiint_V \delta W dV - \left(\iiint_V f_i \delta u_i dV + \iint_{S_\sigma} \overline{X}_i \delta u_i dS \right)$$

$$\delta W = \sigma_{ij} \delta \varepsilon_{ij} = \frac{1}{2} \sigma_{ij} (\delta u_{i,j} + \delta u_{j,i})$$

$$= \sigma_{ij} \delta u_{i,j} = (\sigma_{ij} \delta u_i)_{,j} - \sigma_{ij,j} \delta u_i$$

将上式代入 $\delta II = 0$，合并之后，利用高斯公式得到：

$$\delta II = \iiint_V \left[(\sigma_{ij} \delta u_i)_{,j} - \sigma_{ij,j} \delta u_i \right] dV - \left(\iiint_V f_i \delta u_i dV + \iint_{S_\sigma} \overline{X}_i \delta u_i dS \right)$$

$$= - \iiint_V (\sigma_{ij,j} + f_i) \delta u_i dV + \iiint_V (\sigma_{ij} \delta u_i)_{,j} dV - \iint_{S_\sigma} \overline{X}_i \delta u_i dS$$

$$= - \iiint_V (\sigma_{ij,j} + f_i) \delta u_i dV + \iint_{S = S_\sigma + S_u} \sigma_{ij} \delta u_i n_j dS - \iint_{S_\sigma} \overline{X}_i \delta u_i dS$$

$$= - \iiint_V (\sigma_{ij,j} + f_i) \delta u_i dV + \iint_{S_\sigma} (\sigma_{ij} n_j - \overline{X}_i) \delta u_i dS = 0$$

由于 δu_i 是完全任意的连续可微函数，故根据变分学基本定理，上式对任何的 δu_i 都成立，当且仅当

$$\begin{cases} \sigma_{ij,j} + f_i = 0 & \text{在 } V \text{ 内} \\ \sigma_{ij} n_j = X_i & \text{在 } S_\sigma \text{ 上} \end{cases}$$

显然，这就是平衡方程（式（8-1））和 S_σ 上的应力边界条件（式（8-5））。由前面关于变分方法的基本概念可知，平衡微分方程就是求 II 的极值问题的欧拉方程，而 S_σ 上的应力边界条件则为自然边界条件。

上述推导过程可以总结成最小总势能原理的逆定理：满足几何连续性条件（式（8-2））及 S_u 上的位移边界条件（式（8-5）），并使弹性体总势能取最小值的位移 u_i 必定满足平衡微分方程（式（8-1））和 S_σ 上的应力边界条件（式（8-4））。

最小总势能原理是弹性力学直接方法和有限元方法的重要理论基础。

8.5　最小总余能原理

上节中以位移 u_i 为变分宗量建立了弹性体平衡问题的能量泛函 $II[u_i]$，本节将以应力 σ_{ij} 为变分宗量来建立弹性体平衡问题的另一种泛函 $\Gamma[\sigma_{ij}]$，称其为弹性体的总余能，它定义为：

$$\Gamma[\sigma_{ij}] = \iiint_V W^c dV - \iint_{S_u} X_i \overline{u}_i dS \tag{8-24}$$

式中，$W^c = W^c(\sigma_{ij})$ 为余应变能密度，它是应力分量的函数。因而 $\iiint_V W^c dV$ 表示弹性体的

余应变能，而 $\Gamma[\sigma_{ij}]$ 中的第二个积分表示 S_u 上的弹性反力 X_i 在真实位移上所做的功，称式（8-24）中的第二项（包括负号）为已知边界位移的余能，其中，$X_i = \sigma_{ij}n_j$。

最小总余能原理：设 σ_{ij} 和 σ_{ij}^k 分别为给定弹性体平衡问题的真实应力状态和可能应力状态，则在一切可能的应力状态 σ_{ij}^k 中，真实的应力状态 σ_{ij} 使弹性体的总余能 Γ 取最小值，即：

$$\delta\Gamma = 0, \quad \delta\Gamma \geq 0 \tag{8-25}$$

最小总余能原理的证明过程和最小总势能原理的证明过程类似，有关最小总余能原理的证明过程，可参考有关著作（程昌钧等（2005）的《弹性力学》）。

8.6　基于变分原理的近似解法

由 8.3~8.5 节可以看出，通过变分方法把一个微分方程的边值问题化为从满足一定条件的函数中找出使泛函 Π 为最小的函数，这就是问题的精确解。虽然一般也很难找到这些泛函极值问题的精确解，然而，这些原理却提供了寻求近似解的有效途径，使人们有可能利用变分学中的直接方法来进行近似计算，本节将介绍其中的里兹（W. Ritz）方法和伽辽金（B. G. Galerkin）方法。

8.6.1　里兹方法

里兹（W. Ritz）于 1908 年在瑞利（D. C. L. Rayleigh）近似解法的基础上加以推广得到如今的里兹法，所以人们有时亦称其为瑞利-里兹法。以三维弹性力学最小势能原理为基础，来说明里兹法的主要步骤。

（1）选取一组允许位移：

$$\begin{cases} u = u_0(x, y, z) + \sum_{n=1}^{N} a_n u_n(x, y, z) \\ v = v_0(x, y, z) + \sum_{n=1}^{N} b_n v_n(x, y, z) \\ w = w_0(x, y, z) + \sum_{n=1}^{N} c_n w_n(x, y, z) \end{cases} \tag{8-26}$$

式中，u_n、v_n、w_n 为 x、y、z 的已知连续可微函数，它们是彼此独立无关的，因此，式（8-2）被满足。同时，若使

$$\begin{cases} u_0 = \bar{u}, \quad v_0 = \bar{v}, \quad w_0 = \bar{w} \\ u_n = 0, \quad v_n = 0, \quad w_n = 0 \end{cases} \quad \text{在 } S_u \text{ 上（} n = 1, 2, \cdots, N \text{）}$$

则 S_u 上的位移边界条件得到满足。另外式（8-26）中的系数 a_n、b_n、c_n 是待定常数。

（2）对允许位移（式（8-26）），计算弹性体的总势能：

$$\Pi = \iiint_V W(\varepsilon_{ij})\,dV - \left(\iiint_V f_i u_i\,dV + \iint_S \bar{X}_i u_i\,dS \right) \tag{8-27}$$

注意到，在线性弹性理论中，$W(\varepsilon_{ij})$ 是应变分量 ε_{ij} 的二次齐次函数，所以，其中的应变能是系数 a_n、b_n、c_n 的二次齐次函数，而外力的势能为 a_n、b_n、c_n 的一次式。因此，Π 是系

数 a_n、b_n、c_n 的二次函数。

（3）令 $\delta II = 0$，得到：

$$\delta II = \sum_{n=1}^{N} \left(\frac{\partial II}{\partial a_n} \delta a_n + \frac{\partial II}{\partial b_n} \delta b_n + \frac{\partial II}{\partial c_n} \delta c_n \right) = 0$$

由于 δa_n、δb_n、δc_n 是完全任意的，因而得到：

$$\frac{\partial II}{\partial a_n} = 0 , \frac{\partial II}{\partial b_n} = 0 , \frac{\partial II}{\partial c_n} = 0 \qquad (n = 1, 2, \cdots, N) \tag{8-28}$$

这是关于 a_n、b_n、c_n 的 $3N$ 个线性方程组。由于 W 是正定的，所以该方程组的系数行列式不为零。由此，可求出 a_n、b_n、c_n（ $n = 1, 2, \cdots, N$ ），将其代入式（8-26），则得到问题的近似解。一般地，这样得到的 u、v、w 可能不是问题的真实解，但在允许函数的选择范围内，它是一组最接近真实状态的最优解。当 $\{u_n\}$、$\{v_n\}$、$\{w_n\}$ 为完备序列时，则可以证明当 $N \to \infty$ 时，所得到的解是问题的精确解，因而增加项数可以提高精度。

8.6.2 伽辽金方法

为了与里兹法比较，此处简述求解数学物理问题的另一种近似方法，即伽辽金方法。记函数 u 在区域 V 和边界 S 上满足如下边值问题：

$$\begin{cases} L(u) = f & \text{在 } V \text{ 内} \\ L_j(u) = 0 & \text{在 } S \text{ 上}(j = 1, 2, \cdots, n) \end{cases} \tag{8-29}$$

式中，L 为微分算子；L_j 一般为微分算子；S 为区域 V 的表面边界。

伽辽金于 1915 年提出了一种近似解法，其主要步骤如下。

（1）选择一组完备的函数序列 $\{\varphi_n\}$，使其满足 S 上所有的边界条件，并构造：

$$u_N = \sum_{i=1}^{N} a_i \varphi_i \quad (x, y, z) \tag{8-30}$$

式中，a_i 为待定常数。

（2）令 $\qquad\qquad\qquad \varepsilon_N = L(u_N) - f$

显然，若 $\varepsilon_N \equiv 0$，则 u_N 为边值问题（式（8-26））的解，但一般 $\varepsilon_N \neq 0$ 称为误差函数。求系数 $a_i(i = 1, 2, \cdots, N)$ 使 ε_N 为最小。伽辽金提出的决定 a_i 的条件是使 ε_N 与所有 $\varphi_j(i = 1, 2, \cdots, N)$ 的内积为零，即：

$$\iiint_V \left[L\left(\sum_{i=1}^{N} a_i \varphi_i \right) - f \right] \varphi_i \mathrm{d}V = 0 \quad (j = 1, 2, \cdots, N) \tag{8-31}$$

一般地，决定 a_i 的方法不同，将导致不同的求解方法，例如加权函数法、最小二乘法等。

伽辽金法由于不需要将微分方程的边值问题化为一个等价的泛函变分问题，所以它的适用范围较里兹法广泛，特别适合于没有泛函的物理力学问题。在伽辽金方法中要求坐标函数 $\varphi_n(x, y, z)$ 满足一切边界条件，而里兹法中的允许函数只满足基本边界条件，而另一部分边界条件是作为自然边界条件，由泛函 II 的变分方程 $\delta II = 0$ 推导出来的。关于这些方法的收敛性以及误差估计有兴趣的读者可翻阅有关的参考书。

习　题

8-1　试证：

$$\iiint_V \frac{1}{2}\sigma_{ij}(u_{i,j} + u_{j,i})\,\mathrm{d}V = \int_s \sigma_{ij}n_j u_i\,\mathrm{d}S - \iiint_V \sigma_{ij,j}u_i\,\mathrm{d}V$$

8-2　试证明体积变形能 U_V 与形状变形能 U_f 的公式分别为：

$$U_V = \iiint \frac{1 - 2\mu}{6E}(\sigma_x + \sigma_y + \sigma_z)^2\,\mathrm{d}V$$

$$U_f = \iiint \frac{1 + \mu}{E}\big[(\sigma_x - \sigma_y)^2 + (\sigma_y - \sigma_z)^2 + (\sigma_z - \sigma_x)^2 + 6(\tau_{xy}^2 + \tau_{yz}^2 + \tau_{zx}^2)\big]\,\mathrm{d}V$$

8-3　已知截面为 A 的等直杆件受到轴向力的拉伸，试求此杆的体积变形能 U_V 和形状变形能 U_f 与总应变能 U 的比值随泊松比的变化。

8-4　已知一悬臂梁的跨度为 l，抗弯刚度为 EI，在自由端受集中载荷 P 的作用，试用最小势能原理求最大挠度值。

8-5　已知一两端固定的静不定梁，跨度为 l，截面抗弯刚度为 EI，承受均匀分布载荷 q 的作用，试用最小余能原理求梁支座的反力 R_A、R_B 及支座反力偶 M_A、M_B。

9 有限单元法基础

在工程实践中，许多问题都涉及更为复杂的几何形状。尽管复杂形状的巷道围岩应力分布可以通过与其近似的简单形状巷道的解析解来估计，但有时需要详细地了解形状复杂巷道的应力分布。例如，圆形巷道周围的应力分布可以参照弹性力学中圆孔周围应力集中问题进行计算，但对于山地复杂地形条件下，参考圆孔周围的应力集中问题，难以反映巷道的真实应力分布，如图 9-1 所示。对较为复杂几何形状问题，可采用数值计算方法求解。数值计算的基本思想是以偏微分方程的近似解来代替其真解，只要近似解与真解足够接近，就可以将近似解作为问题的解，并满足足够的精度。

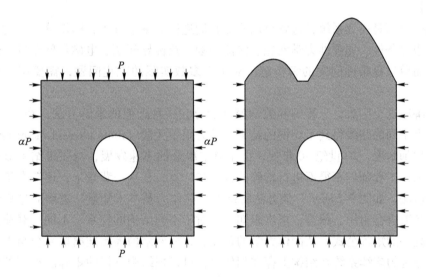

图 9-1　圆形巷道周围应力集中问题

数值计算的基本方法：（1）用一组（形式上）简单函数的线性组合来表示微分方程的近似解，线性组合的系数就是一组待定系数；（2）建立一种考虑微分方程和边界条件的关于真解和近似解之间误差的目标函数；（3）用适当的算法使得该目标函数最小化，在最小化的过程确定待定系数，从而得到问题的近似解。数学上，构成目标函数的方法很多，不同的构成方法就形成了不同的数值解法。

随着计算机技术的发展，数值计算已成为人类认识世界的新手段，它融合了理论分析和科学试验的特点，基于数值计算方法的数值模拟、仿真等已经不再局限于科学计算，正广泛用于科学研究、工程与生产领域。本章以有限单元法为例，结合弹性力学基础理论，介绍有限单元法的发展过程、基本原理，并以三角形单元为例，介绍求解弹性力学问题的过程。

9.1 有限单元法概述

有限单元法是求解数学物理问题的一种数值计算方法，最初是在 20 世纪 50 年代作为处理固体力学问题的方法提出的，然后迅速扩展到流体力学、传热学、电磁学等其他物理领域。有限单元术语的出现，说明可以直接应用离散系统的标准研究方法求解连续介质力学问题。在概念上，使人们对方法的理解得到改善；在计算上，可对各种问题应用统一的方法，并研制出标准的计算程序。

9.1.1 有限单元法的形成背景

有限元的形成源于求解两类工程问题。

第一类问题是离散系统，可以归结为有限个已知单元体的组合。例如，材料力学中的连续梁、建筑结构框架和桁架结构。离散系统是可解的，但是求解复杂的离散系统，要依靠计算机技术。

第二类问题是连续系统，通常可以建立它们遵循的基本方程，即微分形式的控制方程和相应的边界条件，如弹性力学问题、渗流问题、热传导问题、电磁场问题等。通常只能得到少数简单边界条件问题的解析解。对于大多数实际的工程问题，需要用近似算法来求解。

为了解决这个困难，工程师和数学家开始寻找一种近似的求解方法，在这个过程中，他们从两个不同的路线得到了相同的结果，即有限单元法（finite element method）。

从工程师角度，20 世纪 40 年代，由于航空事业的飞速发展，对飞机结构提出了越来越高的要求，工程师们不得不进行精确的设计和计算，在这一背景下，逐渐在工程中产生了矩阵分析法，如图 9-2 所示。该方法将结点位移作为基本未知量，进而通过矩阵的形式对各基本参数进行组织、编排，求出未知量，对于不同结构的杆系、不同的载荷，求解时都能得到统一的矩阵公式。从固体力学的角度看，桁架结构等标准离散系统与人为地分割成有限个分区的连续系统在结构上存在相似性，可以把结构分析的矩阵法推广到非杆系结

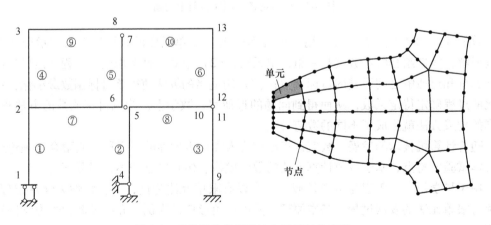

图 9-2 离散结构的矩阵法和连续结构离散

构的求解。1956 年，波音公司的 Turner、Clough、Martin、Topp 在纽约举行的航空学会年会上介绍了将矩阵位移法推广到求解平面应力问题的方法，即把结构划分成一个个三角形和矩形"单元"，在单元内采用近似位移插值函数，建立了单元节点力和节点位移关系的单元刚度矩阵，并得到了正确的解答。1960 年，Clough 在他的名为 *The finite element method in plane stress analysis* 的论文中首次提出了有限元（finite element）这一术语。

从数学家的角度，他们发展了很多微分方程的近似解法，包括有限差分方法，变分原理和加权余量法。1954~1955 年，德国斯图加特大学的 Argyris 在航空工程杂志上发表了一组能量原理和结构分析论文，为有限元研究奠定了重要的基础。1963 年前后，经过 J. F. Besseling、R. J. Melosh、R. E. Jones、R. H. Gallaher、T. H. H. Pian 等许多人的工作，认识到有限单元法就是变分原理中 Ritz 近似法的一种变形，发展了用各种不同变分原理导出的有限元计算公式。1965 年，O. C. Zienkiewicz 和 Y. K. Cheung 发现只要能写成变分形式的所有场问题，都可以用与固体力学有限单元法的相同步骤求解。1967 年，Zienkiewicz 和 Cheung 出版了第一本有关有限元分析的专著。1969 年，B. A. Szabo 和 G. C. Lee 指出可以用加权余量法，特别是 Galerkin 法，导出标准的有限元过程来求解非结构问题。1970 年以后，有限元方法开始应用于处理非线性和大变形问题，Oden 于 1972 年出版了第一本关于处理非线性连续体的专著。这一时期的理论研究是比较超前的。

9.1.2 我国力学家对有限单元法发展的贡献

我国学者为有限元方法的初期发展做出了许多贡献。陈伯屏堪称国内理论力学、热工学泰斗，提出了结构矩阵分析方法，为中国有限元方法的初期发展做出了巨大贡献，他曾在 1958 年中国东风 113 战斗机设计中负责"热障"攻关。1950 年，钱令希论证了余能理论，为非线性问题提供了一个有力的能量变分原理，开创了中国力学工作者对变分原理的研究。1956 年，胡海昌在弹性力学和塑性力学中首次建立了三类变量的广义变分原理，该原理推广了最小势能原理，是采用位移、应变和应力为自变函数的一种无条件变分原理。

1965 年，冯康发表名为《基于变分原理的差分格式》的论文，被国际学术界视为中国独立发展"有限单元法"的重要里程碑，他独立于西方创造了有限单元方法，后又提出了自然归化和自然边界元方法，能和有限元法自然耦合而统于一体，实质上成为后来兴起的适合于并行计算的区域分解法的先驱。1974 年，徐芝纶编著出版了我国第一部关于有限单元法的专著《弹性力学问题的有限单元法》，从此开创了我国有限元应用和发展的历史。

9.2 有限单元法的基本思路

有限元分析是利用数学近似的方法对真实物理系统进行模拟，如图 9-3 所示。采用分割-组合的思想，利用简单而又相互作用的元素，即单元，用有限数量的未知量去逼近无限未知量的真实系统。这种分割-组合思想在中国古而有之，如魏晋时期的数学家刘徽首创割圆术，为计算圆周率建立了严密的理论和完善的算法，通过不断倍增圆内接正多边形的边数求解圆周率。

图 9-3 真实系统和有限元模型

有限元模型是真实系统的理想化数学抽象，由一些简单形状的单元组成，单元之间通过节点连接，并承受一定载荷，用标准方法对每个单元提出一个近似解，将所有单元按标准方法组合成一个与原有系统近似的系统。

有限元方法的基本思想和原理是"简单"而"朴素"的，在发展初期，许多学术权威对该方法的学术价值有所鄙视，国际著名刊物 *Journal of Applied Mechanics* 许多年来拒绝刊登有关有限元方法的文章，其理由是没有新的科学实质。现在由于有限单元法在科学研究和工程分析中的地位，有关有限单元法的研究已经成为数值计算的主流。

有限单元法中三个重要概念，即单元、节点、单元矩阵。单元是将对象虚拟离散成最简单的处理对象，如杆、梁、三角形、四边形、四面体、六面体等单元。节点是有限单元之间虚拟的连接点，有限单元法处理载荷时的重要依据。单元矩阵是某个有限单元各个物理量之间关系表达式，这种关系可以是数学的，也可以是物理的。

节点具有一定的自由度（DOFs）。自由度用于描述一个物理场的响应特性，如表 9-1 所示。结构分析中，以位移为未知量，若只考虑平动，可以认为有三个自由度（即三个坐标方向的位移）；若再考虑转动，可以认为有六个自由度。

表 9-1 不同场问题的自由度

分 析 对 象	自 由 度
结构	位移
热	温度
电	电位
流体	压力
磁	磁位

9.3 有限单元法计算步骤

9.3.1 连续体离散化

连续体离散化是建立有限元分析的网格模型。

（1）选定单元类型，用所选单元类型将连续体划分成有限个在指定节点处相互连接的单元，形成有限元网格，给节点和单元编号，确定支座的形式和位置；

（2）选定整体坐标系，测量节点坐标，准备好单元几何尺寸、材料常数；

（3）载荷移置，将每一单元所受的荷载（包括体力、面力和集中力）都按静力等效原则移置到节点上，成为等效节点荷载。

连续体的弹性常数和结构厚度有突变时，将厚度、弹性常数的突变线作为单元的分界线，不能使突变线穿过单元，否则不能正确反映这些实际存在的应力突变；突变部位附近单元尺寸要小，以便较好反映边界应力的突变。

单元编号原则：原则上可以任意编排，一般按从左至右、自下而上或自下而上，从左至右的顺序编排。节点编号对总刚度 $[K]$ 在计算机中存储带宽起决定作用，相邻节点的最大"节点号差"越小，总刚度 $[K]$ 的带宽越小，带宽过大，浪费机时与存贮单元，影响计算精度。因此，节点编号原则上应该使相邻节点的最大"节点号差"尽可能地小。对规则结构，节点编号应沿短边进行编号。

单元大小选取：应力的误差与单元的尺寸成正比，位移的误差与单元尺寸的平方成正比，单元划分越大，位移的误差就越显著，单元划分越小，计算结果就越精确。根据工程上对精度的要求，计算机容量及合理的计算时间等确定单元大小。根据关注程度不同，对不同部位，可采用大小不同的单元，如图 9-4 所示，但在粗细网格过渡区域内，单元的大小应逐步加大，避免网格过度不均匀。可采用不同类型的单元以适应复杂边界条件和各种应力区域的变化。

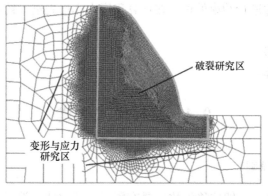

破裂研究区

变形与应力
研究区

图 9-4 有限元网格划分

9.3.2 单元分析

有限元的单元分析是为建立单元的刚度矩阵，对弹性力学的问题，即是位移和载荷之间的关系。

（1）在典型单元内选定位移函数，并将该函数表示成节点位移的插值形式，即建立单元内任一点的位移 $\{U\}$ 与单元节点位移 $\{\delta\}^e$ 之间的关系：

$$\{U\} = [N]\{\delta\}^e \tag{9-1}$$

式中，N 为插值函数（亦称形函数）；$[N]$ 为形函数矩阵。

（2）建立单元内任一点的应变 $\{\varepsilon\}$ 与单元节点位移 $\{\delta\}^e$ 之间的关系：

$$\{\varepsilon\} = [B]\{\delta\}^e \tag{9-2}$$

式中，$[B]$ 为应变矩阵或几何矩阵。

（3）建立单元内任一点的应力与单元节点位移之间的关系：

$$\{\sigma\} = [S]\{\delta\}^e \tag{9-3}$$

式中，$[S]$ 为应力矩阵。

（4）建立单元节点力 $\{F\}^e$ 与单元节点位移 $\{\delta\}^e$ 之间的关系：

$$\{F\}^e = [k]^e\{\delta\}^e \tag{9-4}$$

式中，$[k]^e$ 为单元刚度矩阵。

9.3.3 整体分析

整体分析是形成结构的总刚度矩阵，建立以总刚度矩阵为系数矩阵，以节点位移为未知量，与已知节点荷载矢量间的线性代数方程组。

（1）根据单元刚度矩阵形成整体刚度矩阵 $[K]$，组装整体位移列向量 $\{U\}$ 和整体荷载列向量 $\{F\}$，建立整体平衡方程组：

$$[K]\{U\} = \{F\} \tag{9-5}$$

（2）引入支承条件进行约束处理。在计算程序中亦可先进行约束处理，再建立整体平衡方程组。

（3）解方程求位移。

（4）单元应力计算。

9.4 位移模式构建

9.4.1 位移模式构建原则

合理的构造位移模式（即位移函数）是有限元求解弹性力学问题的关键。单元内任一点的位移常表示为坐标的幂函数，即采用多项式的位移模式，遵从低阶到高阶构造，唯一确定性的基本原则。多项式函数可以保持各向同性，不偏离某一坐标方向，又便于积分和微分，使有限元公式简单、直观，很容易满足收敛准则。

绝大多数幂函数可以用泰勒（Taylor）级数展开，根据需要取前几项即可逼近真实的位移函数解，如式（9-6）所示。

$$u(x, y, z) = a_0 + a_1x + a_2y + a_3z + O(xy, yz, zx, x^2, y^2, z^2, \cdots)$$

$$v(x, y, z) = b_0 + b_1x + b_2y + b_3z + O(xy, yz, zx, x^2, y^2, z^2, \cdots) \qquad (9\text{-}6)$$

$$w(x, y, z) = c_0 + c_1x + c_2y + c_3z + O(xy, yz, zx, x^2, y^2, z^2, \cdots)$$

例如，对于四节点的四面体单元，取前四项就可以构造位移函数的一个近似解。

为了严格保证这一收敛性，位移模式必须满足下面三个条件：

（1）位移模式必须包含单元的刚体位移。刚体位移是单元可能发生的最基本的位移，该位移是由其他单元发生了变形而连带引起的。例如悬臂梁的自由端，该处的主要位移是临近各单元引起的刚体位移，该位移本身的变形却是很小的。常数 a_0、b_0、c_0 反映了刚体的平移，a_2、a_3、b_1、b_3、c_1、c_2 反映了刚体的转动。

（2）位移模式必须包含单元的常量应变。弹性体的应变可以分为与坐标无关的常量应变与随坐标位置变化的变量应变。当单元尺寸逼近无限小时，单元的应变总是趋于常量。因此，除非在近似表达式中包含这些常量应变，否则就不能收敛于精确解。a_1、b_2、c_3 反映了常量应变。

（3）位移模式在单元中必须连续，且相邻单元之间的位移必须协调。这要求相邻单元的变形不能引起单元之间相互重叠或分离的不连续现象。所选用的线性位移模式就可以保证相邻两单元在边线上的协调性。

满足刚体位移和常量应变的条件是位移模式的必要条件，满足相邻单元位移的协调条件可以看作位移模式的充分条件。选择了合适的位移模式后，就可以用弹性力学的基本方程导出与位移模式相适应的单元应变矩阵、单元应力矩阵和单元刚度矩阵。

位移模式一般可以表示成单元节点位移的插值形式：

$$u = \sum_{i=0}^{n} N_i u_i, \; v = \sum_{i=0}^{n} N_i v_i, \; w = \sum_{i=0}^{n} N_i w_i \qquad (9\text{-}7)$$

式中，u、v、w 为单元内部三个坐标方向的位移函数；n 为单元的节点个数；N_i 为单元中节点 i 的形函数；u_i、v_i、w_i 为单元中节点 i 的位移。

形函数 N 与位移函数是同阶次的。虽然形函数也是坐标的函数，但形函数本质上是一个权重系数，表示插值时节点位移对单元内任一点位移的贡献。形函数具备如下性质：

（1）在单元任一点上所有形函数的和为 1，即：

$$\sum_{i=1}^{n} N_i = 1 \qquad (9\text{-}8)$$

（2）形函数在本身节点上其值为 1，在其他节点上其值为 0；

（3）当点位于单元的边或面上时，位移函数仅与构成单元的边或面的节点的形函数有关，即在其他节点上形函数其值为 0。

9.4.2 常见单元类型的位移模式

常用单元类型有三节点三角形单元、六节点三角形单元、四节点四边形单元、双线性矩形单元、八节点等参单元、四面体常应变单元、四面体等参数单元、八结点六面体单元、八结点六面体等参单元、二十结点六面体等参单元等，其位移模式如表9-2所示。

表 9-2 常用单元的类型及位移模式

单元类型	节点自由度	自由度数量	位 移 模 式
三节点三角形单元	$u,\ v$	6	完全的线性多项式 $u = a_0 + a_1x + a_2y$ $v = b_0 + b_1x + b_2y$
六节点三角形单元	$u,\ v$	12	完全的二次多项式 $u = a_0 + a_1x + a_2y + a_3x^2 + a_4xy + a_5y^2$ $v = b_0 + b_1x + b_2y + b_3x^2 + b_4xy + b_5y^2$
四节点矩形单元	$u,\ v$	8	不完全的二次多项式（双线性多项式） $u = a_0 + a_1x + a_2y + a_3xy$ $v = b_0 + b_1x + b_2y + b_3xy$
四节点等参单元	$u,\ v$	8	$u = \displaystyle\sum_{i=0}^{4} N_i u_i$ $v = \displaystyle\sum_{i=0}^{4} N_i v_i$
八节点等参单元	$u,\ v$	16	$u = \displaystyle\sum_{i=0}^{8} N_i u_i$ $v = \displaystyle\sum_{i=0}^{8} N_i v_i$
九节点等参单位	$u,\ v$	18	$u = \displaystyle\sum_{i=0}^{9} N_i u_i$ $v = \displaystyle\sum_{i=0}^{9} N_i v_i$
四节点四面体单元	$u,\ v,\ w$	12	$u(x,\ y,\ z) = a_0 + a_1x + a_2y + a_3z$ $v(x,\ y,\ z) = b_0 + b_1x + b_2y + b_3z$ $w(x,\ y,\ z) = c_0 + c_1x + c_2y + c_3z$

续表 9-2

单元类型	节点自由度	自由度数量	位 移 模 式
八节点六面体单元	u, v, w	24	$u(x, y, z) = a_0 + a_1x + a_2y + a_3z + a_4xy + a_5yz + a_6zx + a_7xyz$ $v(x, y, z) = b_0 + b_1x + b_2y + b_3z + b_4xy + b_5yz + b_6zx + b_7xyz$ $w(x, y, z) = c_0 + c_1x + c_2y + c_3z + c_4xy + c_5yz + c_6zx + c_7xyz$

9.5 三角形单元有限元分析

9.5.1 位移模式构建

将求解域划分三角形单元网格，各部分之间用有限个点相连，每个部分称为一个三角形单元，连接点称为节点。如图 9-5 所示，三角形单元节点编号为 i、j、k。

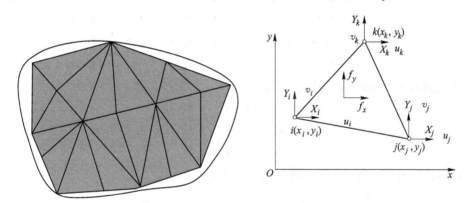

图 9-5 三角形单元示意图

节点 i 的位移记为：

$$\underline{\delta}_i = \{\delta_i\} = [u_i \quad v_i]^T$$

单元的节点位移记为：

$$\underline{\delta}^e = [\underline{\delta}_i^T \quad \underline{\delta}_j^T \quad \underline{\delta}_k^T]^T$$

节点 i 的节点力记为：

$$\underline{R}_i = \{R_i\} = [X_i \quad Y_i]^T$$

单元节点力记为：

$$\underline{R}^e = [\underline{R}_i^T \quad \underline{R}_j^T \quad \underline{R}_k^T]^T$$

体积力记为：

$$f^e = [f_x \quad f_y]^T$$

表面力记为：

$$P^e = [P_x \quad P_y]^T$$

根据位移模式构建原则，三角形单元的位移模式为：

$$u = \alpha_1 + \alpha_2 x + \alpha_3 y$$
$$v = \alpha_4 + \alpha_5 x + \alpha_6 y \tag{9-9}$$

根据位移模式的性质，代入节点坐标得：

$$u_i = \alpha_1 + \alpha_2 x_i + \alpha_3 y_i$$
$$u_j = \alpha_1 + \alpha_2 x_j + \alpha_3 y_j$$
$$u_k = \alpha_1 + \alpha_2 x_k + \alpha_3 y_k$$
$$v_i = \alpha_4 + \alpha_5 x_i + \alpha_6 y_i$$
$$v_j = \alpha_4 + \alpha_5 x_j + \alpha_6 y_j$$
$$v_k = \alpha_4 + \alpha_5 x_k + \alpha_6 y_k$$

利用线性代数的克莱姆法则求得位移模式的六个系数分别为：

$$\alpha_1 = \frac{1}{2\Delta}\begin{vmatrix} u_i & x_i & y_i \\ u_j & x_j & y_j \\ u_k & x_k & y_k \end{vmatrix}; \quad \alpha_2 = \frac{1}{2\Delta}\begin{vmatrix} 1 & u_i & y_i \\ 1 & u_j & y_j \\ 1 & u_k & y_k \end{vmatrix}; \quad \alpha_3 = \frac{1}{2\Delta}\begin{vmatrix} 1 & x_i & u_i \\ 1 & x_j & u_j \\ 1 & x_k & u_k \end{vmatrix};$$

$$\alpha_4 = \frac{1}{2\Delta}\begin{vmatrix} v_i & x_i & y_i \\ v_j & x_j & y_j \\ v_k & x_k & y_k \end{vmatrix}; \quad \alpha_5 = \frac{1}{2\Delta}\begin{vmatrix} 1 & v_i & y_i \\ 1 & v_j & y_j \\ 1 & v_k & y_k \end{vmatrix}; \quad \alpha_6 = \frac{1}{2\Delta}\begin{vmatrix} 1 & x_i & v_i \\ 1 & x_j & v_j \\ 1 & x_k & v_k \end{vmatrix};$$

式中，2Δ 为方程系数矩阵的行列式，即：

$$2\Delta = \begin{vmatrix} 1 & x_i & y_i \\ 1 & x_j & y_j \\ 1 & x_k & y_k \end{vmatrix}$$

将行列式在节点位移所在列展开，则6个系数可以写成：

$$\begin{cases} \alpha_1 = \dfrac{1}{2\Delta}\displaystyle\sum_{k=i,j,m} a_k u_k \\[2mm] \alpha_2 = \dfrac{1}{2\Delta}\displaystyle\sum_{k=i,j,m} b_k u_k \\[2mm] \alpha_3 = \dfrac{1}{2\Delta}\displaystyle\sum_{k=i,j,m} c_k u_k \end{cases} \qquad \begin{cases} \alpha_4 = \dfrac{1}{2\Delta}\displaystyle\sum_{k=i,j,m} a_k v_k \\[2mm] \alpha_5 = \dfrac{1}{2\Delta}\displaystyle\sum_{k=i,j,m} b_k v_k \\[2mm] \alpha_6 = \dfrac{1}{2\Delta}\displaystyle\sum_{k=i,j,m} c_k v_k \end{cases}$$

代入位移模式得：

$$u = \alpha_1 + \alpha_2 x + \alpha_3 y$$

$$= \frac{1}{2\Delta}\sum_{k=i,j,m} a_k u_k + \frac{1}{2\Delta}\sum_{k=i,j,m} b_k u_k \cdot x + \frac{1}{2\Delta}\sum_{k=i,j,m} c_k u_k \cdot y$$

$$= \frac{1}{2\Delta}\left[(a_i + b_i x + c_i y)u_i + (a_j + b_j x + c_j y)u_j + (a_k + b_k x + c_k y)u_k \right]$$

同样可得：

$$v = \frac{1}{2\Delta}\left[(a_i + b_i x + c_i y)v_i + (a_j + b_j x + c_j y)v_j + (a_k + b_k x + c_k y)v_k \right]$$

式中，a、b、c 等系数可利用如下行列式求代数余子式求得：

$$\begin{vmatrix} a_i & a_j & a_k \\ b_i & b_j & b_k \\ c_i & c_j & c_k \end{vmatrix} \Rightarrow \begin{vmatrix} 1 & 1 & 1 \\ x_i & x_j & x_k \\ y_i & y_j & y_k \end{vmatrix} \qquad (9\text{-}10)$$

如对照左侧求第一列的代数余子式，则可得：

$$a_i = \begin{vmatrix} x_j & x_k \\ y_j & y_k \end{vmatrix}, \quad b_i = -\begin{vmatrix} 1 & 1 \\ y_j & y_k \end{vmatrix}, \quad c_i = \begin{vmatrix} 1 & 1 \\ x_j & x_k \end{vmatrix} \qquad (9\text{-}11)$$

式中，节点位移前的系数项为：

$$N_i = \frac{1}{2\Delta}(a_i + b_i x + c_i y) \qquad (i, j, k) \qquad (9\text{-}12)$$

称之为形函数。因此，位移函数还可以写成如下形式：

$$u = N_i u_i + N_j u_j + N_k u_k = \sum N_i u_i$$
$$v = N_i v_i + N_j v_j + N_k v_k = \sum N_i v_i \qquad (9\text{-}13)$$

采用矩阵形式，则单元任一点的位移为：

$$\{d\} = \begin{Bmatrix} u \\ v \end{Bmatrix} = \begin{bmatrix} N_i I & N_j I & N_k I \end{bmatrix} \{\delta\}^e = [N]\{\delta\}^e \qquad (9\text{-}14)$$

即：

$$\begin{Bmatrix} u \\ v \end{Bmatrix} = \begin{bmatrix} N_1 & 0 & N_2 & 0 & N_3 & 0 \\ 0 & N_1 & 0 & N_2 & 0 & N_3 \end{bmatrix} \begin{Bmatrix} u_1 \\ v_1 \\ u_2 \\ v_2 \\ u_3 \\ v_3 \end{Bmatrix} \qquad (9\text{-}15)$$

式中，I 为二阶单位矩阵；$[N]$ 为形函数矩阵。

根据形函数性质可以知道，三角形单元的形函数也具有如下性质：

（1）形函数与位移函数是同阶次的。

（2）形函数在本身节点上其值为1，在其他节点上其值为0：
$$N_i(x_i, y_i) = 1, \ N_i(x_j, y_j) = 0, \ N_i(x_k, y_k) = 0$$

（3）在单元任一点上三个形函数的和为1：
$$N_i + N_j + N_k = 1$$

（4）在三角形单元 ijk 的一边 ij 上，$N_k = 0$：

$$N_i(x, y) = 1 - \frac{x - x_i}{x_j - x_i}, \quad N_j(x, y) = \frac{x - x_i}{x_j - x_i}, \quad N_k(x, y) = 0$$

边界 ij 上的位移为：

$$u = N_i u_i + N_j u_j, \quad v = N_i v_i + N_j v_j$$

9.5.2 单元分析与刚度矩阵

选定位移函数后，根据几何方程，建立单元内任一点的应变 $\{\varepsilon\}$ 与单元节点位移

$\{\delta\}^e$ 之间的关系，即：

$$\{\varepsilon\} = \begin{Bmatrix} \varepsilon_x \\ \varepsilon_y \\ \varepsilon_{xy} \end{Bmatrix} = \begin{Bmatrix} \dfrac{\partial u}{\partial x} \\ \dfrac{\partial v}{\partial y} \\ \dfrac{\partial u}{\partial y} + \dfrac{\partial v}{\partial x} \end{Bmatrix} = \begin{bmatrix} \dfrac{\partial}{\partial x} & 0 \\ 0 & \dfrac{\partial}{\partial y} \\ \dfrac{\partial}{\partial y} & \dfrac{\partial}{\partial x} \end{bmatrix} \begin{bmatrix} N_1 & 0 & N_2 & 0 & N_3 & 0 \\ 0 & N_1 & 0 & N_2 & 0 & N_3 \end{bmatrix} \{\delta\}^e \tag{9-16}$$

可记为：

$$\{\varepsilon\} = [B]\{\delta\}^e \tag{9-17}$$

$$\boldsymbol{B} = [\partial]N = \frac{1}{2\Delta} \begin{bmatrix} b_1 & 0 & b_2 & 0 & b_3 & 0 \\ 0 & c_1 & 0 & c_2 & 0 & c_3 \\ c_1 & b_1 & c_2 & b_2 & c_3 & b_3 \end{bmatrix} = \begin{bmatrix} \boldsymbol{B}_1 & \boldsymbol{B}_2 & \boldsymbol{B}_3 \end{bmatrix} \tag{9-18}$$

$$\boldsymbol{B}_1 = \frac{1}{2\Delta} \begin{bmatrix} b_1 & 0 \\ 0 & c_1 \\ c_1 & b_1 \end{bmatrix}, \boldsymbol{B}_2 = \frac{1}{2\Delta} \begin{bmatrix} b_2 & 0 \\ 0 & c_2 \\ c_2 & b_2 \end{bmatrix}, \boldsymbol{B}_3 = \frac{1}{2\Delta} \begin{bmatrix} b_3 & 0 \\ 0 & c_3 \\ c_3 & b_3 \end{bmatrix}$$

式中，$[B]$ 为应变矩阵（几何矩阵）。

根据本构方程，建立单元内任一点的应力与单元节点位移之间的关系：

$$\{\sigma\} = [D]\{\varepsilon\} \Rightarrow \{\sigma\} = [D][B]\{\delta\}^e = [S]\{\delta\}^e \tag{9-19}$$

式中，$[D]$ 为弹性矩阵；$[S]$ 为应力矩阵。

对于平面应力问题，弹性矩阵为：

$$[D] = \frac{E}{1-\mu^2} \begin{bmatrix} 1 & \mu & 0 \\ \mu & 1 & 0 \\ 0 & 0 & \dfrac{1-\mu}{2} \end{bmatrix} \tag{9-20}$$

对于平面应变问题，弹性矩阵为：

$$[D] = \frac{E(1-\mu)}{(1+\mu)(1-2\mu)} \begin{bmatrix} 1 & \dfrac{\mu}{1-\mu} & 0 \\ \dfrac{\mu}{1-\mu} & 1 & 0 \\ 0 & 0 & \dfrac{1-2\mu}{2(1-\mu)} \end{bmatrix} \tag{9-21}$$

利用虚功原理，即单元节点力做的功等于单元内部储存的应变能，则建立单元节点力 $\{R\}^e$ 和单元节点位移 $\{\delta\}^e$ 之间的关系。

节点虚位移为：

$$\{\delta^*\}^e = \begin{bmatrix} \delta u_i & \delta v_i & \delta u_j & \delta v_j & \delta u_k & \delta v_k \end{bmatrix}^T$$

单元内任一点虚位移（用插值形式表示）：

$$\{d^*\} = [N]\{\delta^*\}^e$$

单元内虚应变：

$$\{\varepsilon^*\} = [B]\{\delta^*\}^e$$

内力虚功，也即储存的应变能：

$$\delta U = \iint \{\varepsilon^*\}^{\mathrm{T}} \{\sigma\} t \mathrm{d}x\mathrm{d}y = (\{\delta^*\}^{\mathrm{e}})^{\mathrm{T}} \left(\iint [B]^{\mathrm{T}} [D] [B] t \mathrm{d}x\mathrm{d}y \right) \{\delta\}^{\mathrm{e}}$$

外力虚功：

$$\delta W = (\{\delta^*\}^{\mathrm{e}})^{\mathrm{T}} \{R\}^{\mathrm{e}}$$

由虚功原理，$\delta W = \delta U$，则：

$$(\{\delta^*\}^{\mathrm{e}})^{\mathrm{T}} \{R\} = (\{\delta^*\}^{\mathrm{e}})^{\mathrm{T}} \left(\iint [B]^{\mathrm{T}} [D] [B] t \mathrm{d}x\mathrm{d}y \right) \{\delta\}^{\mathrm{e}}$$

即

$$\{R\}^{\mathrm{e}} = \left(\iint [B]^{\mathrm{T}} [D] [B] t \mathrm{d}x\mathrm{d}y \right) \{\delta\}^{\mathrm{e}}$$

$$\{R\}^{\mathrm{e}} = [k] \{\delta\}^{\mathrm{e}}$$

式中，t 为单元的厚度（平面问题可取值为 1）；$[k]$ 为单元刚度矩阵，即：

$$[k] = \iint [B]^{\mathrm{T}} [D] [B] t \mathrm{d}x\mathrm{d}y \tag{9-22}$$

由于应变矩阵 $[B]$ 和弹性矩阵 $[D]$ 都是常数组成，因此：

$$[k] = [B]^{\mathrm{T}} [D] [B] t \Delta \tag{9-23}$$

式中，Δ 为三角形单元面积。

对三角形单元，其刚度矩阵具体内容为：

$$[k] = \frac{t}{4\Delta} \frac{E}{1-\mu^2}
\begin{bmatrix}
b_i & 0 & c_i \\
0 & c_i & b_i \\
b_j & 0 & c_j \\
0 & c_j & b_j \\
b_k & 0 & c_k \\
0 & c_k & b_k
\end{bmatrix}
\begin{bmatrix}
1 & \mu & 0 \\
\mu & 1 & 0 \\
0 & 0 & \dfrac{1-\mu}{2}
\end{bmatrix}
\begin{bmatrix}
b_i & 0 & b_j & 0 & b_k & 0 \\
0 & c_i & 0 & c_j & 0 & c_k \\
c_i & b_i & c_j & b_j & c_k & b_k
\end{bmatrix} \tag{9-24}$$

由此，可以得到单元的刚度方程为：

$$\begin{Bmatrix} R_1 \\ R_2 \\ R_3 \\ R_4 \\ R_5 \\ R_6 \end{Bmatrix} =
\begin{bmatrix}
k_{11} & k_{12} & k_{13} & k_{14} & k_{15} & k_{16} \\
k_{21} & k_{22} & k_{23} & k_{24} & k_{25} & k_{26} \\
k_{31} & k_{32} & k_{33} & k_{34} & k_{35} & k_{36} \\
k_{41} & k_{42} & k_{43} & k_{44} & k_{45} & k_{46} \\
k_{51} & k_{52} & k_{53} & k_{54} & k_{55} & k_{56} \\
k_{61} & k_{62} & k_{63} & k_{64} & k_{65} & k_{66}
\end{bmatrix}
\begin{Bmatrix} u_1 \\ v_1 \\ u_2 \\ v_2 \\ u_3 \\ v_3 \end{Bmatrix} \tag{9-25}$$

单元刚度矩阵是一个对称矩阵。单元刚度矩阵中第 i 列的元素表示第 i 号位移为一个单位值（$u_i = 1$，其他为 0）时引起的 6 个节点力。单元刚度矩阵中的每一个元素称为刚度系数，刚度系数表示一个力。矩阵中第 r 行 s 列的元素 k_{rs}，表示第 s 号位移为一单位值时引起沿第 r 个节点的力。由反力互等定理可知 $k_{rs} = k_{sr}$，所以单元刚度矩阵是一个对称矩阵。

单元的形函数矩阵 $[N]$、应变矩阵 $[B]$、应力矩阵 $[S]$、单元刚度矩阵 $[k]^{e}$ 等，在有限元分析中具有极其重要的地位。对于不同的单元类型，分析的方法和步骤以及公式的形式完全类似。只是形函数矩阵 $[N]$、应变矩阵 $[B]$、应力矩阵 $[S]$、单元刚度矩阵 $[k]^{e}$ 的具体内容不同。

9.5.3 等效节点载荷处理

弹性体所受外力包括体积力、表面力、集中力，分别作用在物体内部、表面上、物体的一个点上。有限元求解的未知量是节点上的位移，因此单元上所受外力必须移置到节点上。将全部载荷转移到单元的节点上，它们的作用位置发生了变化，称之为载荷移置，但它们的作用效果是等效的，故称之为等效节点力向量 $\{R\}^{e}$。各种载荷分别移置到节点上，再逐点加以合成求得单元的等效节点载荷。整体平衡方程中的载荷列阵 $\{F\}$，是由弹性体的全部单元的等效节点力集合而成。

移置原则是虚功等效原则，也即外力作用做的虚功等于节点等效力做的虚功。在线性位移模式下，虚功等效和静力等效是一致的。因此作用在单元上的荷载可以按简单的静力等效原则移置到节点上。对于非线性位移模式，就必须按虚功等效的原则进行移置。

单元节点等效力：
$$\{R\}^{e} = \begin{bmatrix} X_i & Y_i & X_j & Y_j & X_k & Y_k \end{bmatrix}^{\mathrm{T}}$$

单元内虚位移：
$$\{d^{*}\} = [N]\{\delta^{*}\}^{e}$$

单元节点等效力虚功和外力所做虚功相等，即：
$$(\{\delta^{*}\}^{e})^{\mathrm{T}}\{R\}^{e} = \{d^{*}\}^{\mathrm{T}}\{G\} + \int \{d^{*}\}^{\mathrm{T}}\{p\}t\mathrm{d}s + \iint \{d^{*}\}^{\mathrm{T}}\{f\}t\mathrm{d}x\mathrm{d}y \tag{9-26}$$

$$\{R\}^{e} = \{G\}^{e} + \{P\}^{e} + \{F\}^{e} \tag{9-27}$$

式中：

集中力等效节点力：$\{G\}^{e} = [N]^{\mathrm{T}}\{G\}$

表面力等效节点力：$\{P\}^{e} = \int [N]^{\mathrm{T}}\{p\}t\mathrm{d}s$

体积力等效节点力：$\{F\}^{e} = \iint [N]^{\mathrm{T}}\{f\}t\mathrm{d}x\mathrm{d}y$

式中，$[N]$ 为外力作用点处的形函数。

例如，三角形单元中受自重作用的体积力移置，如图 9-6 所示。体积力等效节点力移置公式如下式所示：

$$\{F\}^{e} = \iint [N]^{\mathrm{T}}\{f\}t\mathrm{d}x\mathrm{d}y$$

当单元上仅有自重作用时，即：

$$\{f\} = \begin{bmatrix} 0 & -\gamma \end{bmatrix}^{\mathrm{T}}$$

则由上式得：

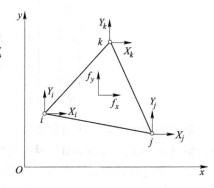

图 9-6　体力的移置

$$[R]^e = \iint \begin{bmatrix} N_i & 0 \\ 0 & N_i \\ N_j & 0 \\ 0 & N_j \\ N_k & 0 \\ 0 & N_k \end{bmatrix} \left\{ \begin{matrix} 0 \\ -\gamma \end{matrix} \right\} t\,\mathrm{d}x\mathrm{d}y = -\gamma t \iint \begin{bmatrix} 0 & N_i & 0 & N_i & 0 & N_i \end{bmatrix}^{\mathrm{T}} \mathrm{d}x\mathrm{d}y$$

面积坐标 $L_i = N_i$，$L_j = N_j$，$L_k = N_k$，代入三角形重心坐标可得 $N_i = N_j = N_k = \dfrac{1}{3}$，则：

$$[R]^e = -\gamma t \Delta \begin{bmatrix} 0 & \dfrac{1}{3} & 0 & \dfrac{1}{3} & 0 & \dfrac{1}{3} \end{bmatrix}$$

9.5.4 总刚度矩阵合成

单元刚度矩阵建立了单元节点力与单元节点位移之间的关系。但是，对离散后的单元组合体来讲，节点力还是未知的内力。因此，要求解节点位移，还必须研究未知的节点力与已知的节点荷载（包括作用于节点上的集中力、按静力等效原则移置到节点上的体力和面力）之间的关系，导出已知的节点荷载与节点位移之间的函数关系式，这种关系就是以总刚矩阵为系数矩阵，以节点位移为未知量与已知的节点荷载矢量间的线性代数方程组。确定总刚矩阵是得出线性代数方程组的关键所在。

9.5.4.1 单元定位向量 IEW(6)

在组合单元刚度矩阵形成总刚度矩阵前，一项重要工作是确定单元的定位向量 IEW（6）。单元刚度矩阵元素的行号 i 和列号 j，是单元刚度矩阵元素本身的下标（局部码），所有单元其单元刚度矩阵的局部码都是相同的，三角形单元均为 1~6。单元刚度矩阵元素下标的另一种编码是总体码，即单元刚度矩阵元素在总刚度矩阵中的行号和列号。对于不同的单元，单元刚度矩阵元素的总体码是不相同的。单元刚度矩阵元素的总体码由单元定位向量确定。

节点编号、节点未知量编号以及单元编号和单元节点对应关系输入之后，就可以确定每个单元的定位向量，单元的定位向量用数组 IEW(6) 表示。单元定位向量是按单元节点编号由各节点的未知量编号所组成的。单元定位向量的作用是确定单元刚度矩阵元素在总刚度 $[K]$ 中的位置，确定单元节点位移列向量 $\{\delta\}^e$ 在整个结构节点位移列向量 $\{U\}$ 中的位置，确定单元节点力向量 $\{R\}^e$ 在整个结构节点力向量 $\{F\}$ 中的位置。

9.5.4.2 组合总刚

任何节点的平衡要求在节点处施加的外力与等效节点内力的合力相平衡。在公共节点上，围绕该公共节点的单元刚度矩阵相应元素相加。于是，只要考虑各个单元的连接，就可以进行总刚度矩阵 $[K]$ 的组合，最后得到组合体的总体方程。

如图 9-7 所示的节点 i，就受到单元 ijk 所施加的沿坐标方向的节点力 X_i 及 Y_i，同样，环绕节点 i 的其他单元也对节点 i 施有这样的力。此外，节点 i 一般还受到从环绕该节点的那些单元上移置而来的由外加荷载所产生的等效节点荷载 F_x^i 及 F_y^i。

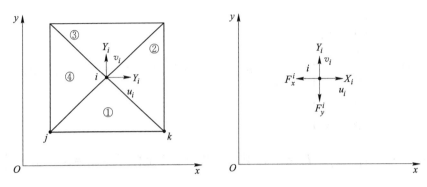

图 9-7　等效节点力合成示意图

根据节点平衡条件，有平衡方程：

$$\begin{cases} \sum_e X_i = \sum_e F_x^i \\ \sum_e Y_i = \sum_e F_y^i \end{cases} \tag{9-28}$$

式中，$\sum_e$ 为对那些环绕节点 i 的所有单元求和。

上述平衡方程也可以用矩阵表示为：

$$\sum_e \{R_i\} = \sum_e \{F_i\}$$

式中，$\{R_i\} = \begin{Bmatrix} X_i \\ Y_i \end{Bmatrix}$，$\{F_i\} = \begin{Bmatrix} F_x^i \\ F_y^i \end{Bmatrix}$。

节点力与节点位移之间的关系：

$$\{R\}^e = [k]\{\delta\}^e$$

则任一节点 i 的平衡方程改用位移表示为：

$$\sum_e \sum_{n=i,j,m} [k_{in}]\{\delta_n\} = \sum_e F_i$$

该平衡方程代表两个线性方程。将结构上各节点的平衡方程集合在一起，即得整个结构的平衡方程组

$$[K]\{U\} = \{F\}$$

式中，$[K]$ 为结构的整体刚度矩阵，简称总刚，由各单元的单刚组装而成；$\{U\}$ 为结构的整体位移列向量；$\{F\}$ 为结构的整体荷载列向量，也称自由项，由直接作用在节点上的节点荷载和由作用在单元上的载荷移置而来的等效节点荷载组装而成。

按单元定位向量组装总刚的步骤为：（1）计算各单元的单元刚度矩阵 $[k]^e$；（2）求出各单元的定位向量 $\{IEW\}^e$；（3）按单元定位向量所指示的行、列号将单刚元素叠加到总刚度 $[K]$ 中的相应位置。

9.5.5　总刚度矩阵的特点

总刚度矩阵是一个稀疏矩阵，该矩阵的绝大多数元素都是零，非零元素只占元素总数的很小一部分。这是因为在总刚度矩阵中，只有相关节点未知量对应的行和列才是非零元

素，不是相关节点未知量就不会在该节点产生节点力，因而反映在总刚度矩阵中是零元素。所谓相关节点未知量是指凡与未知量 i 在同一单元内的未知量，凡未知量 i 的相关未知量所在的节点均称为相关节点。此外，总刚度矩阵还有以下特点：

（1）总刚度矩阵是一个 $n \times n$ 阶的方阵，n 为结构的未知量数，由节点未知量编号确定。

（2）总刚度矩阵是一个对称矩阵，利用 $[K]$ 的对称性，为了节省计算机的存贮容量，在编制程序时可以设法只存贮其下三角阵或上三角阵。

（3）非零元素呈带状分布。即总刚度 $[K]$ 的非零元素分布在以主对角线为中心的斜带形区域内。相邻节点的最大节点号差越小，则总刚度 $[K]$ 的半带宽就越小，因而存贮量就越省。因此，节点编号时要注意使相邻节点编号的差值尽可能地小。

（4）按单元定位向量装配的总刚度矩阵 $[K]$ 是非奇异的，这是因为在形成单元定位向量时已考虑了约束条件。

（5）总刚度矩阵 $[K]$ 是正定的，且主对角元素占优。这一特点，为解代数方程提供了方便，计算结果是可靠的，计算精度高。

9.5.6 位移边界条件处理

在实际工程中的结构都是受到约束的，约束的作用是使实际结构消除刚体位移。在有限元分析中，为了使结构的整体平衡方程有确定的唯一解，必须将约束条件引入到总刚度矩阵，这就是通常所说的约束处理，即位移边界条件处理。常用的主要有三种方法。

（1）主对角元置 1 法。对于结构整体平衡方程式（9-5），若 $\delta_i = d_0$ 已知，则可将总刚度矩阵 $[K]$ 中第 i 行的主对角元 K_{ii} 改写成 1，将 i 行及 j 列（$j = 1, 2, 3, \cdots, n; j \neq i$）的其他元素都改写为零，而右端项改写成：

$$F_i = d_0$$
$$F_j = F_j - K_{ji} d_0 \quad (j = 1, 2, \cdots, n; j \neq i)$$
$$\sum_{\substack{j=1 \\ j \neq 1}}^{n} K_{ij} \delta_j + K_{ii} \delta_i = F_i$$

（2）主对角元乘大数法。设节点位移 $\delta_i = d_0$ 是已知的，以主对角元乘大数法进行约束处理，是将刚度矩阵 $[K]$ 中的第 i 行主对角元 K_{ii} 乘以一个相当大的数，一般乘以 $10^{12} \sim 10^{20}$，即取：

$$\overline{K}_{ii} = K_{ii} \times 10^{12 \sim 20}$$

同时将右端荷载列阵中的 F_i 改写为 $\overline{K}_{ii} d_0$，这样，第 i 个方程就变成：

$$\sum_{\substack{j=1 \\ j \neq 1}}^{n} K_{ij} \delta_j + \overline{K}_{ii} \delta_i = \overline{K}_{ii} d_0$$

上式中由于 δ_i 的量级不大，因此 $\sum_{\substack{j=1 \\ j \neq 1}}^{n} K_{ij} \delta_j$ 的数值比 $\overline{K}_{ii}$ 小得多，将它们略去得：

$$\overline{K}_{ii} \delta_i \approx \overline{K}_{ii} d_0$$
$$\delta_i \approx d_0$$

这种方法的优点在于不改变式（9-5）中 $[K]$ 的排列次序，计算机程序较简单，只是解是近似的。为了提高精度，可以加大乘数，由于各种机器的字长限制，所允许的乘数也不相同，若某问题的总刚元素很大，乘子也很大，这样处理就可能导致计算溢出，即运算的几个量相乘起来，超过了计算机允许的最大数，使计算归于失败。

（3）重排方程编号的约束处理方法。重排方程编号的约束处理方法（又称划行划列法）与前述两种方法不同的是，在组合总刚前对总刚度矩阵 $[K]$ 进行预处理。即事先将与已知零位移有关的方程去掉，然后对方程即节点位移未知量、重新进行编号，最后按此新的节点位移未知量编号进行结构总刚度方程的组集与求解。这种约束处理方法不仅大大节省了内存，而且减少了计算工作量，从而加快运算速度。

9.6   三角形单元有限元求解算例

如图 9-8 所示的有限元网格模型，试写出每个三角形单元的刚度矩阵，并求顶点作用 1kN/m 载荷时，节点 3 的位移分量。其中 $E = 10^4$，$\mu = 0$，$t = 1$。

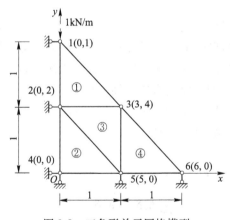

图 9-8   三角形单元网格模型

（1）计算应变矩阵 $[B]$。

以单元①为例，节点编号为 $i = 3$，$j = 1$，$k = 2$，由式（9-10）计算 b_i、c_i、b_j、c_j、b_k、c_k：

$$b_i = y_j - y_k = 1, \quad b_j = y_k - y_i = 0, \quad b_k = y_i - y_j = -1$$
$$c_i = x_k - x_j = 0, \quad c_j = x_i - x_k = 1, \quad c_k = x_j - x_i = -1$$

三角形单元面积：

$$\Delta = \frac{1}{2} \begin{vmatrix} 1 & x_i & y_i \\ 1 & x_j & y_j \\ 1 & x_k & y_k \end{vmatrix} = \frac{1}{2} \begin{vmatrix} 1 & 1 & 1 \\ 1 & 0 & 2 \\ 1 & 0 & 1 \end{vmatrix} = 0.5$$

由式（9-18）得应变矩阵 $[B]$ 为：

$$[B] = \frac{1}{2\Delta}\begin{bmatrix} b_1 & 0 & b_2 & 0 & b_3 & 0 \\ 0 & c_1 & 0 & c_2 & 0 & c_3 \\ c_1 & b_1 & c_2 & b_2 & c_3 & b_3 \end{bmatrix} = \begin{bmatrix} 1 & 0 & 0 & 0 & -1 & 0 \\ 0 & 0 & 0 & 1 & 0 & -1 \\ 0 & 1 & 1 & 0 & -1 & -1 \end{bmatrix}$$

（2）求弹性矩阵 $[D]$。

由式（9-20）得，$[D] = \dfrac{E}{1-\mu^2}\begin{bmatrix} 1 & \mu & 0 \\ \mu & 1 & 0 \\ 0 & 0 & \dfrac{1-\mu}{2} \end{bmatrix} = 10^4 \times \begin{bmatrix} 1 & 0 & 0 \\ 0 & 1 & 0 \\ 0 & 0 & 0.5 \end{bmatrix}$。

（3）计算单元刚度矩阵 $[k]^e$。

$$[k]^{①} = [B]^T[D][B]t\Delta$$

$$= 10^4 \times \begin{bmatrix} 0.5 & 0 & 0 & 0 & -0.5 & 0 \\ 0 & 0.25 & 0.25 & 0 & -0.25 & -0.25 \\ 0 & 0.25 & 0.25 & 0 & -0.25 & -0.25 \\ 0 & 0 & 0 & 0.5 & 0 & -0.5 \\ -0.5 & -0.25 & -0.25 & 0 & 0.75 & 0.25 \\ 0 & -0.25 & -0.25 & -0.5 & 0.25 & 0.75 \end{bmatrix}$$

由于给定三角形单元是大小完全相等的，因此单元的刚度矩阵都相同，得：

$$[k]^{②} = 10^4 \times \begin{bmatrix} 0.5 & 0 & 0 & 0 & -0.5 & 0 \\ 0 & 0.25 & 0.25 & 0 & -0.25 & -0.25 \\ 0 & 0.25 & 0.25 & 0 & -0.25 & -0.25 \\ 0 & 0 & 0 & 0.5 & 0 & -0.5 \\ -0.5 & -0.25 & -0.25 & 0 & 0.75 & 0.25 \\ 0 & -0.25 & -0.25 & -0.5 & 0.25 & 0.75 \end{bmatrix} \quad (i,j,k=5,2,4)$$

$$[k]^{③} = 10^4 \times \begin{bmatrix} 0.5 & 0 & 0 & 0 & -0.5 & 0 \\ 0 & 0.25 & 0.25 & 0 & -0.25 & -0.25 \\ 0 & 0.25 & 0.25 & 0 & -0.25 & -0.25 \\ 0 & 0 & 0 & 0.5 & 0 & -0.5 \\ -0.5 & -0.25 & -0.25 & 0 & 0.75 & 0.25 \\ 0 & -0.25 & -0.25 & -0.5 & 0.25 & 0.75 \end{bmatrix} \quad (i,j,k=2,5,3)$$

$$[k]^{④} = 10^4 \times \begin{bmatrix} 0.5 & 0 & 0 & 0 & -0.5 & 0 \\ 0 & 0.25 & 0.25 & 0 & -0.25 & -0.25 \\ 0 & 0.25 & 0.25 & 0 & -0.25 & -0.25 \\ 0 & 0 & 0 & 0.5 & 0 & -0.5 \\ -0.5 & -0.25 & -0.25 & 0 & 0.75 & 0.25 \\ 0 & -0.25 & -0.25 & -0.5 & 0.25 & 0.75 \end{bmatrix} \quad (i,j,k=6,3,5)$$

上式所示的单元刚度矩阵，单元节点局部编号顺序 ijk 与节点总体编号的对应关系如

表 9-3 所示，单元与节点对应关系决定了单元刚度矩阵的形态。

表 9-3　单元与节点对应关系

单元号	节　点　号		
	i	j	k
①	3	1	2
②	5	2	4
③	2	5	3
④	6	3	5

（4）重排方程编号处理约束条件。已知图 9-8 所示结构中 1、2、4、5、6 的节点位移 u_1、u_2、u_4、v_4、v_5、v_6 为 0，为节省内存，对于这些节点的位移就不需要建立方程式，也不作为未知量来计算，于是采用重排方程编号的方法事先将它们除去，然后按节点编号顺序重新编出需要建立的平衡方程式的序号（即节点位移未知量的编号）。

引入节点未知量编号二维数组 JWH(2，NJ)，该数组一共有 2×NJ（NJ 为节点总数）个元素，即该数组的每一个元素对应于一个节点的一个自由度。被约束的自由度对应的 JWH 中的元素为 0，否则为 1，对于图 9-8 所示结构有：

$$\text{节点号}\quad \begin{matrix} 1 & 2 & 3 & 4 & 5 & 6 \end{matrix}$$
$$\text{JWH}(2,6) = \begin{bmatrix} 0 & 0 & 1 & 0 & 1 & 1 \\ 1 & 1 & 1 & 0 & 0 & 0 \end{bmatrix} \begin{matrix} \cdots u \\ \cdots v \end{matrix}$$

依次将 1 累加代替原有值，得：

$$\text{节点号}\quad \begin{matrix} 1 & 2 & 3 & 4 & 5 & 6 \end{matrix}$$
$$\text{JWH}(2,6) = \begin{bmatrix} 0 & 0 & 3 & 0 & 5 & 6 \\ 1 & 2 & 4 & 0 & 0 & 0 \end{bmatrix} \begin{matrix} \cdots u \\ \cdots v \end{matrix}$$

JWH 中第 j 列（$j=1\sim NJ$）第一行的元素为 j 节点的水平位移 u 的编号，第 j 列第二行的元素为 j 节点的竖向位移 v 的编号。图 9-8 所示结构原有方程 12 个，现在只需建立 6 个方程即可。

由此简例可知，形成节点未知量编号数组 JWH，不仅仅是进行了约束处理，即将已知零位移排除掉了，同时也确定了需要建立的平衡方程的序号和方程的总个数，也就是说，形成 JWH 数组后，同时也就确定了整体平衡方程 $[K]\{U\}=\{F\}$ 中的整体位移列向量 $\{U\}$ 和整体荷载列向量 $\{F\}$ 中各分量的序号，以及总刚 $[K]$ 中各元素的序号和 $[K]$ 的阶数。这就是形成节点未知量编号（即重排方程号）的意义。由 JWH 数组可知，图 9-8 所示结构的整体位移列向量 $\{U\}$ 为：

$$\{U\} = \begin{bmatrix} \delta_1 \\ \delta_2 \\ \delta_3 \\ \delta_4 \\ \delta_5 \\ \delta_6 \end{bmatrix} \begin{matrix} \cdots v_1 \\ \cdots v_2 \\ \cdots u_3 \\ \cdots v_3 \\ \cdots u_5 \\ \cdots u_6 \end{matrix}$$

（5）单元定位向量 IEW（6）。输入节点编号、节点未知量编号以及单元编号和单元节点编号之后，就可以确定每个单元的定位向量，定位向量用数组 IEW（6）表示。单元定位向量是按单元节点编号由各节点的未知量编号所组成的。确定单元刚度矩阵元素在总刚度 $[K]$ 中的位置，确定单元节点位移列向量 $\{\delta\}$ 在整个结构节点位移列向量 $\{U\}$ 中的位置，确定单元节点力向量 $\{F\}°$ 在结构节点力向量 $\{F\}$ 中的位置，图示有限元网格模型中单元定位向量如表 9-4 所示。

表 9-4　单元定位向量 IEW（6）

单元号	节　点	IEW（6）					
		1	2	3	4	5	6
①	3　1　2	3	4	0	1	0	2
②	5　2　4	5	0	0	2	0	0
③	2　5　3	0	2	5	0	3	4
④	6　3　5	6	0	3	4	5	0

（6）组合总刚。将上述单刚组装成总刚时，虽然各单元单刚的下标是相同的，但每个单元的定位向量却是不同的。这样，根据单元定位向量就能把单刚元素装配在 $[K]$ 中的正确位置。例如系数 K_{22}（这里 K_{22} 为总刚 $[K]$ 中元素，下标为总体码），由图 9-8 中的节点未知量编号知道，未知量编号为 2 的节点位移在节点 2 处，节点 2 处的相关单元为①、②、③。因为，只有环绕节点 2 的各单元的节点位移才会在节点 2 处引起节点力，或者说只有环绕节点 2 的各单元的节点位移才对节点 2 处的节点力有贡献，故组合 K_{22} 时只需考虑单元①、②、③即可。根据表 9-5 中单刚元素的局部码与总体码的对应关系，由第①单元的定位向量中找到 $k_{66}^{①}$ 叠加到 K_{22}；在第②单元的定位向量中找到 $k_{44}^{②}$ 叠加到 K_{22} 中，再从第③单元的定位向量中找到 $k_{22}^{③}$ 叠加到 K_{22} 中，于是：

$$K_{22} = k_{66}^{①} + k_{44}^{②} + k_{22}^{③} = (0.75 + 0.5 + 0.25) \times 10^4 = 1.5 \times 10^4$$

再如系数 K_{52}，相关单元为②、③，在第②单元的定位向量中找到 $k_{14}^{②}$ 以叠加到 K_{52} 中；在第③单元的定位向量中找到 $k_{32}^{③}$ 叠加到 K_{52} 中，于是：

$$K_{52} = k_{14}^{②} + k_{32}^{③} = (0 + 0.25) \times 10^4 = 0.25 \times 10^4$$

类似的：

$$K_{25} = k_{41}^{②} + k_{23}^{③} = (0 + 0.25) \times 10^4 = 0.25 \times 10^4$$

$$K_{11} = k_{44}^{①} = 0.5 \times 10^4$$

$$K_{33} = k_{11}^{①} + k_{55}^{③} + k_{33}^{④} = (0.5 + 0.75 + 0.25) \times 10^4 = 1.5 \times 10^4$$

$$K_{55} = k_{11}^{②} + k_{33}^{③} + k_{55}^{④} = (0.5 + 0.25 + 0.75) \times 10^4 = 1.5 \times 10^4$$

总刚中的各个元素就是按照这种所谓的"对号入座"的办法由单刚元素直接组装成的，最后即可求得图 9-8 所示结构的总刚度矩阵为：

$$[K] = \begin{bmatrix} 0.5 & -0.5 & 0 & 0 & 0 & 0 \\ -0.5 & 1.5 & -0.25 & -0.5 & 0.25 & 0 \\ 0 & -0.25 & 1.5 & 0.25 & -0.5 & 0 \\ 0 & -0.5 & 0.25 & 1.5 & -0.25 & 0 \\ 0 & 0.25 & -0.5 & -0.25 & 1.5 & -0.5 \\ 0 & 0 & 0 & 0 & -0.5 & 0.5 \end{bmatrix}$$

表 9-5　单刚元素的局部码与总体码的对应关系

IEW(I)				IEW(J) ④	6	0	3	4	5	0
				③	0	2	5	0	3	4
				②	5	0	0	2	0	0
				①	3	4	0	1	0	2
	④	③	②	①	J	1	2	3	4	5	6
					I						
$k=$	6	0	5	3	1	k_{11}	k_{12}	k_{13}	k_{14}	k_{15}	k_{16}
	0	2	0	4	2	k_{21}	k_{22}	k_{23}	k_{24}	k_{25}	k_{26}
	3	5	0	0	3	k_{31}	k_{32}	k_{33}	k_{34}	k_{35}	k_{36}
	4	0	2	1	4	k_{41}	k_{42}	k_{43}	k_{44}	k_{45}	k_{46}
	5	3	0	0	5	k_{51}	k_{52}	k_{53}	k_{54}	k_{55}	k_{56}
	0	4	0	2	6	k_{61}	k_{62}	k_{63}	k_{64}	k_{65}	k_{66}

（7）组装整体载荷列向量。对于作用在节点上的荷载，可以直接按节点未知量编号组装到 $\{F\}$ 中的相应位置，得刚度方程为：

$$\begin{bmatrix} 0.5 & -0.5 & 0 & 0 & 0 & 0 \\ -0.5 & 1.5 & -0.25 & -0.5 & 0.25 & 0 \\ 0 & -0.25 & 1.5 & 0.25 & -0.5 & 0 \\ 0 & -0.5 & 0.25 & 1.5 & -0.25 & 0 \\ 0 & 0.25 & -0.5 & -0.25 & 1.5 & -0.5 \\ 0 & 0 & 0 & 0 & -0.5 & 0.5 \end{bmatrix} \begin{Bmatrix} \delta_1 \\ \delta_2 \\ \delta_3 \\ \delta_4 \\ \delta_5 \\ \delta_6 \end{Bmatrix} = \begin{Bmatrix} 1000 \\ 0 \\ 0 \\ 0 \\ 0 \\ 0 \end{Bmatrix}$$

（8）求解方程，得到节点位移，然后根据 $[B]$ 求应变，根据本构方程求应力，得到图 9-8 所示给定问题的解。

习　题

9-1　简述有限单元法与其他求解方法相比的优缺点。

9-2　试以弹性力学平面问题的有限单元法为例，说明在具体划分三角形单元时需要注意些什么？

9-3　单元刚度系数的物理意义是什么，单元刚度矩阵有何特点？

9-4　已知如图 9-9 所示的三角形单元，其厚度为 t，弹性模量为 E，设泊松比 $\mu=0$，试求：

（1）形状函数 $[N]$；

（2）应变矩阵 $[B]$；

（3）应力矩阵 $[S]$；

（4）单元刚度矩阵 $[k]^e$。

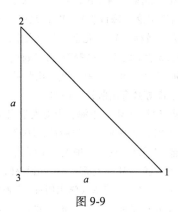

图 9-9

9-5　如图 9-10 所示平面应力情况下的三角形单元 ijm，其厚度为 t，弹性模量为 E，泊松比为 μ，试求此单元用节点位移表示的节点力和单元应力的公式。

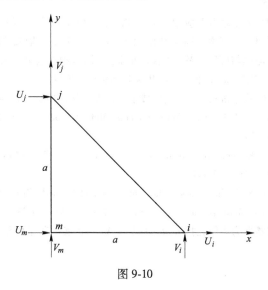

图 9-10

参 考 文 献

[1] 钱伟长，叶开沅. 弹性力学 [M]. 北京：科学出版社，1956.

[2] 武际可，王敏中，王炜. 弹性力学引论（修订版）[M]. 北京：北京大学出版社，2000.

[3] 王敏中，王炜，武际可. 弹性力学教程 [M]. 北京：北京大学出版社，2002.

[4] 徐芝纶. 弹性力学（上册）[M]. 3 版. 北京：高等教育出版社，1990.

[5] 徐芝纶. 弹性力学简明教程 [M]. 3 版. 北京：高等教育出版社，2002.

[6] 杨桂通. 弹性力学 [M]. 北京：高等教育出版社，1998.

[7] 程昌钧，朱媛媛. 弹性力学（修订版）[M]. 上海：上海大学出版社，2005.

[8] 朱滨. 弹性力学 [M]. 合肥：中国科学技术大学出版社，2008.

[9] 陆明万，罗学富. 弹性理论基础 [M]. 北京：清华大学出版社，1990.

[10] 杜庆华，余寿文，姚振汉. 弹性理论 [M]. 北京：科学出版社，1986.

[11] 徐秉业，王建学. 弹性力学 [M]. 北京：清华大学出版社，2007.

[12] Timoshenko S P, Goodier J N. Theory of Elasticity [M]. 北京：清华大学出版社，2004.

[13] 万德连. 弹性力学 [M]. 徐州：中国矿业大学，1990.

[14] 叶剑红，杨洋，常中华，等. 巴西劈裂试验应力场解析解应力函数解法 [J]. 工程地质学报，2009，17（4）：528-532.

[15] 胡海昌. 弹性力学的变分原理及其应用 [M]. 北京：科学出版社，1981.

[16] 王勖成，邵敏. 有限单元法基本原理和数值方法 [M]. 北京：清华大学出版社，1997.

[17] 朱伯芳. 有限单元法原理与应用 [M]. 2 版. 北京：中国水利水电出版社，1998.

[18] 曾攀. 有限元分析及应用 [M]. 北京：清华大学出版社，2004.

[19] 冯康. 基于变分原理的差分格式 [J]. 应用数学与计算数学，1965，2（4）：237-261.

[20] Zienkiewicz O C, Taylor R L. The Finite Element Method：Basic Formulation and Linear Problems [M]. London：Mcgraw-Hill，1987.

[21] Clough R W. The Finite Element Method in Plane Stress Analysis [C] //Proceedings of American Society of Civil Engineers 1960，23：345-437.

[22] Liu W K, Li S, Park H S. Eighty Years of the Finite Element Method：Birth, Evolution, and Future [J]. Archives of Computational Methods and Engineering，2022：29，4431-4453.

[23] 徐秉业. 弹性力学与塑性力学解题指导及习题集 [M]. 北京：高等教育出版社，1985.